中学受験

西村則康[監修]　辻 義夫[著]

すらすら解ける
魔法ワザ

理科・合否を分ける40問と超要点整理

実務教育出版

はじめに

　中学入試問題は、年ごとに少しずつ変化しています。近年その変化は大きいように感じています。大学入試改革が声高に叫ばれ始めた時期から、中学入試の理科の問題は、「記述系」「思考力系」に大きく舵を切りました。知識のつながりを尋ねたり、因果関係を考えさせる問題が増えているのです。マニアックな、重箱の隅をつつくような問題はきれいさっぱり姿を消しました。それに変わって、12歳なりの知性と教養を問う問題が増えてきました。

　一問一答型の暗記教材の効用は年ごとに減少しています。ほとんどの進学塾では、小学6年の夏あたりから一問一答型の暗記教材を使って、チェックテストがくり返されます。そのチェックテストでよい点数を取りつづけても、塾の合否判定テストの成績はなかなか上がりません。ましてや、過去問演習において近年の問題には歯が立ちません。

　一問一答型の暗記教材を強力に補完する問題集として、「魔法ワザ　理科」シリーズ3部作（知識思考問題・計算問題・表とグラフ問題）を刊行しました。おかげさまで、多くの方に使っていただいて、版を重ねています。この3部作は、中堅校から上位校によく出題される基本から標準レベルの典型問題を中心に作成しました。一般的な偏差値（四谷大塚や日能研の合否判定模試の偏差値）で50〜65の中学校の入試問題において、100点中60点を獲得することを目的にしたからです。

　中堅校から上位校の入試理科の問題構成は、おおむね、「生物」「地学」「化学」「物理」の4項目です。それぞれが、大問1〜2問ですから、大問総数は4〜6問程度になります。そして、その大問1問は、小問4〜6問から構成されています。その小問の構成は普通、簡単な知識を問う問題から始まり、中盤はだんだんと知識のつながりを問う設問に移り、最後の小問1〜2問はそれまでに問われたことをヒントに利用するような、より発展的な問いになっています。

　本書『魔法ワザ　理科・合否を分ける40問と超要点整理』の目的は、それぞれの大問の後半に配置されている思考力や表現力が必要となる問題で、1つでも2つでも正答数を増やして、10〜15点の加点をすることです。それによって、理科の得点は合格者平均点を超え、他教科での不足分を補うことすらできることになります。

　後半の小問を解けるようにするには、大問をはじめから解いていく必要があります。残念ながら、後半の小問だけを練習しても効果はありません。条件の文章を読み、小問1、2、3……と解き進めるうちに、やっとその大問全体のテーマが見えてきます。ときには、はじめの小問で求めた数字を使うことがあったり、前の問題が次の問題のヒントになっていたりします。このような、後半の小問を解くための下準備が大切になります。

本書は次の３点に留意しました。

① **知識のまとめは、まとまった長い文章の中に子ども自身が書きこむ形式にする**
　　一問一答型の丸暗記の学習を避け、文脈の中で理解してもらうことを意図しています。
そうすることで、覚えた知識をテストに利用することができるようになります。

② **練習問題は単問形式にせずに、大問形式にする**
　　小問の並びは、実際の入試に準じて、基本から始まり、だんだんと難しくなり、終盤の
１～２問は入試頻出の応用問題となっています。入試本番の問題と同じ大問形式の問題
演習を通して、まず１問、もう１問と正解できる数を増やしていきます。

③ **演習問題の解説は、「なぜ？」「だったらどうなる？」を詳しく説明する**
　　別冊の解答・解説は、進学塾の優れた講師の授業なみに詳しくしました。「データをど
のようにまとめ直すか」、「解き方の糸口をつかむための整理法」、「記述問題のポイント
のまとめ方」に注力しました。答え合わせで正解していても、必ず解説も読んでくださ
い。

　本書は、入試直前時期に使っていただくことを前提にしています。ほとんどの単元が終了
した時点（小学６年生の６月～７月）で、基本知識が不足しているようなら、既刊の「魔法
ワザ　理科」３部作の利用をお勧めします。基本知識は持っているのに、なかなか点数が上
向かないと感じられたなら、本書の出番です。
　また、過去問演習が佳境を迎える時期（10月～12月）に、答え合わせをしながら、「な
～んだ、そうだったのか！」、「そんなことだったらわかっていたのに！」などの悔しそうな
ひとり言を発しているなら、それは知識不足が原因ではなくて、問題文を注意深く読む練習
の不足や、考える問題の練習不足です。そのようなときにも、本書は効果的です。20の項
目に練習問題が２問ずつを基本とした、合計で、わずか40問です。一日に４問ずつ解けば
10日でやりきれる問題量ですから、入試本番が目前に迫った慌ただしい時期でも、安心し
て使っていただくことができます。

　本書を手に取ってくれた子どもたちが、貴重な10点～15点を積み上げて、合格を勝ち
取ってくれることを心から祈っています。

2020年５月　西村則康

読者のみなさんへの特典

難関校から中堅校まで、数多くの受験生を合格に導いてきた
カリスマ講師の特別解説動画を公開中！
本書の中でも特に重要な項目をわかりやすく説明しています！

パソコンやスマホで見てね。
動画に関係するページには 🖥 がついているよ！

アクセスはこちら 👉

本書の5つの特長と使い方

1 サブノート＋大問形式　この一冊で最新の入試問題に対応

書きこみ式のサブノートで知識を整理・確認、考え方を理解

光合成の実験

図のように、ふ入りのアサガオの葉の一部にアルミニウムはくをかけ、数時間日光に当てたあと、葉をつんで実験をしました。

・「ふ」とは……
□部分
・葉をエタノール（アルコール）につける理由は……
□ため
・葉を水につける理由は……
□ため
・ヨウ素液につけると色が変わる部分は……□の部分

蒸散

・植物の体内の□を□から蒸発させるはたらき。
□は葉の□側に多くある。

01 植物① 発芽と成長

解答は、別冊4、5ページ　チャプター1　植物　15

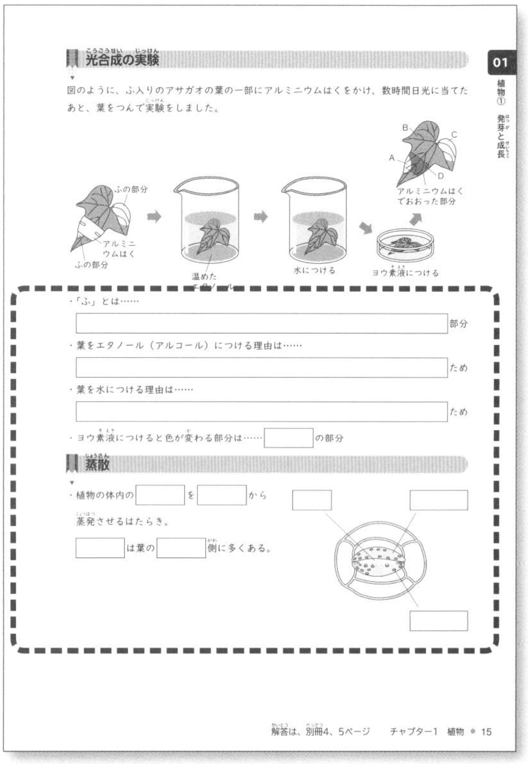

大問形式の問題で模試や入試問題への対応力、得点力を付ける

合否を分ける問題の解答・解説

1　電熱線①～③は同じ金属Aでできていますから、その電気抵抗の大きさは長さに比例します。グラフからその関係を読み取りましょう。

(1)　グラフから、同じ本数をつないだときに流れる電流がQはPの$\frac{1}{2}$とわかります。つまり電気抵抗は2倍ということです。

答え　2倍

(2)　(1) と同様にグラフで比べると、Rの電気抵抗はQの2倍だとわかりますね。

答え　2倍

(3)　(1)(2) より、電気抵抗の大きさの比は
P：Q＝1：2　Q：R＝1：2です。

P　Q　R
1 ： 2
　　1 ×2： 2 ×2
1 ： 2 ： 4

となりますね。

答え　1：2：4

(4)　(3) で求めたP、Q、Rの電気抵抗の比が、①～③の長さの比と同じになっています。
つまりP＝①、Q＝②、R＝③です。

答え　P ①　Q ②　R ③　S ④

(5)　電熱線④はSのグラフですね。2本つなぐと0.2A、
つまり1本で0.1Aです。
1本……0.1A
■本……1.2A　■＝12

答え　12本

(6)　電熱線の長さと電気抵抗は比例します。電気抵抗の大きさと流れる電流は、反比例の関係になります。

答え　エ

174

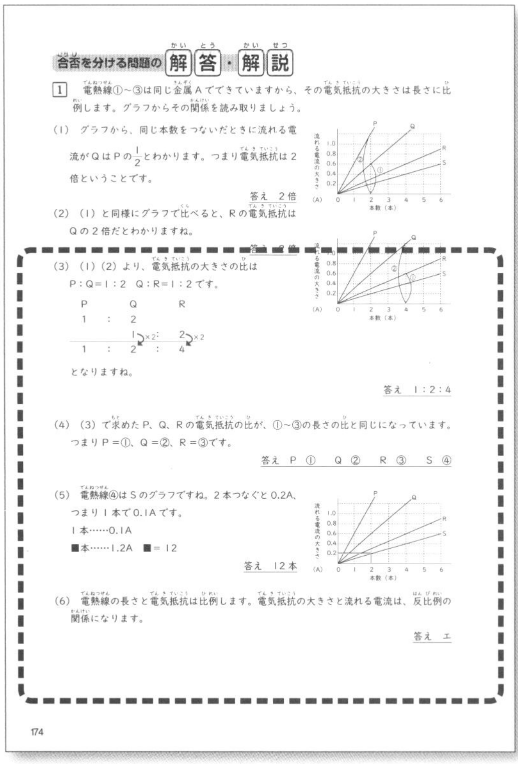

本書は、20の項目それぞれに書きこみ式のサブノートと大問形式の問題を掲載しました。サブノートで知識や問題の考え方、解き方を理解し、大問形式の問題を解くことで実戦的な模試や入試問題への対応力を付けます。

② サブノートで知識を整理、解き方を理解

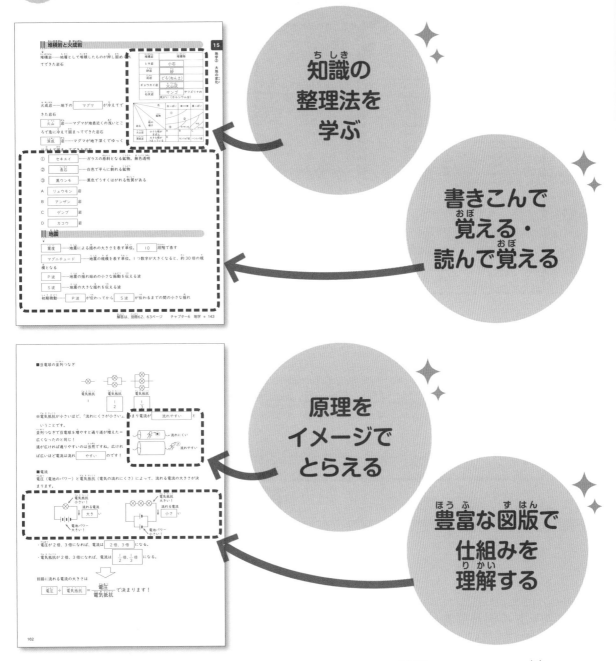

知識の
整理法を
学ぶ

書きこんで
覚える・
読んで覚える

原理を
イメージで
とらえる

豊富な図版で
仕組みを
理解する

生物や地学等の分野は暗記すべきことが多いのですが、「丸覚え」ではすぐに忘れてしまいます。覚えやすい整理の仕方等も紹介し、書きこみながら覚えて、また書きこんだ後には読んで覚えられるよう工夫しています。

また物理・化学の分野は原理をイメージでとらえられるよう、豊富な例えや考え方を紹介しています。また、仕組みや考え方を理解できるよう、図版も豊富に掲載しました。

③ 別冊解答はまさに「もう一冊の魔法ワザ」

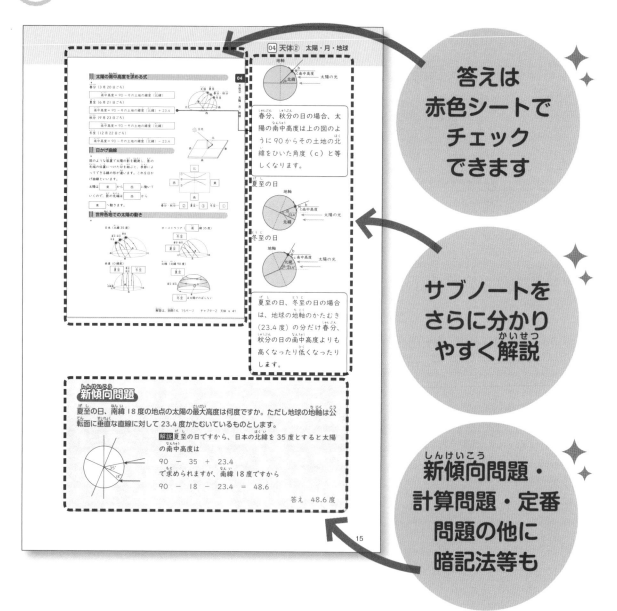

答えは
赤色シートで
チェック
できます

サブノートを
さらに分かり
やすく解説

新傾向問題・
計算問題・定番
問題の他に
暗記法等も

サブノートの別冊解答は、さながら「もう一冊の魔法ワザ」。答えは全て赤字になっていて、透明な赤色シートを用意すれば暗記チェック問題集として使用できます。
また解答の右側には詳しい解説を用意。解説の中のポイント部分も赤字になっています。
また各ページの下部には新傾向問題・計算問題・定番問題・覚えやすい暗記法など、すぐに役立つ「プラスワン」を載せています。
この解答だけを持ち出して、暗記チェックやポイント確認などに使うことができます。

④ 大問形式で模試・入試での得点力アップ！

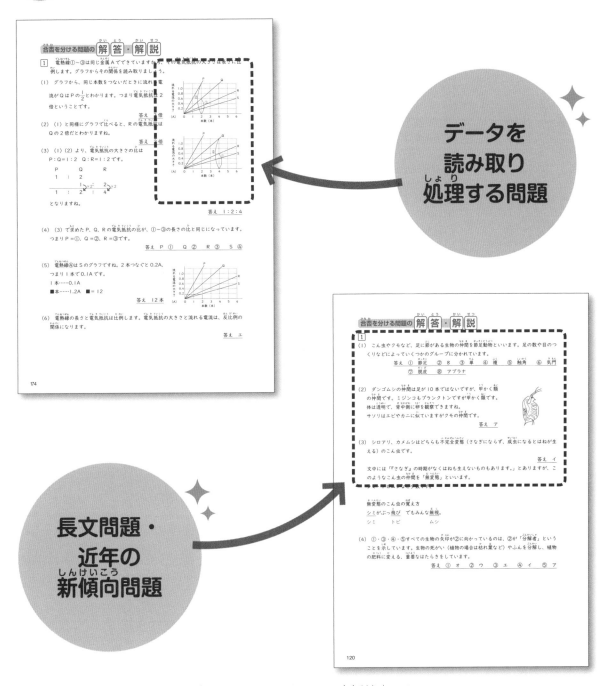

データを
読み取り
処理する問題

長文問題・
近年の
新傾向問題

一問一答式の問題ばかりを解いていても、理科の得点力は付きません。大問形式の問題を解くことで、模試や入試で結果を出せる力を養います。

問題のテーマは、全て近年の入試問題（2017年以降）から選び抜いています。また長文を読ませる問題、データを読み取って整理する問題など、特に近年よく出題されるタイプの問題ばかりを集めました。

⑤ 大問の解説の詳しさは、「まるで授業」

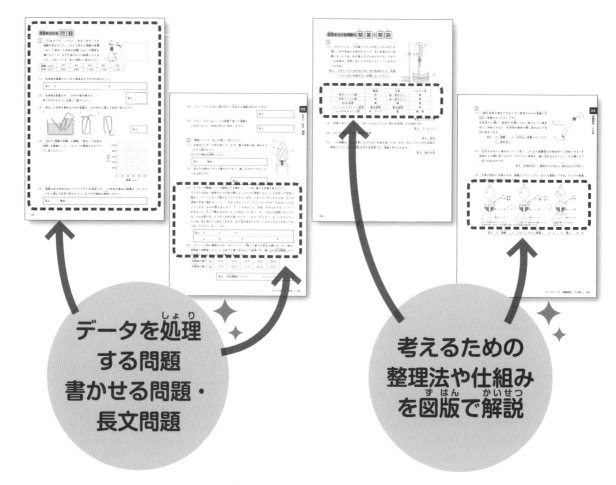

データを処理
する問題
書かせる問題・
長文問題

考えるための
整理法や仕組み
を図版で解説

大問の解説は、これまでの「魔法ワザ」シリーズ同様「読むだけで分かり、解けるように
なる」ものを目指していて、まるで先生が授業をしているような詳しさです。
また思考系の問題も、整理して考えを進めやすくする方法や詳しい図解などを多数掲載
しています。

また 20 の項目それぞれについてサブノートと大問形式の問題、そして詳しい解説が付
いていますから、どの項目から取りかかっても OK です。特に力を付けたい分野から
始めたり、優先順位を付けて取り組むこともできます。
それぞれの項目について
「サブノートを書きこみながら理解する」→「サブノートの解答を使って読んで理解し
てチェックする」→「大問形式の問題を解いて実戦力、得点力を付ける」
という手順で、ぜひ模試や入試で結果を出せる力を付けてください。

Chapter 1

植物

01 植物① 発芽と成長

▮ 種子

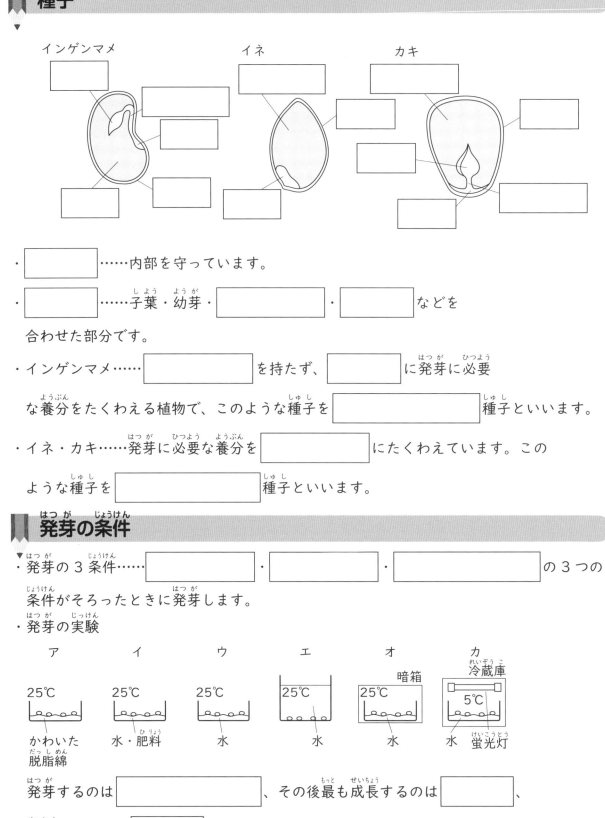

インゲンマメ　　　　　イネ　　　　　カキ

・ _____……内部を守っています。

・ _____……子葉・幼芽・_____・_____などを

合わせた部分です。

・インゲンマメ……_____を持たず、_____に発芽に必要

な養分をたくわえる植物で、このような種子を_____種子といいます。

・イネ・カキ……発芽に必要な養分を_____にたくわえています。この

ような種子を_____種子といいます。

▮ 発芽の条件

・発芽の3条件……_____・_____・_____の3つの

条件がそろったときに発芽します。

・発芽の実験

ア　　　イ　　　ウ　　　エ　　　オ　　　カ

暗箱　　　冷蔵庫

25℃　25℃　25℃　25℃　25℃　5℃

かわいた　水・肥料　水　　水　　水　　水　蛍光灯
脱脂綿

発芽するのは_____、その後最も成長するのは_____、

成長しないのは_____です。

種子に含まれる養分

・ [　　　　] を多く含む種子……イネ・コムギ・トウモロコシ・インゲンマメ など

・ [　　　　] を多く含む種子……ダイズ など

・ [　　　　] を多く含む種子……ゴマ・アブラナ など

いろいろな植物の発芽

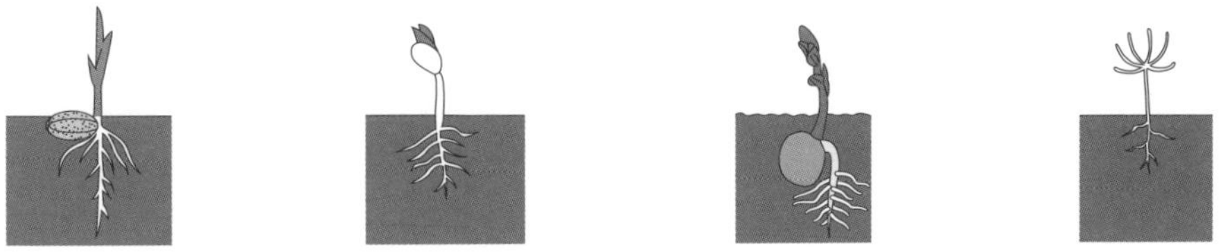

[　　　]　[　　　]　[　　　]　[　　　]

・ [　　　] 植物……子葉が [　　] 枚の植物

アサガオ・ヒマワリ・[　　　　]・[　　　　] など

・ [　　　] 植物……子葉が [　　] 枚の植物

イネ・[　　　]・[　　　　] など

・ [　　　] 植物……発芽のときに子葉がたくさん出る植物

[　　　]・スギ など

根の成長

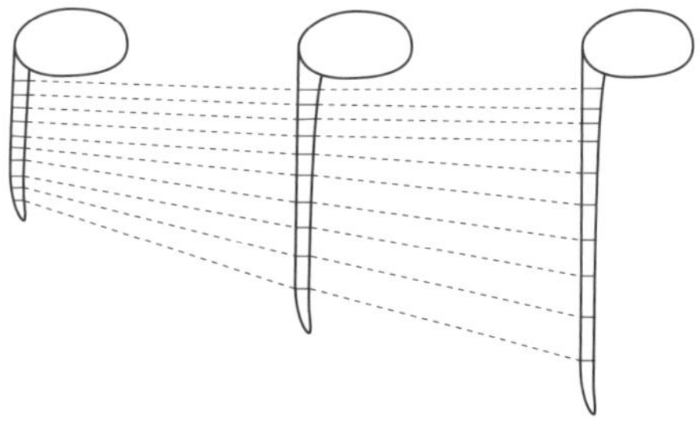

・ [　　　] 付近がよくのびる（[　　　　　　] があるため）

子葉が地中に残る種子

・ [　　　]・[　　　]・[　　　]・[　　　] などは発芽のときに子葉が地中に残ります。

植物の成長

・植物の成長の5条件…… [　　　] ・ [　　　] ・ [　　　] ・ [　　　] ・

[　　　] がそろうと植物は成長します。

土

・植物は土がなくても成長しますが、適度に [　　　] と [　　　] を保つことができる

ので、普通は土を使って育てます。

ジャガイモとサツマイモ

・ジャガイモは [　　　] 科、サツマイモは [　　　] 科の植物です。

・ジャガイモは [　　　] を畑に植えて育てます。

・サツマイモは [　　　] を [　　　] に植えて、芽が出たら畑にさし芽をし

て育てます。

・ジャガイモは植物の [　　　] の部分に、サツマイモは [　　　] の部分に養分を

たくわえたものです。

光合成と呼吸

・光合成……空気中の [　　　]

と根から吸い上げた [　　　] を原料に、

[　　　] のエネルギーを利用して植物が

[　　　] と [　　　] をつくるは

たらきを光合成といいます。

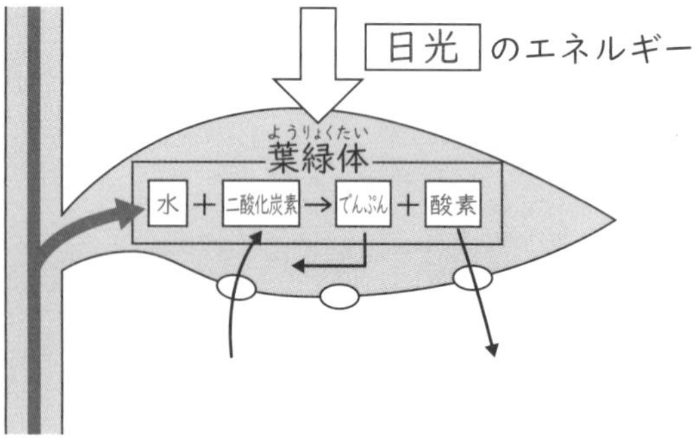

日光 のエネルギー

葉緑体
水 ＋ 二酸化炭素 → でんぷん ＋ 酸素

・呼吸…… [　　　] を使い、養分である [　　　] などを分解して生活活動の

[　　　] をつくるはたらき。呼吸によって [　　　] と

[　　　] ができます。

呼吸は [　　　] の逆のはたらきといえます。

14

光合成の実験

図のように、ふ入りのアサガオの葉の一部にアルミニウムはくをかけ、数時間日光に当てたあと、葉をつんで実験をしました。

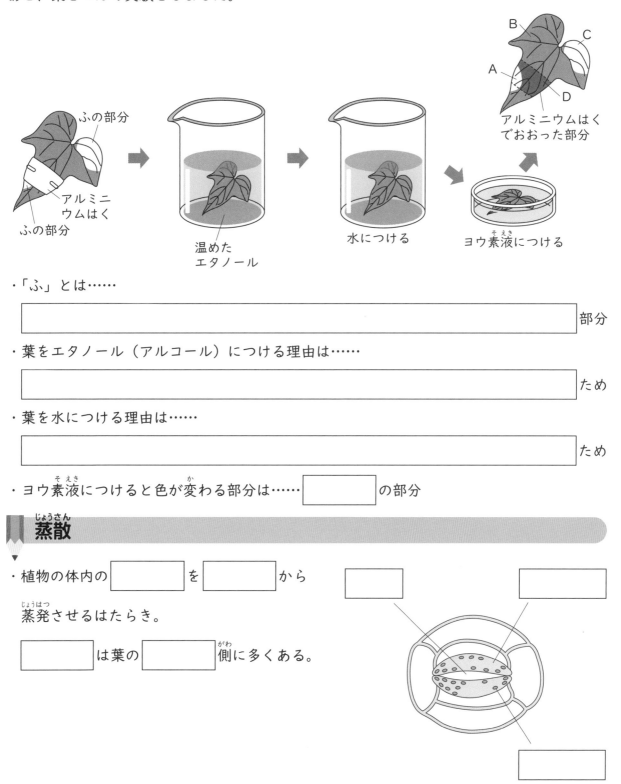

ふの部分

アルミニウムはく

ふの部分

温めた
エタノール

水につける

ヨウ素液につける

B
C
A
D

アルミニウムはく
でおおった部分

・「ふ」とは……

部分

・葉をエタノール（アルコール）につける理由は……

ため

・葉を水につける理由は……

ため

・ヨウ素液につけると色が変わる部分は……　　　　　　　の部分

蒸散

・植物の体内の　　　　　　を　　　　　　から

蒸発させるはたらき。

　　　　　　は葉の　　　　　　側に多くある。

1　下の図のように、三角フラスコに発芽しかけたダイズと水、水酸化カリウム水溶液（二酸化炭素をよく吸収する）を入れて、コックとガラス管のついたゴムせんをしっかりとはめました。ガラス管の中の赤インクは、フラスコの中の気体の増減によって左右に動きます。

この実験について、あとの問いに答えなさい。

（1）ダイズは発芽に必要な養分を何という部分にたくわえていますか。またダイズと同じ部分に養分をたくわえている植物を、ア～オからすべて選んで記号で答えなさい。

ア　イネ　　イ　インゲンマメ　　ウ　ヒマワリ　　エ　カキ　　オ　ススキ

答え

（2）ダイズはマメ科の植物です。ダイズと同じマメ科の仲間には、アズキ、インゲンマメ、エンドウ、ソラマメなどがありますが、この４つの植物の芽生えに関して、１つだけ他の３つの植物と様子が違うものがあります。それはどれですか。またその違いを「子葉」という言葉を用いて説明しなさい。

答え

（3）この実験について説明した文章の（　）内に適する言葉を書きなさい。

フラスコＡでは水酸化カリウム水溶液が二酸化炭素を吸収するので、三角フラスコ内の気体の体積の増減により赤インクが（　ア　）に動きます。気体の変化量はダイズが吸収した（　イ　）の体積と等しくなっています。

フラスコＢでは水酸化カリウム水溶液がないため、気体の変化量はダイズが吸収した（　ウ　）の量と放出した（　エ　）の量の差となります。

フラスコＡとフラスコＢの赤インクの移動距離を比べると、フラスコ（　オ　）のほうが長くなっています。

答え　ア	イ	ウ
エ		オ

2　インゲンマメの発芽について調べるために、下のような条件で実験しました。これについて、あとの問いに答えなさい。ただし、図に示した条件以外の条件は、すべて同じであったものとします。

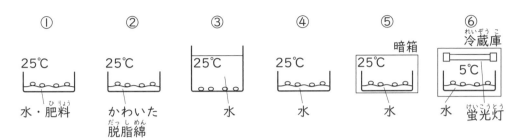

① 25℃ 水・肥料
② 25℃ かわいた脱脂綿
③ 25℃ 水
④ 25℃ 水
⑤ 暗箱 25℃ 水
⑥ 冷蔵庫 5℃ 水 蛍光灯

(1)　実験の条件を表にまとめてみましょう。空欄になっているところを、他の欄を参考にしてうめなさい。

条件＼実験	水	空気	温度	光
①	○	○	25℃	○
②	×	○	25℃	○
③	○			
④				
⑤		○	25℃	
⑥	○	○		○

(2)　発芽にA～Cの条件が必要かどうか確かめるには、どの実験とどの実験を比べるとよいですか。

A　水　　B　空気　　C　光

答え　A　　　　　　　B　　　　　　　C

(3)　(2)のCの比較から、どのようなことがわかりますか。説明しなさい。

答え

(4)　この実験で、種子が発芽したのはどの実験ですか。すべて選んで番号で答えなさい。

答え

(5)　発芽したインゲンマメの根の様子を観察するために、根に等間隔に印をつけて数日間育てました。根につけた印はどのように変化していますか。1つ選んで記号で答えなさい。

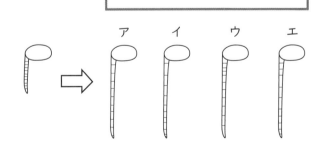

ア　イ　ウ　エ

答え

1

(1) ダイズなどマメ科の植物の種子は「無はいにゅう種子」で、発芽に必要な養分は種子の子葉という部分にたくわえています。ほぼ「無はいにゅう種子＝双子葉植物」「有はいにゅう種子＝単子葉植物」と考えてよいですが、ゴマ・オシロイバナ・カキなどは有はいにゅう種子で双子葉植物という例外ですね。

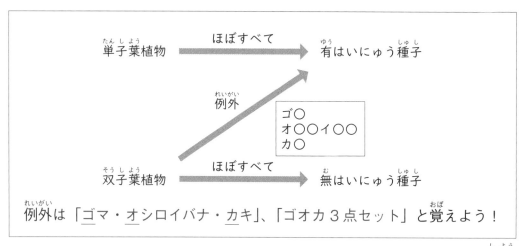

単子葉植物 —ほぼすべて→ 有はいにゅう種子

例外

ゴ○
オ○○イ○○
カ○

双子葉植物 —ほぼすべて→ 無はいにゅう種子

例外は「ゴマ・オシロイバナ・カキ」、「ゴオカ３点セット」と覚えよう！

答え 子葉　イ・ウ

(2) マメ科やどんぐりができる植物の中には、発芽のときに子葉が地中に残るものがあります。アズキ、エンドウ、ソラマメ、クリなどですね。

発芽のときに子葉が地中に残る植物

アズキ・エンドウ・ソラマメ・クリ・カシ・ナラ
「明日は　地中に　エンソク　かしら」

答え　インゲンマメ　発芽のときに子葉が地上に出る。

(3) フラスコＡでは、ダイズが呼吸により酸素を吸収し、代わりにはき出した二酸化炭素は水酸化カリウム水溶液に吸収されます。結果として三角フラスコ内の気体は減り、赤インクは左に引かれます。

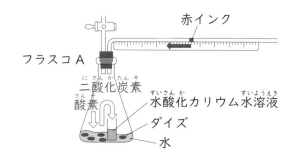

赤インク

フラスコＡ

二酸化炭素
酸素

水酸化カリウム水溶液
ダイズ
水

答え　ア　左　イ　酸素　ウ　酸素　エ　二酸化炭素　オ　Ａ

2 (1) で問題として出題されていますが、そうでなくても自分で表にまとめる習慣をつけましょう。

(1) このように「見える化」することで驚くほど解きやすく、ミスがなくなります。「この問題はどうやって整理したら考えやすいかな」とつねに意識しましょう。

答え

実験＼条件	水	空気	温度	光
①	○	○	25℃	○
②	×	○	25℃	○
③	○	×	25℃	○
④	○	○	25℃	○
⑤	○	○	25℃	×
⑥	○	○	5℃	○

(2) 実験どうしを比べたい場合は、比べたい条件以外の条件は同じになるようにするのがポイントです。

Aは水のあるなしで比べますが、水以外の条件が同じなのが②と④です。①のみ「肥料」があり、他のどの容器にも入っていません。①とは比べられませんね。

B、Cも同様に、①以外の実験で比べるものを選びましょう。

答え　A　②と④　　B　③と④　　C　④と⑤

(3) 光のあるなしにかかわらず、④と⑤の実験の両方で発芽します。

※多くはありませんが、レタス・マツヨイグサ・イチゴなど発芽に光が必要な「光発芽種子」と呼ばれるものもあります。

答え　インゲンマメの発芽には光は必要ない。

(4) 発芽の3条件「水・空気（酸素）・適当な温度」がそろっているものを選びます。

答え　①・④・⑤

(5) 成長点がある、根の先端部分がよくのびます。

答え　ウ

02 植物②
植物のからだのつくり

根・くき・葉のつくり

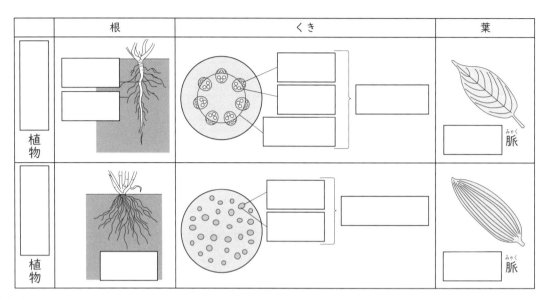

■双子葉植物

・根

[　　　　] と [　　　　] に分かれている

・くき

[　　　　] が [　　　　] 状に並んでいる。[　　　　]（根から吸い上げた水を運ぶ管）

と [　　　　]（葉でつくった養分を運ぶ管）が [　　　　]（[　　　　] によって

くきを太らせるはたらき）でへだてられている

・葉

葉脈が [　　　　] 状（網状脈）

■単子葉植物

・根

[　　　　] というつくり

・くき

[　　　　] が [　　　　] に並んでいる

・葉

葉脈が [　　　　]（平行脈）

▌▌各部のはたらき

■根のはたらき

・体の上部を支える

・　　　　　　から地中の　　　　　　や　　　　　　を吸収する

・根に養分をたくわえる植物

など

■くきのはたらき

・水や養分を運ぶ

・くきに養分をたくわえる植物

など

■葉のはたらき

・日光を受けて　　　　　　を行う

・おもに　　　　側にたくさんある　　　　　　から水分を　　　　　させる

・葉に養分をたくわえる植物

など

▌▌花のつくり

・花の四要素…　　　　　　・　　　　　　・　　　　　　・

・がく…花の内部を守る

・花びら…色や形で　　　　　　をおびきよせる

・おしべ…やくの部分で　　　　　　をつくる

・めしべ…　　　　　　が成長して果実に、その中の　　　　　　が　　　　　　となる

・上記の四要素がそろっている花を　　　　　　、そうでないものを　　　　　　　　という

・　　　　　　と　　　　　　に分かれている花を単性花、花に　　　　　　と　　　　　　がそろっている花を両性花という

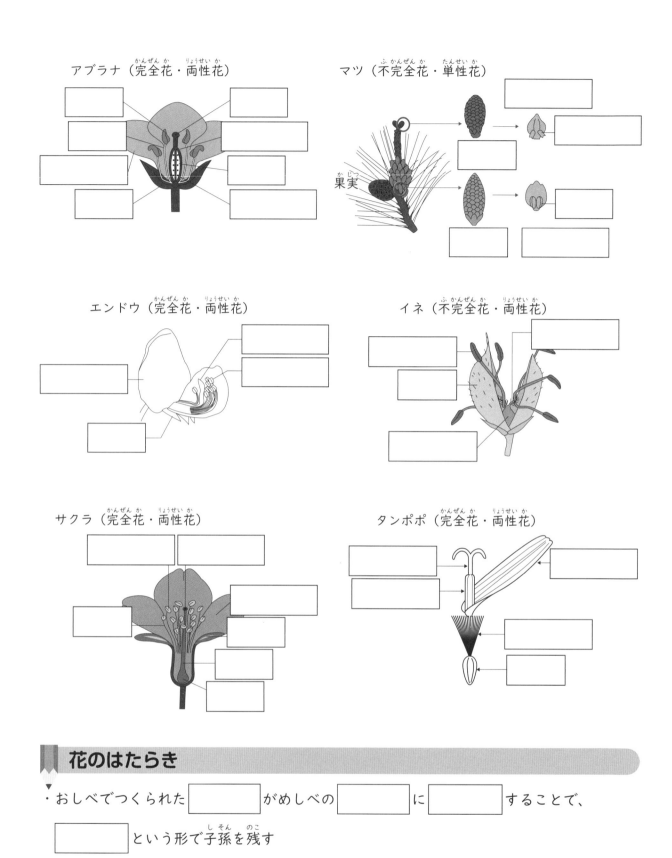

アブラナ（完全花・両性花）

マツ（不完全花・単性花）

果実

エンドウ（完全花・両性花）

イネ（不完全花・両性花）

サクラ（完全花・両性花）

タンポポ（完全花・両性花）

花のはたらき

・おしべでつくられた □□□□ がめしべの □□□□ に □□□□ することで、

□□□□ という形で子孫を残す

季節と植物

■春の花

右の図の 7 つを春の七草といいます。

春の七草

・スズナは ⬚ 、スズシロは

⬚ 、ゴギョウは

⬚ のことです。

・ホトケノザは ⬚ のこと

で、「ホトケノザ」という名前の別の植物が

あります。

・春に開花するサクラ（ソメイヨシノ）は、例

年その ⬚ がニュースになりま

す。春に花になる冬芽は ⬚ いもの、

葉になる冬芽は ⬚ いものです。

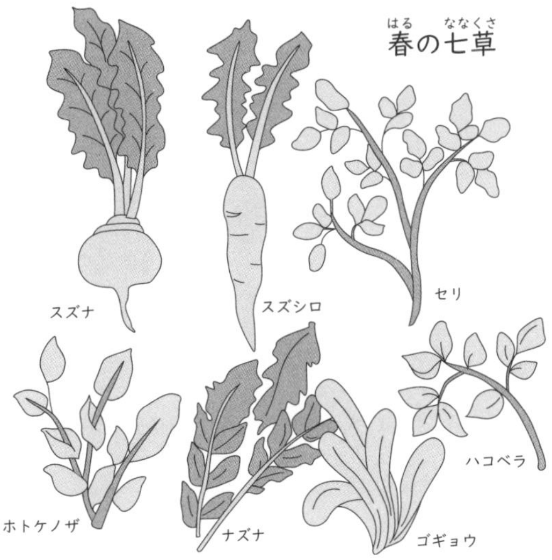

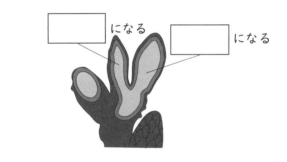

⬚ になる　　⬚ になる

スズナ　　スズシロ　　セリ

ホトケノザ　　ナズナ　　ハコベラ　ゴギョウ

■夏の花

・アサガオやヒマワリ、ヘチマなどの他、夜に

開花する ⬚ 、種がはじけて飛ぶ ⬚ 、青色で花び

らが 3 枚の花を咲かせる ⬚ などがあります。

■秋の花

右の図の 7 つを秋の七草といいます。

秋の七草

・キキョウは「万葉集」の中で ⬚

とよまれていますが、同じ仲間ではありませ

ん。

・その他の秋の花には「秋桜」と書く

⬚ や、特に鱗茎と呼ばれる球根

部分に毒を多く含む ⬚ などがあ

ります。

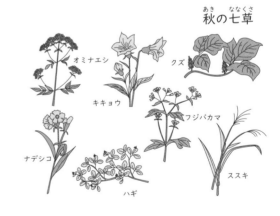

オミナエシ　　クズ

キキョウ　　フジバカマ

ナデシコ　　ススキ

ハギ

■開花の条件

アサガオやキクのように、夏至を過ぎたらつぼみをつけ開花する植物は、ある時間以上

⬚ が続くと花芽をつけます。このような植物を短日植物といいます。

1　アサガオは、皆さんの生活にとても身近な植物です。小学校や家で育てたことがある
　人も多いのではないでしょうか。そんなアサガオについて、あとの問いに答えなさい。

(1)　アサガオの種子をア～エから選びなさい。また1つの花に種子は最大何個できますか。

ア　　　イ　　　ウ　　　エ

答え

(2)　アサガオは、自分で自分の体を支えることができません。そのため、他のものを使っ
　てくきを支えています。このように他のものを利用して体を支えている植物をすべて選
　んで記号で答えなさい。

　ア　ススキ　　イ　ヘチマ　　ウ　タンポポ　　エ　アブラナ　　オ　オオバコ
　カ　トウモロコシ　　キ　ニガウリ

答え

(3)　アサガオのつぼみ、体の支え方として正しいものをそれぞれ選びなさい。

つぼみ　　　　　　　　体の支え方

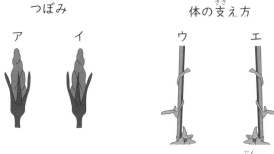

ア　イ　　　　　　ウ　　　エ

答え

(4)　右図は、アブラナの花のつくりと分
　解図、そして上から見たときの断面図
　です。図から、花びらを表しているも
　のをすべて選びなさい。

答え

(5)　アサガオの花を上から見た断面図はどのようになりますか。1つ選んで記号で答えな
　さい。

ア　　　イ　　　ウ　　　エ　　　オ

答え

(6)　アサガオの開花の仕組みを調べるために、次のような実験をしました。
〈実験〉　アサガオのはちを日光のあたらない部屋に置き、電灯の光をあてる時間、あてない時間の長さとつぼみのでき方を調べました。右図はその内容と結果です。実験についての文章の（　　）内にあてはまる言葉や数値を答えなさい。

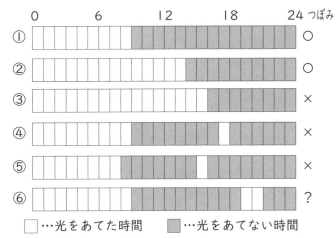

□…光をあてた時間　▨…光をあてない時間

実験①と実験②でつぼみができていることから、アサガオのつぼみができるための条件は昼の時間が（　ア　）時間以下であるか、夜の時間が（　イ　）時間以上であると考えた。しかし実験④と実験⑤もこの条件を満たしていることから、実験①と実験⑤の共通点と違いに注目した。実験①も実験⑤も昼の時間は（　ウ　）時間、夜の時間は（　エ　）時間だが、実験⑤は夜の時間が（　オ　）していない。こう考えると、実験⑥は夜の時間に（　カ　）時間の中断はあるものの、（オ）して夜の時間が（　キ　）時間あるので、つぼみは（　ク　）と考えられる。

答え　ア　　　イ　　　ウ　　　エ　　　オ　　　　　カ　　　キ　　　ク

2　植物をいろいろな条件で分類し、図にまとめたものが下の図です。これについて、あとの問いに答えなさい。

（1）（　　）にあてはまる言葉を漢字2字で答えなさい。

答え

（2）　A、Cにあてはまる特徴を次の中から1つずつ選び、それぞれ記号で答えなさい。
　ア　光合成をする　　イ　光合成をしない　　ウ　呼吸をする　　エ　呼吸をしない
　オ　子葉が1枚　　カ　子葉が2枚　　キ　はいしゅが子房に包まれている
　ク　はいしゅがむき出し　　ケ　胞子で増える

答え　A　　　　　C

（3）　次の植物はどのグループに入りますか。それぞれ図の植物名で答えなさい。
　ア　イチョウ　　イ　コスモス　　ウ　エノコログサ　　エ　ベニシダ

答え　ア　　　イ　　　　　　ウ　　　　　　エ

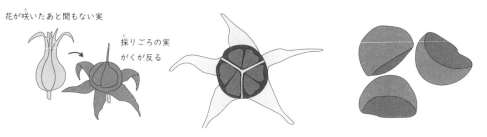

合否を分ける問題の 解答・解説

1

（1）　アサガオの子房にははいしゅが6つあり、最大で種子が6個できます。

花が咲いたあと間もない実

採りごろの実
がくが反る

答え　イ　6個

（2）　アサガオはくきそのものが支柱などに巻きついて体を支えますが、キュウリやカボチャなどウリ科の植物は葉の付け根から出てくる巻きひげが他のものに巻きつきます。

答え　イ・キ

（3）　アサガオのくきの巻きつき方、つぼみの開き方は、どちらも「上から見ると反時計回りに動く」です。

上から見ると
どちらも反時計回りに動きます

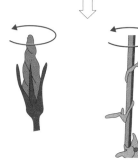

答え　イ・ウ

（4）　がくと花びらは枚数が同じなので、模式図では見分けづらいですね。がくは花びらを外側から支えているので、上から見た花の断面図ではコががく、ケが花びらです。

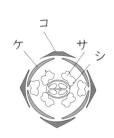

答え　ウ・カ・ケ

（5）　アサガオは合弁花ですが、花びらは5枚です。おしべは5本です。

答え　ウ

(6)　アサガオは短日植物といい、夏至を過ぎ夜の長さが長くなるとつぼみをつけます。ただ夜の時間が連続していなければならず、これは④や⑤でつぼみがついていないことからわかりますね。

答え　ア　14　　イ　10　　ウ　9　　エ　15　　オ　連続
　　　カ　2　　キ　10　　ク　できる

2

(1)　植物には、種子で増える種子植物のほかに、コケやシダなどのように胞子で増える胞子植物があります。

答え　種子

(2)　図を完成させると、下のようになります。

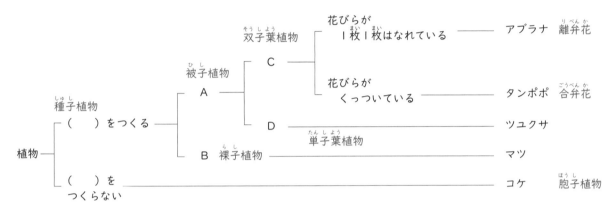

答え　A　キ　　C　カ

(3)　イチョウは裸子植物、エノコログサ（猫じゃらし）はイネ科の単子葉植物です。コスモスは漢字で「秋桜」と書きますが、サクラではなくタンポポと同じキク科です。

答え　ア　マツ　　イ　タンポポ　　ウ　ツユクサ　　エ　コケ

Chapter 2

天体

 がついているテーマには、動画を
用意しています。

03 天体① 星と星座

動画あります

星の種類

① [　　　　]…自ら光を出して輝いている星（例：太陽・シリウス・アンタレスなど）

② [　　　　]…①の星のまわりを公転している星（例：地球・火星・金星など）

③ [　　　　]…②の星のまわりを公転している星（例：月・エウロパ・タイタンなど）

恒星の色

色	[　　]	[　　]	[　　]	[　　]	[　　]
表面温度	3000℃	4500℃	6000℃	10000℃	15000℃

地球の自転

[　　　　　　]に１回転の速さで、北極の真上から見て[　　　　　　]回りに自転

日本（北半球）から見た夜空

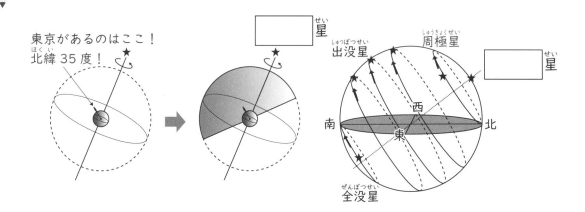

東京があるのはここ！
北緯35度！

[　　]星

[　　]星

出没星　周極星

南　西　北　東

全没星

星の動き

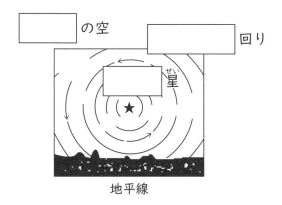

［　　　］の空　　［　　　　　　］回り

地平線

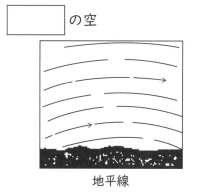

［　　　］の空

地平線

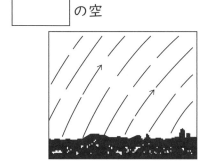

［　　　］の空

地平線

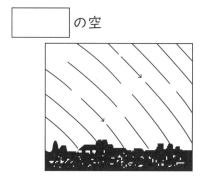

［　　　］の空

地平線

季節と星座

■春の星座

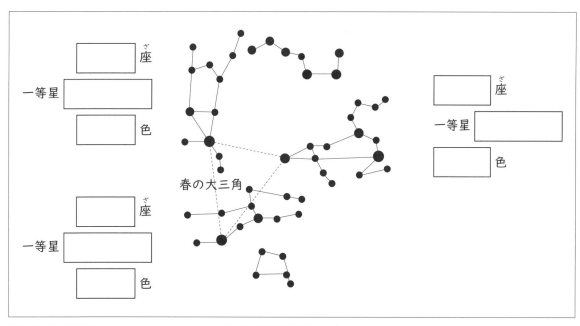

［　　　　］座
一等星　［　　　　　　　］
［　　　　］色

［　　　　］座
一等星　［　　　　　　　］
［　　　　］色

春の大三角

［　　　　］座
一等星　［　　　　　　　］
［　　　　］色

［　　　　　　　］座～うしかい座～［　　　　　　　］を結ぶ曲線を［　　　　　　　　　　］という

■夏の星座

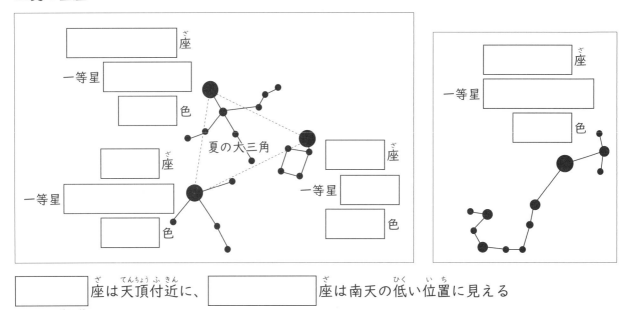

☐座は天頂付近に、☐座は南天の低い位置に見える

■冬の星座

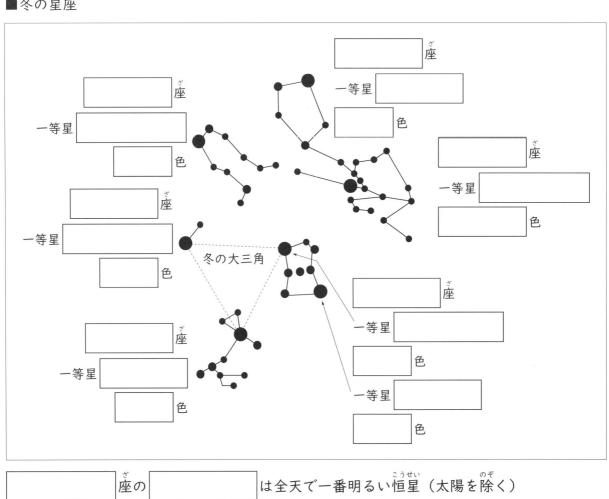

☐座の☐は全天で一番明るい恒星（太陽を除く）

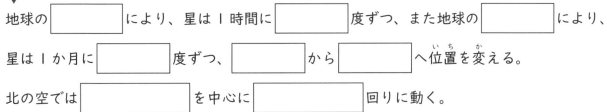

星の動き

地球の〔　　　〕により、星は１時間に〔　　　〕度ずつ、また地球の〔　　　〕により、星は１か月に〔　　　〕度ずつ、〔　　　〕から〔　　　〕へ位置を変える。

北の空では〔　　　〕を中心に〔　　　〕回りに動く。

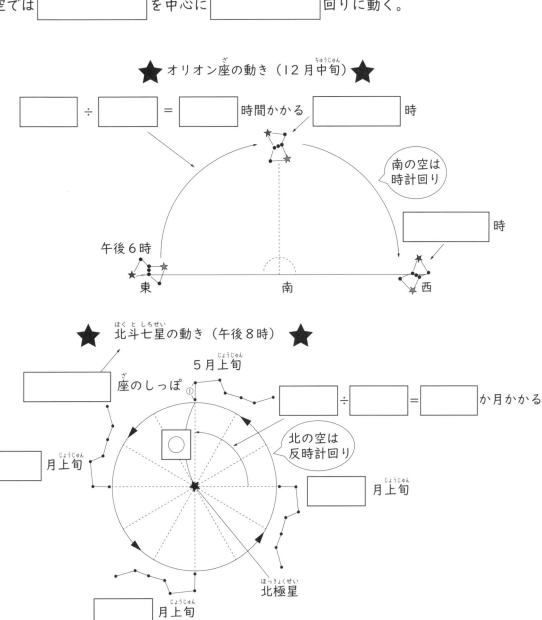

★ オリオン座の動き（12月中旬）★

〔　　　〕÷〔　　　〕＝〔　　　〕時間かかる　〔　　　〕時

南の空は
時計回り

〔　　　〕時

午後６時

東　　　　　　　　南　　　　　　　　西

★ 北斗七星の動き（午後８時）★

５月上旬

〔　　　〕座のしっぽ

〔　　　〕÷〔　　　〕＝〔　　　〕か月かかる

北の空は
反時計回り

〔　　　〕月上旬

〔　　　〕月上旬

北極星

〔　　　〕月上旬

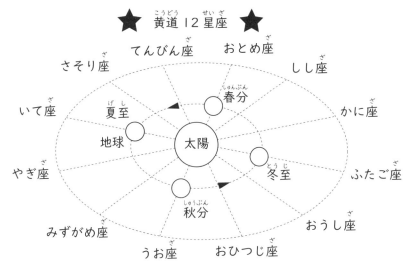

★ 黄道12星座 ★

季節ごとに南中する □ と同じ方向にある星座を黄道12星座といいます。

星座早見

星座板：星座の図と、まわりには日付が [   ] 回りに書かれています。

[   ] 星

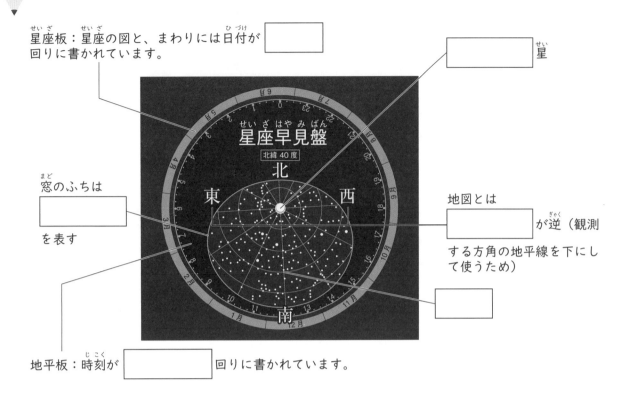

窓のふちは [   ] を表す

地図とは [   ] が逆（観測する方角の地平線を下にして使うため）

[   ]

地平板：時刻が [   ] 回りに書かれています。

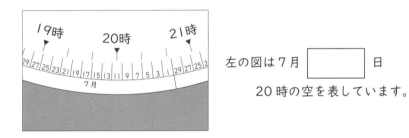

左の図は7月 [   ] 日 20時の空を表しています。

合否を分ける 問題

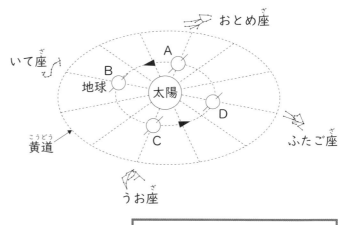

① 次の図は太陽を中心とした地球の1年の動きと星座を簡単に表したものです。A～Dは、春分、夏至、秋分、冬至のいずれかの日の地球です。これについて、あとの問いに答えなさい。

（1）春分の日の地球はどれですか。
A～Dから選び記号で答えなさい。

答え

（2）冬至の日の真夜中に南中する星座はどれですか。

答え

（3）真夜中にうお座が西の空に沈んでいくのは、地球がどの位置にあるときですか。A～Dから選び記号で答えなさい。

答え

（4）おとめ座が真夜中に東の空からのぼってくるとき、南中しているのはどの星座ですか。

答え

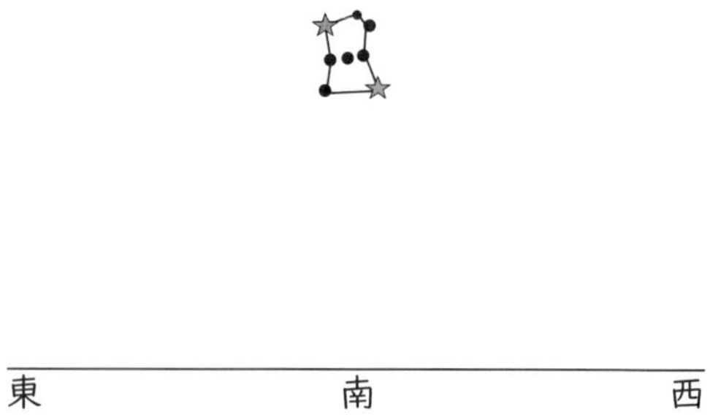

（5）真夜中にある星座が南の空に見えているとき、すぐそばで右図の星座が南中していました。

東　　　　　南　　　　　西

①このとき、地球はどの位置にありますか。
A～Dから選び記号で答えなさい。

答え

②この星座の名前と、赤色の一等星、青白色の一等星の名前をそれぞれ答えなさい。

答え		赤色		青白色	

③この星座が地平線に沈む位置として、正しいものを次から選び記号で答えなさい。
　ア　真西よりも北側の地平線に沈む
　イ　真西の地平線に沈む
　ウ　真西よりも南側の地平線に沈む

答え

④1か月後にこの星座が南中するのは何時ごろですか。24時制で答えなさい。

答え

2　　図は、太陽のまわりを公転する金星・地球・火星が一直線に並んでいる様子を、簡単にかいたものです。図のように惑星が並んだとき地球上から金星と火星を観測すると、火星は一晩中観測できましたが、金星は夜中には観測できませんでした。これについて、あとの問いに答えなさい。

（1）　文中にあるように、金星は朝や夕方に観測するとよく見えますが、真夜中には観測できません。朝に観測できる金星と、夕方に観測できる金星を、それぞれ何と呼びますか。

答え　朝　　　　　　　　　　　　　夕方

（2）　金星を真夜中に観測できない理由を、図をよく見て説明しなさい。

答え

（3）　いま、太陽、地球、火星は一直線に並んでいます。次に太陽、地球、火星がこの順に一直線に並ぶまでにかかる日数を考えます。次の文中の（　　）にあてはまる数値を答えなさい。ただし②は小数第一位を四捨五入して、整数で答えなさい。また③にあてはまる数値を１つ選びなさい。

地球は１年（365日）かけて太陽のまわりを１回公転します。１日あたり公転する角度を計算すると、およそ
360 ÷ 365 = 0.986 度　になります。

火星も地球と同じ向きに１日に0.524度公転しています。
だから、地球と火星が１日に公転する角度の差は（　①　）度となります。
この差が積み重なって地球が火星を「１周追いこし」すると、ふたたび太陽、地球、火星がこの順に一直線に並びます。

次に太陽・地球・火星がこの順に一直線に並ぶのは（　②　）日後になり、
約（②）日ごとに地球と火星が接近することがわかります。

2018年、地球と火星は約（　③　5・15・25・35　）年ぶりに大接近しました。これは、火星の公転の道すじが地球に比べて少しつぶれただ円形であるために起きる現象です。

答え　①　　　　　　　　　②　　　　　　　　③

1

（1）　地球の地軸の北極側が太陽のほう
　　　にかたむき、日本がある北半球の昼
　　　が長くなるのが夏至、その逆が冬至
　　　です。地球の公転の向き（北極の真
　　　上から見て反時計回り）から考えて、
　　　春分の日の地球は A です。

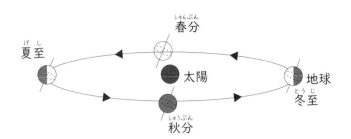

答え　A

（2）　考えやすいように、真上から見た図をかきまし
　　　ょう。地球上で、太陽の正面（南中している）点
　　　が正午、その逆側が真夜中です。冬至の日の真夜
　　　中、正面に南中しているのはふたご座ですね。

答え　ふたご座

（3）　南の空を見上げて立っていると考えてみましょう。「う
　　　お座が西の空」とは、真夜中に南の空を見上げている人
　　　の、右側にうお座があるということですね。

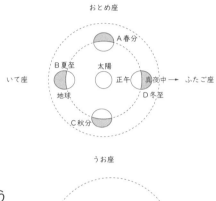

　　　もとの図に戻ると、
　　　真夜中に南の空を見上げている人の右方向にうお
　　　座が見えるのは、D の冬至の地球だとわかります。

答え　D

（4）　（3）と同じ要領で考えると、真夜中に東の地平線か
　　　らおとめ座がのぼってくるのも「真夜中、左におとめ
　　　座が見える」ということになります。
　　　真夜中におとめ座が左に見えるのも、もとの図に戻る
　　　と冬至の地球だとわかります。
　　　南中しているのはふたご座ですね。

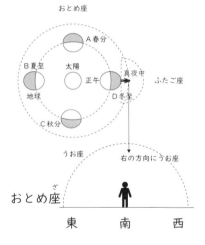

答え　ふたご座

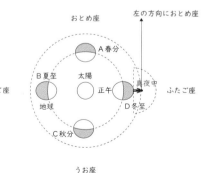

(5)① オリオン座は冬の星座です。やはり地球の位置は冬至ですね。

答え　D

② オリオン座の赤色の一等星はベテルギウス、青白色の一等星はリゲルです。

答え　オリオン座　赤色　ベテルギウス　青白色　リゲル

③ オリオン座（の３つ星）は、真東からのぼって真西に沈みます。

答え　イ

④ １か月で、星は 30 度位置を変えてしまいます（１年で 360 度 ⇒ 360 ÷ 12 = 30）。つまり１か月後に同じ位置に観測するには、真夜中よりも早い時刻に観測します。星は１時間で 15 度位置を変えるので（１日で 360 度 ⇒ 360 ÷ 24 = 15）、30 ÷ 15 = 2 時間前に観測します。

答え　22 時

2

(1) 夕方のことを「よい（宵）」といいます。

答え　朝　明けの明星　　夕方　よいの明星

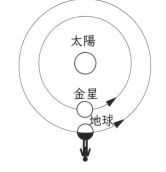

(2) 金星は地球よりも内側、太陽に近いところを公転しているので、図のように真夜中は地球の裏側になってしまい見えません。

答え　金星は地球よりも内側を公転しているため。

(3) 地球は火星よりも公転周期が短いので、やがて「一周追いこし」が起こります。

① 0.986 − 0.524 = 0.462

② 360 ÷ 0.462 = 779.2…

答え　①　0.462　②　779　③　15

04 天体② 太陽・月・地球

太陽の見え方

太陽の直径は月のおよそ

[　　　　　] 倍ありますが、地球から

の距離もおよそ

[　　　　　] 倍あるため、同じくらい

の大きさに見えます。

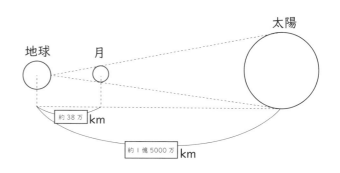

地球　月　　　　　　　　　　　太陽

約 38 万 km

約 1 億 5000 万 km

日周運動

地球の [　　　　] により、太陽は 1 日で天球

上を 1 周するように見えます。太陽が、真南

の空にくることを [　　　　] といい、日本で

は標準時子午線である東経 135 度の地点

（兵庫県明石市）で太陽が南中する時刻を正

午と決めています。

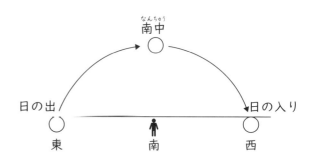

南中

日の出　　　　　　　　日の入り

東　　　　　南　　　　　西

太陽の南中高度と年周運動

太陽が南中したときの地面に対する角度（図の X）を

[　　　　　] といい、季節や場所によって変わり

ます。北半球にある日本では、[　　　　] のほうに行

くほど高くなり、1 年では [　　　　] に最も高く、

[　　　　] に最も低くなります。

[　　　　] と [　　　　] は、太陽が真東から真西に移動し、昼の長さがちょうど

[　　　　] 時間になります。

このように太陽の高度が季節によって変わる

のは、地球が太陽のまわりを

[　　　　] しているからです。

太陽

西

南　　　X　　　北

東

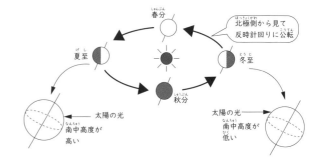

春分

夏至　　　　　　　　北極側から見て
　　　　　　　　　　反時計回りに公転

冬至

秋分

太陽の光　　　　　　　太陽の光
南中高度が　　　　　　南中高度が
高い　　　　　　　　　低い

太陽の南中高度を求める式

春分（3月20日ごろ）

夏至（6月21日ごろ）

秋分（9月23日ごろ）

冬至（12月22日ごろ）

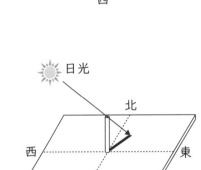

日かげ曲線

図のような装置で太陽の影を観測し、影の先端の位置につけた印を結ぶと、季節によってできる線の形が違います。これを日かげ曲線といいます。

太陽は[　　　]から[　　　]に動いていくので、影の先端は[　　　]から[　　　]へ動きます。

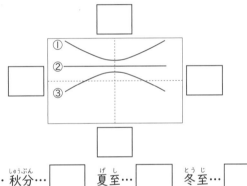

春分・秋分…[　　]　　夏至…[　　]　　冬至…[　　]

世界各地での太陽の動き

日本（北緯35度）

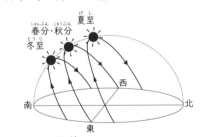

オーストラリア（[　　]緯35度）

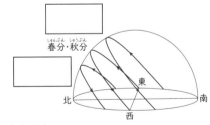

赤道（0緯度）

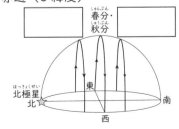

北極（北緯90度）

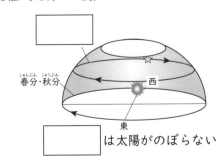

[　　　]は太陽がのぼらない

月の満ち欠け

月は地球のまわりを公転する

[　　　　]です。

[　　　　]の光のあたっている側

が光って見え、満ち欠けします。

月が1回地球のまわりを公転す

るのにかかる日数

=[　　　　]日

（ツナサンドと覚えよう）

月が1回満ち欠けするのにかか

る日数

=[　　　　]日

（ニクゴハンと覚えよう）

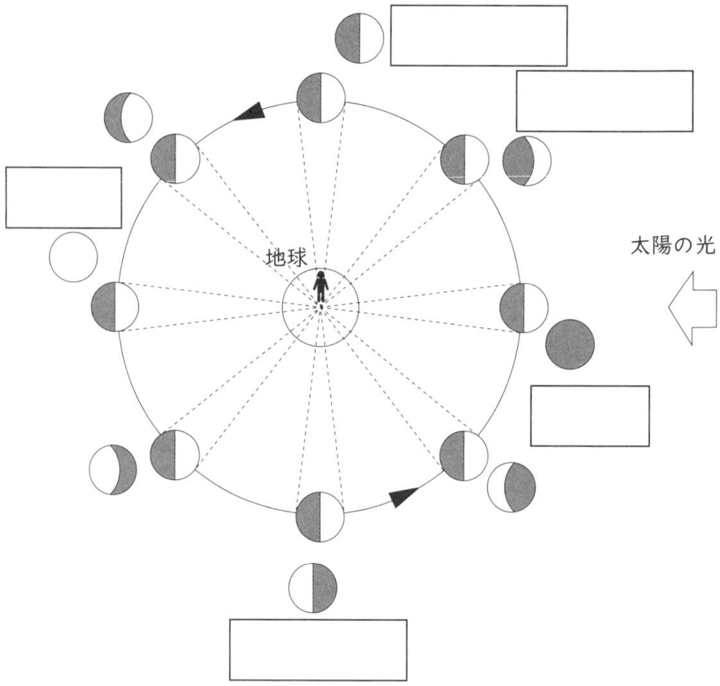

地球

太陽の光

満ち欠けにかかる日数

月は[　　　　]から満ちて[　　　　]から欠ける（北半球では）

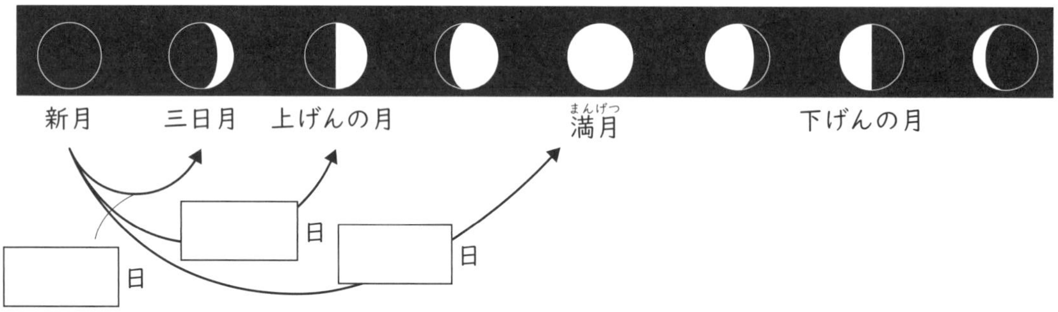

新月　　三日月　　上げんの月　　満月　　　　下げんの月

[　　　　]日

[　　　　]日　[　　　　]日

日食と月食

日食は月が[　　　　]のとき、月食は[　　　　]のときに起こることがあります。実際に

は月は地球から約[　　　　]km離れていて（地球の直径のおよそ30倍）、太陽はさらに

その約[　　　　]倍離れているので、いつも日食や月食が起こるわけではありません。

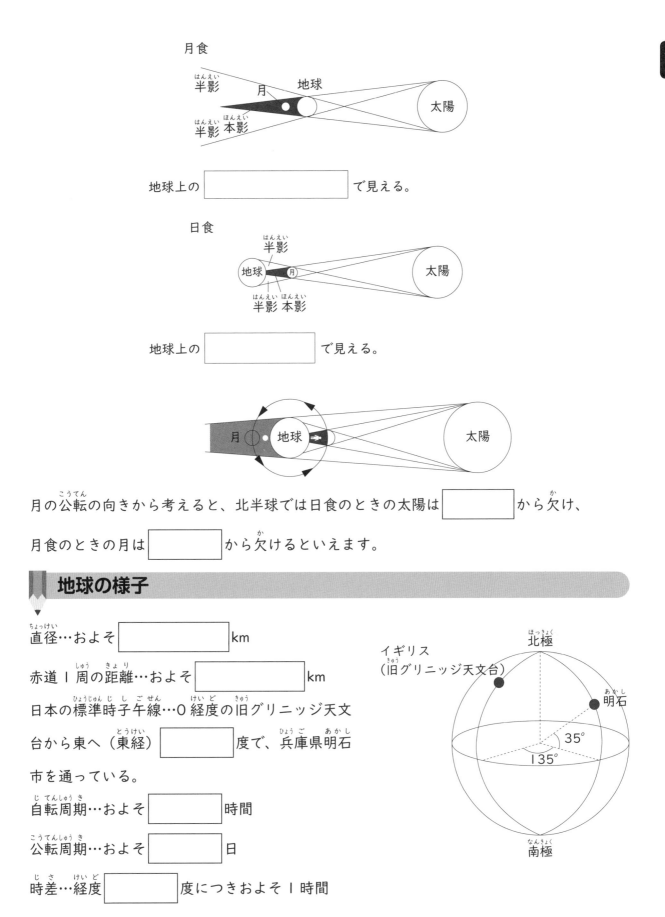

月食

半影　月　地球　　　　　太陽

半影　本影

地球上の　　　　　　　　　で見える。

日食

半影

地球　月　　　　　太陽

半影　本影

地球上の　　　　　　　　で見える。

月　地球　→　　　太陽

月の公転の向きから考えると、北半球では日食のときの太陽は　　　　　から欠け、

月食のときの月は　　　　　から欠けるといえます。

地球の様子

直径…およそ　　　　　　km

赤道1周の距離…およそ　　　　　　km

日本の標準時子午線…0経度の旧グリニッジ天文

台から東へ（東経）　　　　　度で、兵庫県明石

市を通っている。

自転周期…およそ　　　　　時間

公転周期…およそ　　　　　日

時差…経度　　　　　度につきおよそ1時間

イギリス
（旧グリニッジ天文台）

北極

明石

35°

135°

南極

1　4月のある日、月の観察をしました。地球は北極と南極を結ぶ線を軸として、北極の真上から見て反時計回りに約1日で1回転しています。この回転のことを自転といい、回転の軸を自転軸といいます。月も同様に自転しています。ただし、地球の自転軸と月の自転軸は平行で、月の北極は地球の北極と同じ側にあると考えます。

（1）　明け方に月を観察すると、南東の空に見えました。このときに見える月の形として最も適切なものを次のア〜エから1つ選び、記号で答えなさい。

答え

（2）　3日後の同じ時刻の月は、（1）に比べて満ちていますか、欠けていますか。また月の位置は西と東のどちらに移動していますか。

答え

（3）　別の日、月の北極点から地球を見ると、図のように見えました。
　　この日は（2）の何週間後と考えられますか。次のア〜エから1つ選び、記号で答えなさい。

ア　1週間後　　イ　2週間後　　ウ　3週間後　　エ　4週間後

答え

（4）　このときの太陽・地球・月の位置関係として適するものはどれですか。右の図のア〜エから1つ選びなさい。ただし図の自転軸の上側は地球の北極側です。

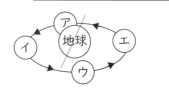

答え

（5）　この後の地球の満ち欠けと位置について正しく述べているものを次のア〜カから1つ選びなさい。
　　ア　満ちていく・位置は南にずれる　　イ　満ちていく・位置は北にずれる
　　ウ　満ちていく・位置は変わらない　　エ　欠けていく・位置は南にずれる
　　オ　欠けていく・位置は北にずれる　　カ　欠けていく・位置は変わらない

答え

(6)　月から見た地球の大きさと、地球から見た月の大きさについて、正しく述べている文を、次のア～ウから選んで記号で答えなさい。

　　ア　月から見た地球のほうが大きい。

　　イ　地球から見た月のほうが大きい。

　　ウ　大きさは同じ。

答え	

2　次の表は、日本のある都市でのある月の日の出、日の入りの時刻を示しています。これについて、あとの問いに答えなさい。

	日の出	日の入り
1日	6：02	16：47
15日	6：16	16：36
30日	6：30	16：29

(1)　15日の昼の長さと南中時刻を求めなさい。

答え　昼の長さ	
南中時刻	

(2)　この都市は次のどこだと考えられますか。ア～ウから1つ選び、記号で答えなさい。またそれを選んだ理由も答えなさい。

　　ア　東京　　イ　大阪　　ウ　福岡

答え	理由

(3)　この記録は何月のものと考えられますか。次のア～エから1つ選び、記号で答えなさい。またそれを選んだ理由も答えなさい。

　　ア　1月　　イ　4月　　ウ　7月　　エ　11月

答え	理由

(4)　次の文は、この時期の日本付近での太陽高度などについて説明したものです。文中の（　　）に適する言葉をそれぞれ答えなさい。

　　この時期、日本付近では（　ア　）へ行くほど太陽の南中高度が高く、（　イ　）へ行くほど南中時刻が早い。また、（　ウ　）へ行くほど昼の長さが長くなる。

答え　ア	イ	ウ

合否を分ける問題の 解答・解説

1

(1) 「明け方に南東にある月」ですが、丸暗記はやめましょう。ではどうするのかというと、図さえかけば覚えていなくても出てくるようにするのです。

右の図は月が地球のまわりを公転していることを示しています。この「時刻うち」

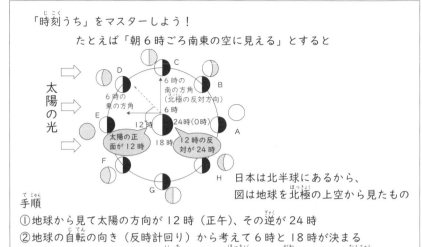

「時刻うち」をマスターしよう！

たとえば「朝6時ごろ南東の空に見える」とすると

日本は北半球にあるから、図は地球を北極の上空から見たもの

手順
①地球から見て太陽の方向が12時（正午）、その逆が24時
②地球の自転の向き（反時計回り）から考えて6時と18時が決まる
③6時の南の方向は、6時の位置から見て北極の反対側（Cの月が南中）
④Cの月が南なら、東はEの月の方向
⑤6時に南東の空に見えるのはDの月

をマスターすれば、どの形の月が何時にどの方角に見えるかがすべてわかります。

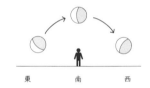

Dの月の動きは図のようになりますから、答えはウですね。

答え　ウ

(2) 図の月は右側が大きく欠けているので、3日するとさらに欠けて新月に近くなります。また、同じ時刻に月を観察すると日がたつにつれて東側に位置を変えていきます。

答え　欠けている、東

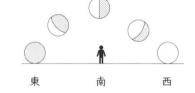

(3) 月から見た地球は、地球から見た月の逆、つまり「2つ合わせると1つの○になるような関係」です（右図参照）。つまりこの日、月は「右側が光っている上げんの月」です。（2）の新月から約1週間後です。

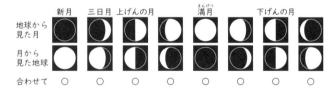

答え　ア

(4) 右側が光る上げんの月の位置はアです。

答え　ア

(5) （3）の図に示したように、地球も月と同じように右から満ち欠けしています。ですから左半分の状態から欠けていきます。また月はつねに同じ面を地球に向けています。月の同じ場所にいる限り、地球はつねに同じ方向に見えています。

答え　カ

（6）　地球の直径は月のおよそ4倍あります。

答え　ア

2

（1）　昼の長さは「日の入りの時刻−日の出の時刻」、南中時刻は日の出と日の入りのちょうど真ん中なので「（日の出の時刻＋日の入りの時刻）÷2」で計算できます。

16：36 − 6：16 ＝ 10：20

（6：16 ＋ 16：36）÷ 2 ＝ 11：26

答え　昼の長さ　10時間20分　　南中時刻　（午前）11時26分

（2）　東経135度の兵庫県明石市に近い大阪は南中時刻がほぼ正午、東京は大阪より東にあるので南中時刻が早く、福岡は西にあるので遅くなります。

答え　ア　理由：南中時刻が12時よりも30分以上早いから。

（3）　昼の長さが10時間程度と短いことから、春分・秋分よりも冬至よりの日だとわかります。ですから1月または11月です。そして昼の長さがだんだん短くなっていますね。冬に向かっているということです。

	日の出	日の入り	昼の長さ
1日	6：02	16：47	10時間45分
15日	6：16	16：36	10時間20分
30日	6：30	16：29	9時間59分

答え　エ　理由：昼の長さが12時間より短く、日がたつにつれてだんだん短くなっているから。

（4）　日本は北半球にありますから、南へ行くほど太陽の南中高度は高くなります。また地球は東に向かって自転していますから、東ほど太陽の南中時刻が早いのは、世界中どこでも同じです。

昼の長さですが、冬至の日に近い11月は南へ行くほど長くなります。夏至に近い日は逆で、北へ行くほど長くなります。（右図参照）

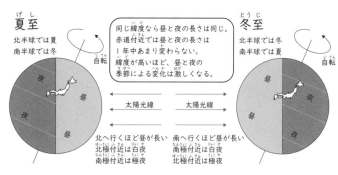

答え　ア　南　イ　東　ウ　南

Chapter

3

化学

05 化学①
気体・燃焼

ろうそくの炎

A 〔　　　　　　〕…炎で最も温度が〔　　　　〕い

　　　　　　　ろうが〔　　　　　〕している。約1400℃

B 〔　　　　　　〕…〔　　　　　　　〕が熱せられて明るく光っている。
　　　　　　　約1200℃

C 〔　　　　　　〕…ろうの〔　　　　　〕があるところ
　　　　　　　約900℃

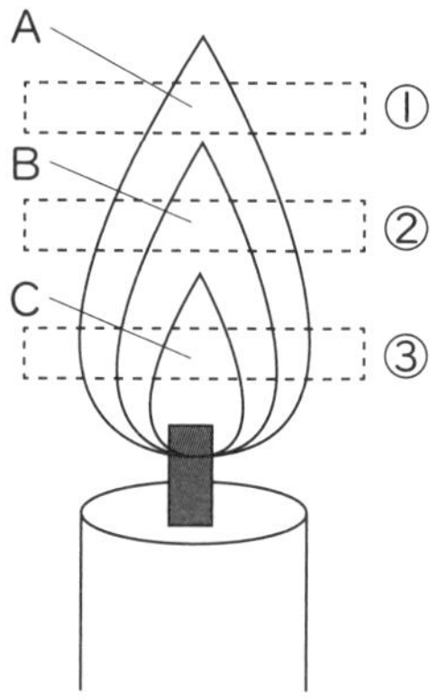

①にぬれた割りばしを入れると、焦げたところは〔　　　　　〕

②にぬれた割りばしを入れると、焦げたところは〔　　　　　〕

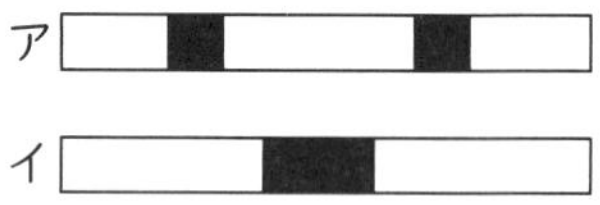

③にガラス棒を入れると、すすがつくところは〔　　　　〕

Cにガラス管を入れると、ガラス管の先から〔　　　　　　　〕が出る

　　　　　　　⇒火をつけると〔　　　　　　〕

燃えたあとにできるもの

ろうやアルコールは〔　　　　〕や〔　　　　〕を含むので、燃えると〔　　　　　　　〕

や水ができます。

水素 ＋〔　　　　〕→〔　　　　〕、炭素 ＋〔　　　　〕→〔　　　　　　〕

金属の燃焼

銅やマグネシウムなどの金属の粉末を空気中で加熱すると、

〔　　　　〕と結びついて燃焼します。

空気中で銅、マグネシウムの粉末を加熱し、完全燃焼させたあと加熱前と加熱後の重さをグラフにすると、右のようになりました。

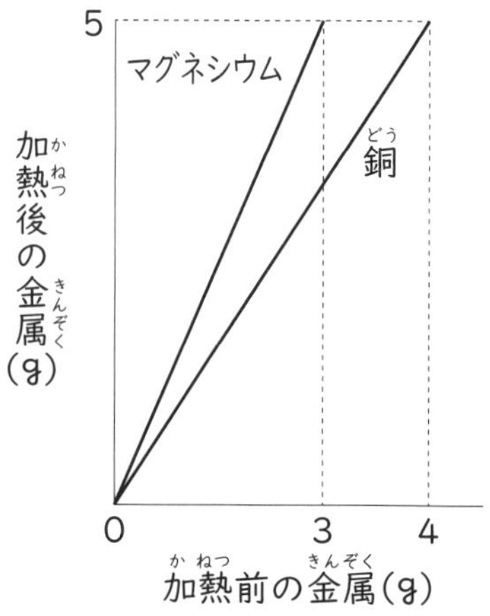

12gのマグネシウムの粉末を完全燃焼させると何gになるかを考えてみましょう。

グラフより、マグネシウム3gを完全燃焼させると [ ] gになることがわかります。

これは、3gのマグネシウムが [ ] gの酸素と結びついて、酸化マグネシウムという別の物質になったからです。

言葉で式を書いて、何倍になっているかを計算します。

マグネシウム　　　＋　　酸素　　→　　酸化マグネシウム

　3g　　　　　[ ] g　　　　　　[ ] g

となります。

問題では12gのマグネシウムを完全燃焼させているので

マグネシウム　　　＋　　酸素　　→　　酸化マグネシウム

　3g　　　　　[ ] g　　　　　　[ ] g

　↓× [ ]　　　↓× [ ]　　　　↓× [ ]

　12g　　　　　[ ] g　　　　　　[ ] g

と計算できますね。

もちろん、マグネシウム： [ ] ＝ 3： [ ] で結びつくことを利用し、

マグネシウム　　　＋　　酸素　　→　　酸化マグネシウム

③12g　　　②[ ] g　　　⑤[ ] g

①＝ [ ] g

②＝ [ ] g

⑤＝ [ ] g

と、比の考え方を使って解いてもかまいません。

気体の発生

ア～ウの器具名

ア…

イ…

ウ…

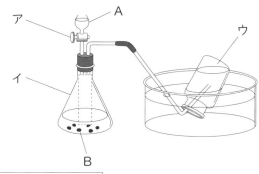

A・Bの試薬

発生させる気体	Aに入れる試薬	Bに入れる試薬
酸素	①	②
二酸化炭素	③	④
水素	⑤	⑥

気体の性質

気体名	におい	重さ	水へのとけ方	その他
酸素	なし	空気よりやや③　　　い	⑧	ものが⑪ のを助けるはたらき 空気のおよそ⑫　　%
二酸化炭素	なし	空気より④　　　い	⑨	水にとかすと⑬ になる（酸性） 空気のおよそ⑭　　%
水素	なし	空気より⑤　　　い	ほとんどとけない	空気中で火をつけると ⑮
アンモニア	①	空気より⑥　　　い	⑩	水にとかすと⑯ になる（アルカリ性）
塩化水素	②	空気より⑦　　　い	よくとける	水にとかすと⑰ になる（酸性）
ちっ素	なし	空気とほぼ同じ	ほとんどとけない	空気のおよそ⑱　　%

気体発生の計算問題

あるこさの塩酸 20cm³ に石灰石を加え、二酸化炭素を発生させました。このとき加えた石灰石と、発生した二酸化炭素の量の関係を示したのが、右のグラフです。

この塩酸 50cm³ に石灰石 5g を加えると、二酸化炭素は何 cm³ 発生するでしょうか。

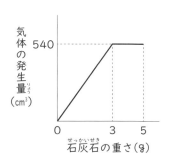

石灰石は ［　　　　　　　　］ を主成分としていて、塩酸と反応して二酸化炭素を発生します。

このグラフから、塩酸と石灰石が過不足なく反応する組み合わせは塩酸 ［　　　　　］ cm³ と

石灰石 ［　　　　　］ g で、そのとき発生する二酸化炭素は ［　　　　　］ cm³ だとわかります。

化学の計算問題でも、ポイントは他の理科の計算問題同様「基準となる実験」をもとに、与えられた問題がその何倍になっているかを計算することです。

先ほどの組み合わせを基準として考えてみましょう。

塩酸　　　＋　　石灰石　　→　　二酸化炭素

20cm³　　　　　3g　　　　　　540cm³

50cm³　　　　　5g　　　　　　│ ? │cm³

塩酸、石灰石のそれぞれが基準となる実験の何倍になっているかを、書き込みましょう。

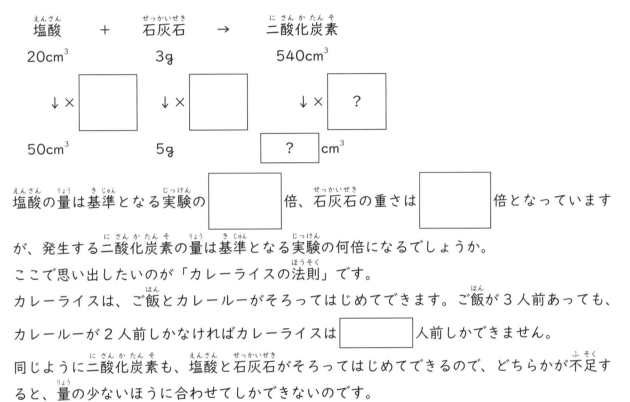

塩酸の量は基準となる実験の　□　倍、石灰石の重さは　□　倍となっていますが、発生する二酸化炭素の量は基準となる実験の何倍になるでしょうか。

ここで思い出したいのが「カレーライスの法則」です。

カレーライスは、ご飯とカレールーがそろってはじめてできます。ご飯が3人前あっても、カレールーが2人前しかなければカレーライスは　□　人前しかできません。

同じように二酸化炭素も、塩酸と石灰石がそろってはじめてできるので、どちらかが不足すると、量の少ないほうに合わせてしかできないのです。

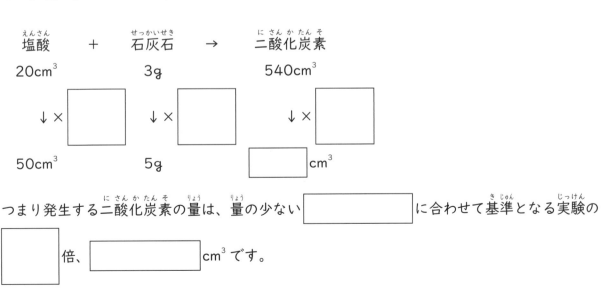

つまり発生する二酸化炭素の量は、量の少ない　□　に合わせて基準となる実験の　□　倍、　□　cm³ です。

1　　0.5gのアルミニウムに、ある一定のこさの
塩酸を加えました。このとき加えた塩酸の体積
（cm³）と発生した気体の体積（cm³）の関係を
調べたところ、以下の表のような結果になりま
した。これについて、あとの問いに答えなさい。

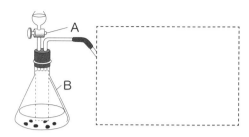

塩酸（cm³）	20	40	60	80	100
気体（cm³）	440	880	1100	1100	1100

（1）　気体発生装置のAとBの器具名をそれぞれ答えなさい。

答え　A　　　　　　　　　　　　　　　　B

（2）　気体発生装置Bの⬚⬚⬚の中の管の様子を、
長さがわかるように注意して書きなさい。

答え ⬚⬚⬚

（3）　発生した気体を集めるための装置を、次の中から選んで記号で答えなさい。

ア　　　　　　　　　　　イ　　　　　　　　ウ

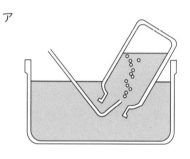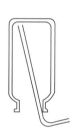

答え

（4）　「加えた塩酸の体積」を横軸、「発生した気体の
体積」を縦軸として、この2つの関係を右のグラ
フに表しなさい。

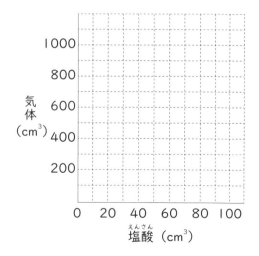

（5）　塩酸はある気体が水にとけてできた水溶液です。この気体を集める装置を（3）のア
〜ウから選んで記号で答えなさい。またその理由も説明しなさい。

答え　　　　　理由：

(6)　アルミニウム 0.5g と過不足なく反応する塩酸は何 cm³ ですか。

答え

(7)　アルミニウム 1g に、この実験で使った塩酸を
150cm³ 注ぐと、気体は何 cm³ 発生しますか。

答え

2　燃焼について、あとの問いに答えなさい。

(1)　右図はろうそくの炎を表しています。最も温度が高い部分を A
〜C から選びなさい。
またその理由を説明しなさい。

答え　　　理由：

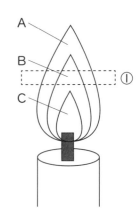

(2)　炎の①の部分にガラス棒をかざすと、黒いものがつきました。
これは何ですか。

答え

(3)　ろうそくの燃焼について説明した文章の（　　）内に適する言葉を答えなさい。
ろうそくの炎は、固体のろうが炎の熱によってとけて液体になり、しんを伝って空気に
触れ（　ア　）になって燃えることでできています。つまりろうそくのしんは、ろうの
液体が空気に触れる（　イ　）を広くすることで（ア）になりやすくするはたらきを
しています。ものが燃えるには（　ウ　）があること、空気、そのなかでも（　エ　）
があること、そして燃えるものによって決まっている（　オ　）以上の温度になってい
ることが必要です。ろうそくを吹き消したとき、この３つのうち（　カ　）がなくなっ
たために炎が消えたと考えられます。また炎が消えたときにしんから立ち上る白いけむ
りは、ろうの（　キ　）です。

答え　ア	イ	ウ	
エ	オ	カ	キ

(4)　ステンレス皿に銅粉を入れ、ガスバーナーで熱して重さの変化を調べました。表は、
加熱前と加熱後にステンレス皿ごと重さをはかった結果です。銅 1g が完全燃焼したと
きの重さと、ステンレス皿の重さを答えなさい。

加熱前の重さ（g）	12.0	14.0	16.0	18.0	20.0
加熱後の重さ（g）	12.5	15.0	17.5	20.0	22.5

答え　完全燃焼したとき　　　　　ステンレス皿

1

（1）　コックは「活栓」と書いても OK です。

答え　A　コック付きろうと管　　B　三角フラスコ

（2）　液体が流れるほうははねないように下まで、気体を吸い出すほうは液体を吸わないように短く、です。

答え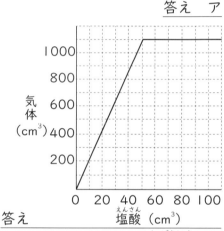

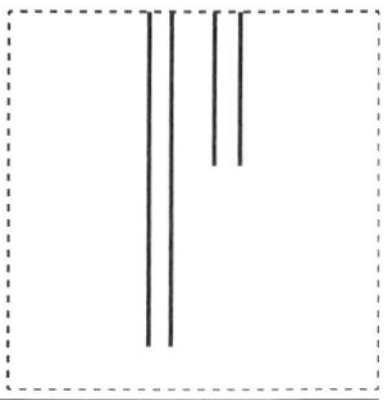

（3）　発生する水素は、水にほとんどとけない気体です。ですから水上置換法で集めるといいですね。

答え　ア

（4）　塩酸10cm³につき気体220cm³が発生し、1100cm³で発生が止まっていることに注意し、グラフを完成させます。(6)の答えを出したあとでかくと、より正確にかけそうです。

答え

（5）　塩化水素は空気より重く（空気の約1.4倍）、水にとけやすい気体です（刺激臭があります）。ですから水上置換法ではなく下方置換法で集めます。

答え　イ　理由：塩化水素は水にとけやすいため。

（6）　表とグラフから、塩酸20cm³につき気体440cm³が発生していることがわかります。気体は最大1100cm³発生しているので、次のようにまとめられます。

塩酸　　　　　　　　気体

20cm³　　　　　　　440cm³

↓× 2.5　　　　　　↓× 2.5

■ cm³　　　　　　1100cm³

■ ＝ 50cm³

答え　50cm³

(7)　(6)で求めた「過不足なく反応する組み合わせ」を利用します。

塩酸	アルミニウム	気体
50cm³	0.5g	1100cm³
↓×3	↓×2	↓×2
150cm³	1.0g	■ cm³

発生する気体は「カレーライスの法則」（P53）により

1100 × 2 = 2200cm³ です。

答え　2200cm³

2

(1)　最も高温なのは、ろうが完全燃焼しているAです。できれば完全燃焼する理由も含めて答えましょう。

答え　A　理由：空気とよく触れてろうが完全燃焼しているから。

(2)　黒色の粒はすす（炭素の粒）です。

答え　すす（炭素）

(3)　火を「吹き消す」のは、燃えているろうの気体を吹き飛ばす、ということです。

答え　ア　気体　イ　面積　ウ　燃えるもの　エ　酸素　オ　発火点
　　　カ　燃えるもの　キ　粒（固体）

(4)　銅の重さを2g増やすと、燃焼後の重さは2.5g多くなっています。つまり2gの銅に酸素が0.5g結合したということですね。
1gの銅と結合する酸素は0.25gです。
表の一番左の実験でも、重さは0.5g増えています。
この変化から、銅が2gであったことがわかります。ステンレス皿の重さは
12.0 − 2.0 = 10g ですね。

		+2		
加熱前の重さ（g）	12.0	14.0	16.0	18.0	20.0
加熱後の重さ（g）	12.5	15.0	17.5	20.0	22.5

+2.5

		0.5g		
加熱前の重さ（g）	12.0	14.0	16.0	18.0	20.0
加熱後の重さ（g）	12.5	15.0	17.5	20.0	22.5

答え　完全燃焼したとき　1.25g　　ステンレス皿　10g

06 化学②
水溶液の性質・中和

▌水溶液

ある物質を水にとかしたとき、とかした物質を［　　　　　］、とかす液体を［　　　　　］、

そして全体を［　　　　］といいます。

水溶液は、こさがどこも［　　　　　　］、（色がついている溶液であっても）

［　　　　］といった特徴があります。

水溶液のこさは、次の式で計算することができます。

$$水溶液のこさ（\%）= \frac{［\qquad］の重さ（g）}{［\qquad］の重さ（g）} \times 100$$

▌溶解度

一定量の水に物質がどれくらいとけるかを、溶解度といい、もうとけきれなくなるまで物質

をとかした水溶液を［　　　　　　　　］といいます。

固体の溶解度は、水100gにとける量で表します。食塩、ホウ酸の溶解度は、次の表のよ

うになります。

温度（℃）	0	20	40	60	80	100
食塩（g）	35.6	35.8	36.3	37.1	38.0	39.3
ホウ酸（g）	2.8	4.9	8.9	14.9	23.5	38.0

上の表をもとに、20℃の水250gに食塩が何gとけるかを考えてみます。

20℃では、水100gに食塩は35.8gとけます。これを書いて整理します。

水温	水量	とける量
20℃	100g	35.8g

これと比べて、水250gのときはどうか、縦に並べて整理します。

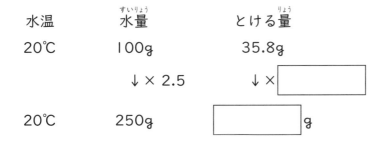

水温	水量	とける量
20℃	100g	35.8g
	↓× 2.5	↓×［　　　］
20℃	250g	［　　　］g

こう考えると、20℃の水 250g にとける食塩は 35.8g の ［　　　］ 倍、

［　　　　　］g と計算できます。

では、60℃の水 150g にホウ酸をとけるだけとかし、温度を 20℃まで下げると、とけきれなくなったホウ酸は何 g 出てくるでしょうか。

まず、60℃の水 100g にホウ酸をとけるだけとかすと何 g とけるかを考えます。

表から、［　　　　　］g とわかります。

その水溶液を 20℃にすると、とけるホウ酸は ［　　　　　］g になります。

つまり、とけきれなくなったホウ酸が ［　　　　　］g 出てきます。

水の量が 100g のときにとけきれなくなったホウ酸が ［　　　　　］g 出てきますから、水の

量が 150g になると、その ［　　　　　］ 倍の量のホウ酸が出てきます。

これも整理すればシンプルです。

水温	水量	とける量
60℃	100g	14.9g
		↓とけ残り　10g
20℃	100g	4.9g
		↓ ×1.5
60℃	150g	●g
		↓とけ残り ［　　　］g
20℃	150g	■g

水量が 150g のときに水にとけるホウ酸の量（●や■）を計算しなくても、とけ残りの量が

水 100g の場合の 1.5 倍になることから、［　　　　　］g と計算することができますね。

酸とアルカリ

水溶液には酸性・中性・アルカリ性のものがあります。

酸性の水溶液はなめると [　　　　　] ものが多く、アルカリ性の水溶液は [　　　　] ものが多くあります（なめると有害なものもあります）。

■溶質が固体の水溶液

[　　　　　] ・ [　　　　　　] ・砂糖水・ホウ酸水・石灰水など

■溶質が液体の水溶液

[　　　　　] ・ [　　　　　] ・酢酸水溶液など

■溶質が気体の水溶液

[　　　　　] ・ [　　　] ・アンモニア水など

	酸性	中性	アルカリ性
水溶液	[　　　] [　　　] ホウ酸水 酢酸水溶液 など	[　　　] [　　　] 砂糖水 過酸化水素水 など	[　　　] [　　　] 石灰水 など
リトマス紙	青→[　　]	変化なし	赤→[　　]
BTB溶液	[　　]	[　　]	[　　]
フェノールフタレイン溶液	無色透明	無色透明	[　　]
ムラサキキャベツ液	赤 [　]	紫	緑 [　]

中和

酸性の水溶液とアルカリ性の水溶液を混ぜ合わせると、互いの性質を打ち消し合い、

[　　　] 性の水溶液になります。これを [　　　] といいます。

中和によって、[　　　] と [　　　] ができます。

塩酸（塩化水素水溶液）と水酸化ナトリウム水溶液を完全中和させると、水と

[　　　　　] ができます。

塩化水素と水酸化ナトリウムの中和

塩化水素　＋　水酸化ナトリウム　→水　＋　[　　　　　]（食塩）

中和計算

中和計算も他の化学計算と同じで「基準となる実験」（過不足なく中和反応が起こる組み合わせ）と比べて与えられた条件が何倍になっているかを書き出して計算します。

あるこさの水酸化ナトリウム水溶液A50cm³に、いろいろな量の塩酸Bを混ぜ合わせ、混合液から水分を蒸発させたあとに残った固体の重さをはかると、グラフのような結果となりました。

シンプルなグラフですが、このグラフからいろいろなことがわかります。

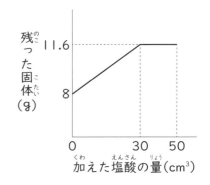

まず、塩酸Bを加える前の固体の重さから、この水酸化ナトリウム水溶液A50cm³には水酸化ナトリウムの固体が[　　　　　]gとけていることがわかります。

また、固体の重さが8gから11.6gまで一定の調子で増えていますが、これは中和によって水溶液中に[　　　　　　　]ができていること、また同時に[　　　　　　　　]が減っていることを表しています。

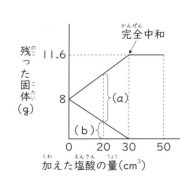

たとえば塩酸Bを20cm³加えた場合、右の図の（a）は[　　　　　]の量で（b）は[　　　　　　　]の量です。

もちろん、この実験に使った水酸化ナトリウム水溶液50cm³と完全中和する塩酸の量はグラフから[　　　　　]cm³とわかりますね。

この実験で使った水酸化ナトリウム水溶液A150cm³に、塩酸B60cm³を混ぜ合わせると、水分を蒸発させたあとに残る固体の重さは何gかを考えてみましょう。

この問題も「水酸化ナトリウム水溶液 A、塩酸 B がそろって、はじめて食塩ができる」ですから、ご飯とカレールーの関係と同じですね。

基準となる実験と比べて何倍になっているか考えてみましょう。

塩酸　　　＋　　　水酸化ナトリウム　　→　　　食塩

30cm³　　　　　　　　50cm³　　　　　　　　11.6g

↓×　□　　　　　　　↓×　□　　　　　　　×　?

60cm³　　　　　　　　150cm³　　　　　　　　?　g

できる食塩の重さは、量の少ない　□　に合わせて、

11.6 × □ ＝ □ g です。

中和に使われた水酸化ナトリウム水溶液は

50 × □ ＝ □ cm³ ですから、　□　cm³ は中和せずに余っていることがわかります。

この水酸化ナトリウム水溶液 50cm³ にとけている水酸化ナトリウムの固体は　□　g ですから、固体は全部で　□　＋　□　＝　□　g です。

MEMO

1　6種類の粉末の物質（a 食塩、b 砂糖、c 石灰石、d アルミニウム、e 鉄、f 銅）のうち何種類かずつを、A、B 2つのビーカーに入れて混合しました。そして、それぞれのビーカーの混合物に次のような操作をしました。

ビーカーA

①混合物に液体Xを加えたところ、1種類の物質がとけた。このとき気体は発生しなかった。この水溶液をろ過して、ろ液（ア）と沈殿（イ）に分けた。

②ろ液（ア）を蒸発皿に移して加熱すると、黒く焦げて残った物体があった。

③沈殿（イ）に液体Yを加えたところ、1種類の物質が気体Pを発生しながらとけた。この水溶液をろ過して、ろ液（ウ）と、1種類の物質からなる沈殿（エ）に分けた。

④沈殿（エ）に液体Zを加えると、③の実験と同じ気体Pを発生しながらとけて水溶液になった。

（1）　ビーカーAの混合物に含まれていたものを、a〜fからすべて選び、記号で答えなさい。

答え

（2）　気体Pの名前を漢字で答えなさい。

答え

ビーカーB

⑤混合物に液体Yを加えたところ、1種類の物質が気体Pを発生しながらとけた。この水溶液をろ過して、ろ液（オ）と沈殿（カ）に分けた。

⑥沈殿（カ）に液体Zを加えたところ、2種類の物質がとけ、気体P、Qが発生した。この水溶液をろ過して、ろ液（キ）と、1種類の物質からなる沈殿（ク）に分けた。

（3）　この実験で使用した液体X、Y、Zはそれぞれ何ですか。次のア〜ウから選び、記号で答えなさい。
　　ア　水　　イ　うすい塩酸
　　ウ　うすい水酸化ナトリウム水溶液

答え　液体X　　　　液体Y　　　　液体Z

（4）　混合物A、Bのいずれにも含まれていなかったものを、a〜fからすべて選び、記号で答えなさい。

答え

（5）　気体Qの名前を漢字で答えなさい。

答え

(6)　沈殿（ク）に含まれる物質の名前を漢字で答えなさい。

答え

[2]　塩酸を 50cm³ ずつ入れたビーカーをいくつか用意し、そこにいろいろな量の水酸化ナトリウム水溶液を入れてよくかき混ぜ、加熱して水溶液の水分を蒸発させたあとに残った固体の重さを調べる

と、表のようになりました。これについて、問いに答えなさい。

	水酸化ナトリウム水溶液の体積（cm³）	固体の重さ（g）
A	30	3.4
B	60	6.8
C	90	10.2
D	120	13.2
E	150	15.6
F	180	18

（1）　ビーカーAで残った固体を顕微鏡で観察し、スケッチしました。次のうちどれに最も近いですか。1つ選んで記号で答えなさい。

ア　　　　　　　　イ　　　　　　　　　ウ

　　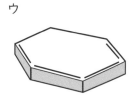

答え

（2）　A～Fで残った固体のうち、2種類の固体が混ざっているものはいくつありますか。またその2種類の固体の名前を答えなさい。

答え

（3）　A～FにBTB溶液を数滴加えると、CとDはそれぞれ何色に変化しますか。

答え　C　　　　　　　D

（4）　この実験で使用した塩酸 50cm³ と過不足なく中和する水酸化ナトリウム水溶液の体積を求めなさい。

答え

1

（1）　問題文だけではわかりづらいので、「見える化」
　　　しましょう。
　　　ビーカーAでの実験は、右のようになりますね。

実験①でとけた…砂糖
実験③で液体Yにとけた…アルミニウム
実験④で液体Zにとけた…鉄

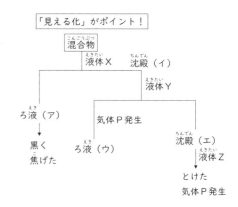

答え　b、d、e

（2）　2種類の液体Y、Zによって2
　　　つの物質がとけ、同じ気体が発生
　　　しました。
　　　金属の水溶液へのとけ方をおさら
　　　いしておきましょう。

	アルミニウム	亜鉛	鉄	銅
塩酸	○	○	○	×
水酸化ナトリウム水溶液	○	▲	×	×

○…とけて水素発生
▲…あたためるととける

　　　まず水酸化ナトリウム水溶液にアルミニウムがとけ、そのあと塩酸に鉄がとけたんです
　　　ね。

答え　水素

（3）　ビーカーBに関しても、同様に「見える化」し
　　　ておきます。このような作業ができるかどうかで、
　　　理科の得点力は大きく変わってきます。

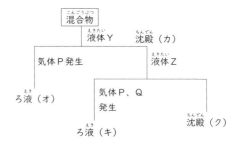

　　　ビーカーAの実験での液体Xで砂糖だけがとけて
　　　いました。沈殿（カ）に液体Zを加えると2種類
　　　の気体が発生しているのは、金属がとけて
　　　発生する水素、そして塩酸に石灰石（炭酸
　　　カルシウム）がとけて発生する二酸化炭素ですね。

塩酸　＋　石灰石　→　二酸化炭素発生
　　　　（炭酸カルシウム）

答え　液体X　ア　　液体Y　ウ　　液体Z　イ

（4）　（3）より、ビーカーBの混合物に含まれていたのは、アルミニウム、鉄、石灰石、そ
　　　して塩酸にもとけないのは銅だけです。どちらのビーカーにも含まれていなかったのは
　　　食塩です。

答え　a

（5）　上記のとおり、二酸化炭素ですね。

答え　二酸化炭素

（6）　最後までとけないのは銅です。このタイプの問題では「お約束」の結末ですね。

答え　銅

2 塩酸に水酸化ナトリウム水溶液を注ぐ実験です。

塩化水素と水酸化ナトリウムの中和

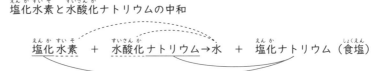

塩化水素 ＋ 水酸化ナトリウム→水 ＋ 塩化ナトリウム（食塩）

（1） 塩酸と水酸化ナトリウム水溶液の中和では、水と食塩ができます。イはミョウバン、ウはホウ酸の結晶です。

答え ア

（2） 塩酸は気体（塩化水素）がとけている水溶液ですが、水酸化ナトリウム水溶液は固体である水酸化ナトリウムがとけています。完全中和よりも多い量の水酸化ナトリウム水溶液を加えると、混合液の水分を蒸発させたあとには中和によってできた食塩、そして入れすぎた水酸化ナトリウムの固体が残ります。

表の中に「完全中和」の組み合わせがあるかをまず確認します。

	水酸化ナトリウム水溶液の体積（cm³）	固体の重さ（g）	
A	30	3.4	+3.4 酸性
B	60	6.8	+3.4
C	90	10.2	+3.0
D	120	13.2	+2.4 アルカリ性
E	150	15.6	+2.4
F	180	18	

ＣとＤの間に完全中和点があることがわかります。溶液中に２種類の固体が混ざっているのはアルカリ性になっているＤ～Ｆです。

答え ３つ 食塩と水酸化ナトリウム

（3） 指示薬の色の変化は P60 参照。BTB 溶液は酸性では黄色、アルカリ性では青色です。

答え Ｃ 黄色 Ｄ 青色

（4） ここも「見える化」がポイントになります。固体の変化をグラフにします。グラフにすると、それを図形のように使って完全中和点を求めることができます。

5 = 180

1 = 36

3 = 108

答え 108cm³

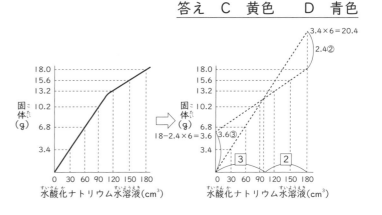

Chapter 4

力学

07 力学①
てこ

てこのつり合い

つり合いのモーメント計算を使う

棒の重さを考えない場合、右の図の■gは

棒を左に 回そうとする はたらき	=	棒を右に 回そうとする はたらき

がつり合えばいいので

$$■ × \boxed{} = \boxed{} × 24$$

$$■ × \boxed{} = \boxed{}$$

$$■ = \boxed{} ÷ \boxed{}$$

$$■ = \boxed{} g$$

と計算できます。

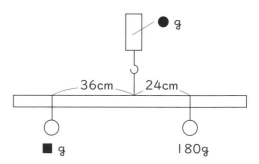

逆比を使う

また同じ問題を逆比を使って

$$\boxed{3} = \boxed{} g$$

$$\boxed{1} = \boxed{} g$$

$$\boxed{2} = \boxed{} g$$

と考えてもいいですね。

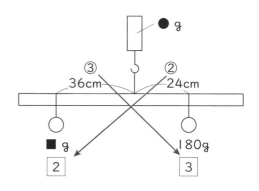

いずれにしても●gは上下のつり合いを考えて

$$\boxed{} + \boxed{}$$

$$= \boxed{} g$$

と計算することができます。

棒の重さを考える

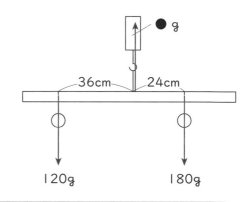

問題が複雑になると、逆比が使いづらくモーメント計算を使わなければ解けない場合もあります。

（棒の重さを考えなければならない場合もそうです）

たとえば右の図の場合、つり合いのモーメントを使って計算するのですが、その前に大切なことがありますね。

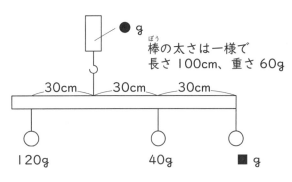

棒の太さは一様で
長さ100cm、重さ60g

30cm　30cm　30cm

120g　　40g　　■g

それは

┌─────────────┐
│   │を図に書き込むこと。
└─────────────┘

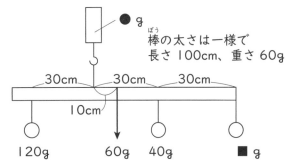

棒の太さは一様で
長さ100cm、重さ60g

30cm　30cm　30cm

10cm

120g　60g　40g　■g

左右のつり合い計算は

$$\boxed{} \times 30 = \boxed{} \times 10 + 40 \times \boxed{} + ■ \times 60$$

$$\boxed{} = \boxed{} + \boxed{} + ■ \times 60$$

$$■ \times 60 = \boxed{} - (\boxed{} + \boxed{})$$

$$■ \times 60 = \boxed{}$$

$$■ = \boxed{} \div \boxed{} = \boxed{}\ g$$

支点がはしにあるてこ

中央を支点と考えない場合もあります。

（今かかっている力の大きさがわかっていない点を支点と考えます）

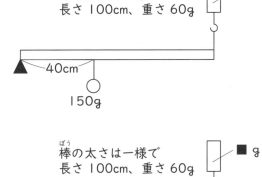

棒の太さは一様で
長さ100cm、重さ60g

■g

40cm

150g

はじめに、棒の重さを書き入れます。

つり合いのモーメントで考えましょう。

左の▲を支点と考えると

棒の太さは一様で
長さ100cm、重さ60g

■g

50cm

40cm

150g　60g

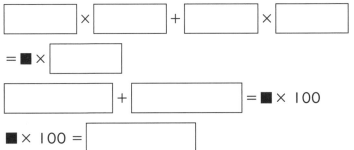

$$\boxed{} \times \boxed{} + \boxed{} \times \boxed{}$$

$$= ■ \times \boxed{}$$

$$\boxed{} + \boxed{} = ■ \times 100$$

$$■ \times 100 = \boxed{}$$

■ = $\boxed{}$ ÷ $\boxed{}$ = $\boxed{}$ g

これを逆比で考えると

150g のおもりは

棒の左右を 2：3 に分ける点にあり、左に
③、右に②の重さがかかっています。

また棒の重さは棒の中央にかかっているの
で、左右に 1：1 で重さがかかっています。

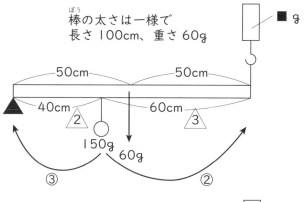

棒の太さは一様で
長さ 100cm、重さ 60g

50cm　50cm

40cm　60cm

②　③

150g

60g

③　②

ばねはかりにかかる力は

⑤ = $\boxed{}$ g

① = $\boxed{}$ g

② = $\boxed{}$ g

2 = $\boxed{}$ g

1 = $\boxed{}$ g

$\boxed{}$ + $\boxed{}$ = $\boxed{}$ g

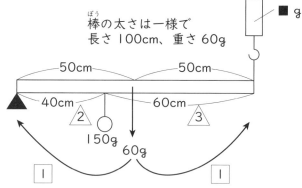

棒の太さは一様で
長さ 100cm、重さ 60g

50cm　50cm

40cm　60cm

2　3

150g

60g

1　1

となります。

つり合いのモーメントと逆比を上手に使い分けるのがポイント。

さらに複雑な問題になると、つり合いのモーメントで解かなければ解きにくくなってきます。

複雑なてこの計算

2 つのばねはかり、どちらを支点と考えても解
けますが、ここでは左のばねはかりを支点と考
えて解いてみましょう。もちろん、棒の重さを
書き入れて計算スタートです。

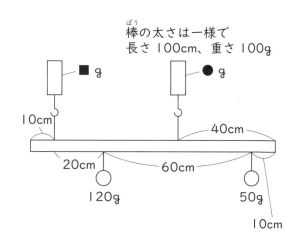

棒の太さは一様で
長さ 100cm、重さ 100g

■ g　● g

10cm

40cm

20cm　60cm

120g　50g

10cm

$$● × \boxed{} = 120 × \boxed{} +$$

$$\boxed{} × 40 + \boxed{} × \boxed{}$$

$$● × \boxed{} = \boxed{} +$$

$$\boxed{} + \boxed{}$$

$$● × \boxed{} = \boxed{}$$

$$● = \boxed{} ÷ \boxed{} = \boxed{} \, g$$

棒は太さ一様で
長さ100cm、重さ100g

■ g　● g

10cm　40cm　40cm

20cm　60cm　10cm

120g　50g

100g

●gがわかれば、■gは上下のつり合いから求められますね。

棒は太さ一様で
長さ100cm、重さ100g

■ g　● g　208g

10cm　40cm　40cm

20cm　60cm　10cm

120g 100g　50g

$$■ = \boxed{} + \boxed{} + \boxed{} - 208$$

$$■ = \boxed{} \, g$$

つねに、今かかっている力の大きさがわかっていない点の１つを支点と考えて、つり合いのモーメントを計算するのがポイント！

重心の合成

２つのおもりを１つに「合成」することでうまく解ける問題もあります。

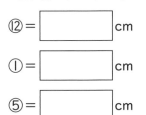

どの１点で支えるとつり合う？

? cm

60cm

70g　50g

右の図の棒（重さを考えない）を１点で支えてつり合わせるために、左から何cmの点を支えればよいかですが、２つのおもりを「合成」させるとわかります。

$$⑫ = \boxed{} \, cm$$

$$① = \boxed{} \, cm$$

$$⑤ = \boxed{} \, cm$$

⑤　⑦

? cm

60cm

120g

70g　50g

２つのおもりを１つに合成

左端から $\boxed{}$ cmの位置を $\boxed{}$ gの力で支えるとよいとわかりますね。

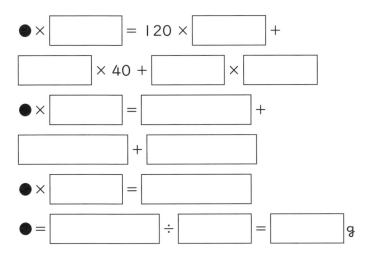

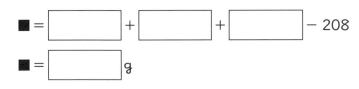

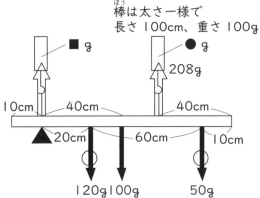

07
力学①
てこ

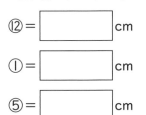

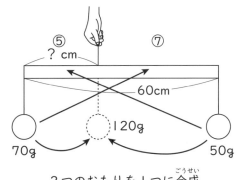

1 長さ100cm、重さ100gで太さがどこも一様な棒といろいろな重さのおもりを使って、てこのつり合いの実験をしました。これについて、あとの問いに答えなさい。

図のようにしててこをつり合わせるとき、■と●にあてはまる数値はそれぞれどうなりますか。

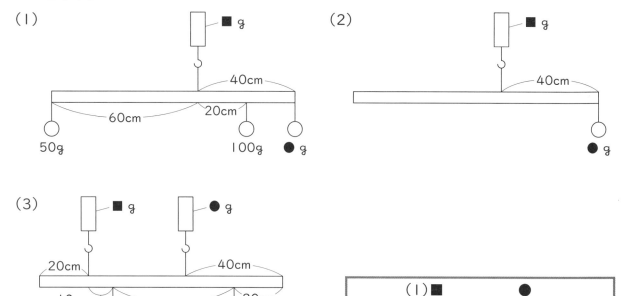

(1)

(2)

(3)

		答え		
	(1)■		●	
答え	(2)■		●	
	(3)■		●	

2 長さ100cm、重さ1000gで厚さと幅がどこも一様な木の板、台はかりを使って、次のような実験をしました。これについて、あとの問いに答えなさい。ただし、台はかりにのせた三角形の支点の重さは考えなくてよいものとします。

(1) 図1のように、板の両端を台はかりで支えました。このとき、左右の台はかりはそれぞれ何gを示しますか。

図1

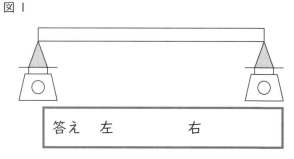

答え　左　　　　　右

(2) (1)のあと、図2のように板の左端から48cmのところに500gのおもりをのせました。このとき、左右の台はかりはそれぞれ何gを示しますか。

図2

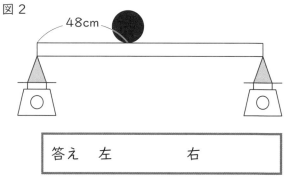

答え　左　　　　　右

(3) （2）のあと、図3のように右の台はかりが
支える位置を20cm左側によせました。この
とき、左右の台はかりはそれぞれ何gを示し
ますか。

図3

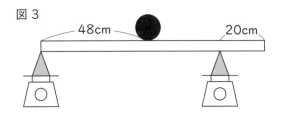

48cm　　20cm

答え　左　　　　　右

(4)　同じ大きさ、重さの板をもう１枚用意し、板の上にぴったり重ねました。上に重ねた
板を右にずらしていくと、図4のような状態までずらすことができ、これより右にずら
すと落ちてしまいました。図4の状態のとき、右の台はかりは何gを示しますか。

図4

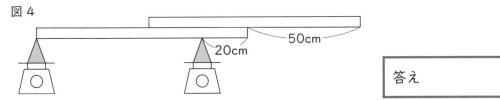

20cm　　50cm

答え

3　重さ240g、半径24cmの厚さの一様な大きな円板があります。下図のように、この
大きな円板から半径12cmの小さな円板をくりぬきました。残った板（灰色部分）の
重心を求めます。以下の文中の空欄をうめなさい。ただし、③には右または左を入れな
さい。

くりぬいた小さな円板を残った板に戻したときの重心が、もと
の大きな円板の重心Oと同じになることから、残った板の重
心を考えます。

24cm　　O

くりぬいた小さな円板と残った板の重さの比は、くりぬいた小さな円板と残った板の面積の
比と等しいので、くりぬいた小さな円板の重さは（　①　）g、残った板の重さは（　②　）
gです。それぞれの重さが、それぞれの重心にかかっていると考えると、残った板の重心は
大きな円板の中心Oから点線上を（③右または左）に（　④　）cmのところになります。

答え　①　　　　　②　　　　　③　　　　　④

1 棒の重さを考える問題です。図に棒の重さを表す矢印を書き込んで、忘れないように計算するのが最大のポイントですね。

（1） ばねはかりを支点と考えて、つり合いのモーメント計算を開始します。

$50 \times 60 + 100 \times 10 = 100 \times 20 + ● \times 40$

$3000 + 1000 = 2000 + ● \times 40$

$4000 = 2000 + ● \times 40$

$● \times 40 = 2000$

$● = 2000 \div 40 = 50$

$■ = 50 + 100 + 100 + 50 = 300$

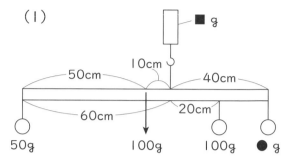

（1）

答え　■ = 300　　● = 50

（2） 重心にかかる棒の重さと右端につるしたおもりがつり合っています。

$100 \times 10 = ● \times 40$

$1000 = ● \times 40$

$● = 1000 \div 40 = 25$

$■ = 100 + 25 = 125$

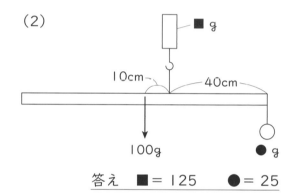

（2）

答え　■ = 125　　● = 25

（3） 左のばねはかりを支点と考えて、つり合いのモーメント計算をしましょう。

$200 \times 10 + 100 \times 30 + 50 \times 60 = ● \times 40$

$2000 + 3000 + 3000 = ● \times 40$

$8000 = ● \times 40$

$● = 8000 \div 40 = 200$

$■ = 200 + 100 + 50 - 200 = 150$

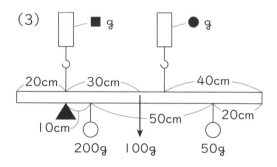

（3）

答え　■ = 150　　● = 200

2 支点がばねはかりでも台はかりでも、考え方は同じですね。

(1) 板は厚さや幅がどこも同じですから、左右の
台はかりに半分ずつ重さがかかります。

1000 ÷ 2 = 500

答え　左　500g　　右　500g

図1

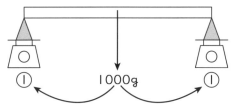

(2) 500g のおもりの位置は左端から 48cm、右
端から 52cm です。

48：52 = 12：13 より、左の台はかりに $\boxed{13}$、
右の台はかりに $\boxed{12}$ だけ重さがかかります。

板の重さは左右に 500g ずつかかっています。

$\boxed{25}$ = 500g　　$\boxed{1}$ = 20g

$\boxed{13}$ = 260g　　$\boxed{12}$ = 240g

500 + 260 = 760　　500 + 240 = 740

図2

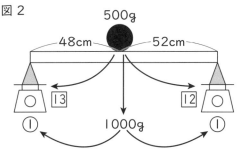

答え　左　760g　　右　740g

(3) 台はかりの位置が変わるので、板の重心、おもり
の位置から左右の台はかりまでの長さが変わります。

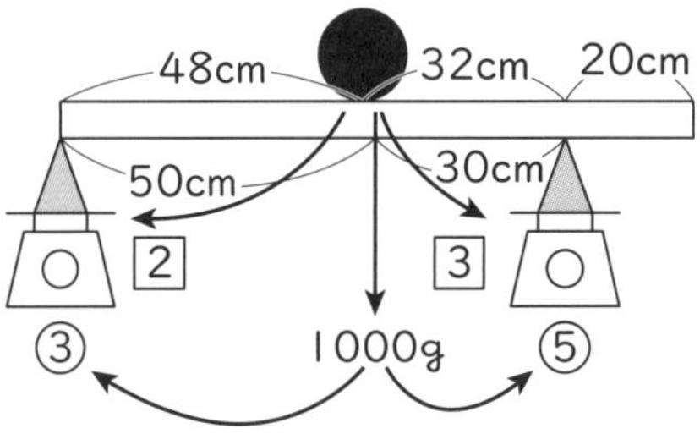

500g のおもりの位置は左の台はかりから 48cm、
右の台はかりから 32cm です。

48：32 = 3：2 より、左の台はかりに $\boxed{2}$、右の
台はかりに $\boxed{3}$ だけ重さがかかります。

$\boxed{5}$ = 500g　　$\boxed{1}$ = 100g　　$\boxed{2}$ = 200g　　$\boxed{3}$ = 300g

板の重心の位置は左の台はかりから 50cm、右の台はかりから 30cm です。

50：30 = 5：3 より、左の台はかりに ③、右の台はかりに ⑤ だけ重さがかかります。

⑧ = 1000g　　① = 125g　　③ = 375g　　⑤ = 625g

200 + 375 = 575　　300 + 625 = 925

図3

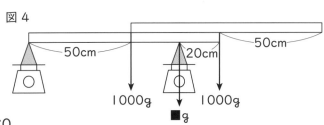

答え　左　575g　　右　925g

(4) 板の重心はそれぞれの真ん中で、
1000g かかっています。
左の台はかりを支点と考えてつり
合いのモーメント計算をします。

1000 × 50 + 1000 × 100 = ■ × 80

50000 + 100000 = ■ × 80

■ = 150000 ÷ 80 = 1875

図4

答え　1875g

小さな円をくりぬく前を、くりぬく小さな円（重心はP点でO点から12cm）とくりぬかれて残った図形（重心はQ点で今から求めようとしている点）がつり合っていた、と考えます。

大きな円板と小さな円板の面積比は 2×2：1×1 ＝ 4：1 ですから、

くりぬかれて残った図形とくりぬく小さな円板の面積比は 3：1 です。

2つの図形の面積の比が 3：1 ですから、重さの比も 3：1 です。

4 ＝ 240g   1 ＝ 60g   3 ＝ 180g

重さの比が 3：1 ですから、重心までの長さの比は 1：3 になります。

③ ＝ 12cm   ① ＝ 4cm

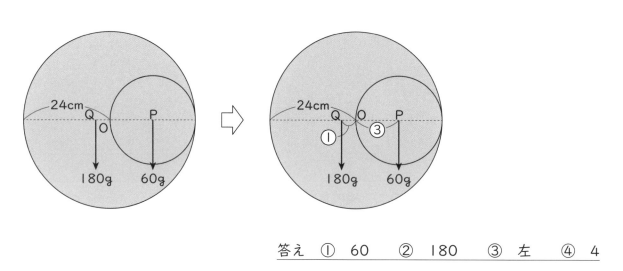

答え　①　60　　②　180　　③　左　　④　4

MEMO

08 力学②
ばね

▎つるまきばね

図のようなばねを ⬚ ばねといいます。

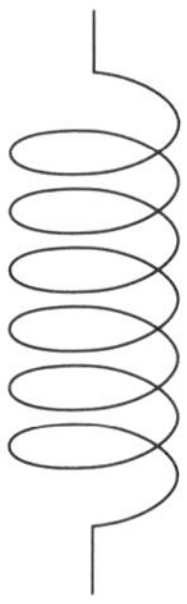

何もつるさないときのばねの長さを ⬚ といい、

ばねののびは ⬚ に比例します。

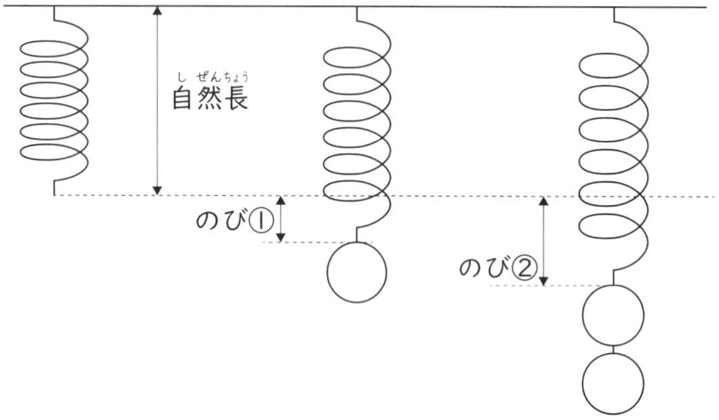

自然長

のび①

のび②

▎ばねの自然長とのび

10g のおもりをつるすと 16cm、30g のおもりをつるすと 18cm になるばねがあります。
このばねを使って、次のようにおもりをつるしました。

ア、イの長さはそれぞれ何 cm になるでしょうか。

…考える前に、まずはばねの自然長とのびをまとめます。
10g のおもりで 16cm、30g のおもりで 18cm になるので、
20g で 2cm、つまり 10g で 1cm のびるばねですね。

自然長	15cm
のび	10g…1cm

図の場合、上のばねには 40g、下のばねには 20g の力がかかっています。

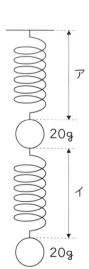

ア

20g

イ

20g

10g… ⬚ cm

20g… ⬚ cm

40g… ⬚ cm

| ア | | + | | = | | cm |
| イ | | + | | = | | cm |

ばねの並列つなぎ

このばねを使って、次のようにおもりをつるしました。このとき■の長さは何cmになりますか。ただし棒の重さは考えません。

自然長	15cm
のび	10g…1cm

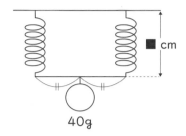

棒の中央に40gのおもりがつるされています。

左右のばねに | | gずつ下向きの力がかかりますね。

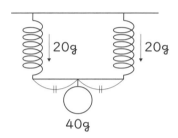

10g…1cm

20g… | | cm

■ = | | + | | = | | cm

左右から引っぱる

このばねと滑車を使って、図のようにばねを左右から引っぱりました。このとき■の長さは何cmですか。

ばねは40gの力で引かれている、と考える人がいるかもしれませんね。でも、考えてみてください。

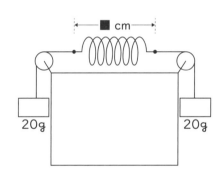

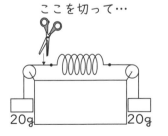
ここを切って…

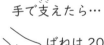

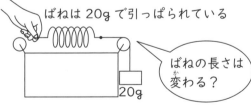
手で支えたら…
ばねは20gで引っぱられている
ばねの長さは変わる？

はじめの左側のおもりは、右のおもりが落ちないように、手と同じ役割をしていたと考えられますね。

自然長	15cm
のび	10g…1cm

10g…1cm

20g… [   ] cm

■ = [   ] + [   ] = [   ] cm

■ グラフの利用(りよう)

つるすおもりの重さと長さの関係(かんけい)が、右のグラフのようになる
ばねAとBがあります。この2本のばねを使って、次のよう
におもりをつるしました。

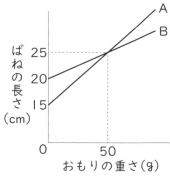

右の図で棒(ぼう)が水平になったとすると、おもりは何g
(■)ですか。またそのときのばねの長さは何cm
(▲)ですか。
ただし棒(ぼう)の重さは考えません。

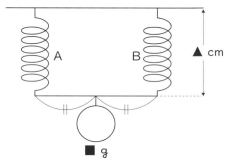

まず、AとBの自然長(しぜんちょう)とのびをまとめておきます。A
は50gで10cm、Bは50gで5cmのびるばねですね。

	自然長(しぜんちょう)	のび
A	15cm	10g…2cm
B	20cm	10g…1cm

棒(ぼう)が水平になったということは、AとBが同じ長さになった
ということです。また、おもりが棒(ぼう)の中央につるされています
から、左右のばねには [   ] 大きさの力がかかって
います。

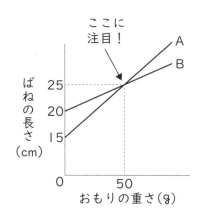

このことから、ばねの長さは▲= [   ] cm、

左右のばねには [   ] gずつの力がかかっているという

ことですね。おもりの重さは、

■ = [   ] × [   ] = [   ] gです。

逆比の利用

自然長 18cm、10g のおもりをつるすと 20cm になるばね A と、自然長 24cm、10g のおもりをつるすと 25cm になるばね B があります。この 2 本のばねを使って、次のように長さ 60cm の棒の両端をばね A と B で支え、おもりをつるしました。

右の図で棒が水平になったとすると、図の■の長さは何 cm ですか。ただし棒の重さは考えません。

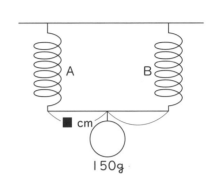

	自然長	のび
A	18cm	10g…2cm
B	24cm	10g…1cm

そもそも自然長が違う 2 本のばねです。

まず A が B と同じ長さになるように、おもりの重さのうちいくらかを A にかけることを考えましょう。

A は B より自然長が [　　　] cm 短いので、

A を [　　　] cm のばすために [　　　] g の力をかけます。

すると、おもりの重さ 150g のうち残りが

[　　　] g です。

A と B は同じ大きさの力を加えたときの、のびの長さの比が [　　:　　] です。

だから [　　　] g を A に① = [　　　] g、

B に② = [　　　] g と分ければいいですね。

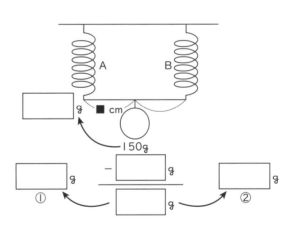

A には合計 [　　　] g、B には [　　　] g の力がかかります。

おもりの位置は A と B にかかる力の大きさの逆比ですから、棒の長さを

[　　:　　] に分ける点です。

$\boxed{15}$ = 60cm

$\boxed{1}$ = [　　　] cm

■ = $\boxed{8}$ = [　　　] cm

1　グラフは、ばねA、Bそれぞれにいろいろな重さのおもりをつるしたときの全長を示しています。

これについて、あとの問いに答えなさい。ただし、ばねの重さは考えなくてよいものとします。

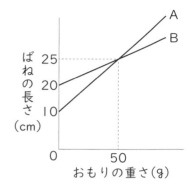

（1）　A、Bのばねの自然長はそれぞれ何cmですか。

答え　A		B	

（2）　AのばねとBのばねに同じ重さのおもりをつるした場合、AのばねののびはBのばねの何倍になりますか。

答え	

（3）　右図のように、ばねA、Bと30gで直径が6cmで球形のおもりPを2つつなぎました。このとき全体の長さ（図のh）は何cmになっていますか。

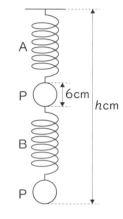

答え	

（4）　ばねA、Bを水平な天井からつるし、長さ30cmで太さが一様な棒の両端に取りつけたところ、棒は水平になってつり合いました。この棒の重さは何gですか。またそのときのばねの長さ（図のh）は何cmになっていますか。

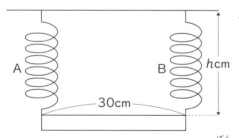

答え　棒		ばね	

（5）　（4）のあと、20gのおもりを棒のある場所につるすと、2本のばねはのびましたが棒は水平のままでした。このときおもりは棒の左端から何cmのところにつるしましたか。

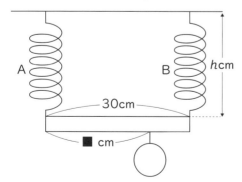

答え	

2　自然長が 40cm のばね P があります。いま、ばね P に 10kg のおもりをつるし、滑車を使ってピキくんが持ち上げると、ばねの長さは 45cm になりました（図1）。これについて、あとの問いに答えなさい。ただしばねの重さは考えなくてよいものとします。

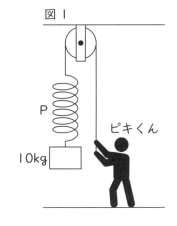

図1

（1）　このばねを 1cm のばすのに必要な力は何 kg ですか。

答え

（2）　ピキくんは台はかりを用意し、少し力をゆるめるとおもりの下が台はかりにつき、ばね P の長さが 42cm になりました（図2）。このとき台はかりは何 kg を示していますか。またピキくんが手で支えている力は何 kg ですか。

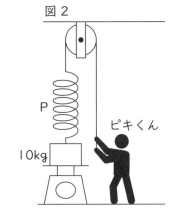

図2

答え　台はかり　　　　　　　ピキくん

（3）　（2）の状態からピキくんがひもを 10cm 引き下げると、おもりは台はかりから浮き上がりました。このときおもりは、元の位置から何 cm 上に上がっていますか。

答え

（4）　ピキくんは、さらに小さな力でおもりを持ち上げられるように、滑車を増やしておもりを持ち上げました（図3）。滑車の重さは考えないものとして、①②の問いに答えなさい。

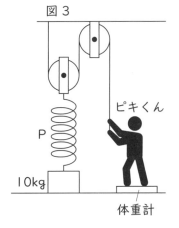

図3

①おもりを持ち上げるためには、ピキくんはひもを何 kg の力で引けばよいですか。またおもりが持ち上がったとき、ピキくんが乗っている体重計は何 kg を示していますか。ただしピキくんの体重は 40kg とします。

答え　引く力　　　　　　　　体重計

②この装置を使って、ピキくんは最大何 kg のものまで持ち上げることができますか。

答え

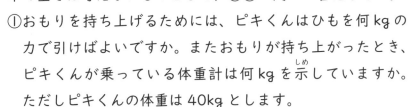

1 グラフの見方のポイント

・縦軸、横軸をしっかり確認すること

・グラフの交点に注目すること

　をしっかり意識してグラフを見てみましょう。

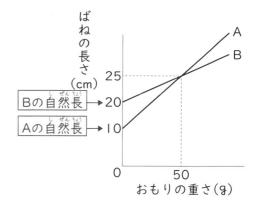

（1）　おもりをつるしていないときの長さが自然長

　　　ですから、グラフの「おもりの重さ0g」に注

　　　目です。

答え　A　10cm　　B　20cm

（2）　50gの力でAは25 − 10 = 15cm、Bは25 − 20 = 5cmのびています。

　　　AのほうがBの3倍のびていることがわかりますね。

答え　3倍

（3）　AとBの自然長とのびをまとめておきましょう。A、Bののびは

　　　A　50g…15cm

　　　　　10g…3cm

　　　B　50g…5cm

　　　　　10g…1cm

　　　図のときAには60g（P2個分）、Bには30g（P1個分）の力が

　　　かかっています。

　　　A　10g…3cm

　　　　　60g…18cm

　　　B　10g…1cm

　　　　　30g…3cm

　　　全長は、10 + 18 + 20 + 3 + 6 × 2 = 63

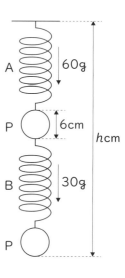

答え　63cm

（4）　ばねAとBに同じ大きさの力がかかってい

　　　て、しかも同じ長さになっています。グラフの

　　　交点に注目です！

　　　ばねA、Bに50gずつ等しい力がかかってい

　　　るということは、この棒の重さは

　　　50 × 2 = 100gです。

　　　2本のばねの長さはもちろんグラフより、

　　　25cmです。

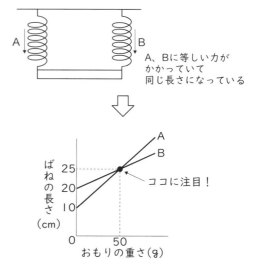

答え　棒　100g　ばね　25cm

(5) ばねAとBののびは、同じ力を加えたとき3：1です。逆に同じ長さだけのばすには、加える力の比が1：3となります。Aに1、Bに3の力がかかるように、おもりの位置は棒の長さを3：1に分ける点にします。

④＝ 30cm

①＝ 7.5cm

③＝ 22.5cm

答え　22.5cm

	自然長	のび
A	10cm	10g…3cm
B	20cm	10g…1cm

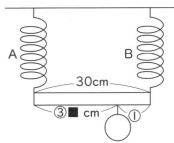

2

(1) 10kgのおもりをつるすと自然長40cmのばねが45cmになり、5cmのびています。

10kg…5cm

2kg…1cm

答え　2kg

(2) ばねののびが2cm、つまりピキくんは4kgの力でひもを引いています。

2kg…1cm

4kg…2cm

10kgのおもりの重さのうち、台はかりにかかるのは6kgです。

答え　台はかり　6kg　ピキくん　4kg

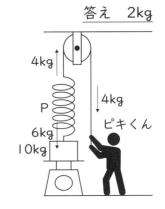

(3) ピキくんがひもを10cm引いておもりが浮き上がったとき、ばねは45 − 42 ＝ 3cmのびています。

おもりが持ち上がった長さは10 − 3 ＝ 7cmです。

答え　7cm

(4) ①動滑車を使うと、引く力を半分にすることができます。つまりピキくんは5kgの力でおもりを持ち上げることができます。

と同時にピキくんもひもから5kgの力で上に引っぱられています。体重計の目もりは

40 − 5 ＝ 35kgです。

②ピキくんの体重は40kgですから、最大40kgの力でひもを引く（ぶら下がった状態）ことができます。だからおもりの重さは最大40 × 2 ＝ 80kgです。

答え　①引く力　5kg　体重計　35kg　②　80kg

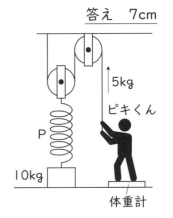

09 力学③ 滑車と輪軸

定滑車と動滑車

滑車には、力の［　　　　］を変える定滑車と、力の［　　　　　　］を変える動滑車があります。

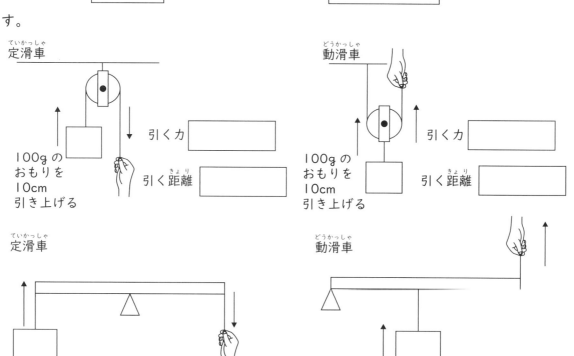

図のように、100gのおもりを滑車を使って10cm引き上げたい場合、定滑車は引く力がおもりと同じ［　　　　］gで、引く距離も［　　　　　　］cmです。

一方で動滑車は、（滑車の重さを考えない場合）おもりを2本のひもで支えるので、引く力はおもりの半分の［　　　　　　］gとなる代わりに、引く距離は［　　　　　　］cmと2倍になります。

滑車の重さが50gの場合、引く力は（［　　　　］＋［　　　　］）÷2＝［　　　　　　］gとなりますが、引く距離は［　　　　　　］cmで変わりません。

動滑車の場合、右の図のように左右の2本のひもを両方［　　　　　　］cm引けばおもりは10cm持ち上がりますが、動滑車では1本のひもしか引かないため、2本分の長さとなる［　　　　　　］cm引っぱらなければならないのです。

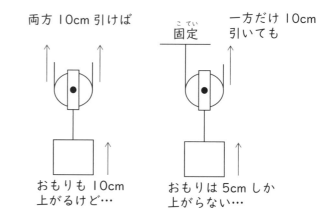

両方10cm引けば　　　　一方だけ10cm引いても
固定
おもりも10cm上がるけど…　　　おもりは5cmしか上がらない…

組み合わせ滑車

滑車を組み合わせると、より小さな力で大きな
ものを持ち上げることができます。
右の図１のような組み合わせ滑車で80gのお
もりを10cm引き上げることを考えます。

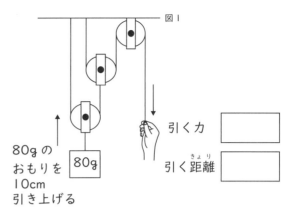

引く力 ▢

引く距離 ▢

80gの
おもりを
10cm
引き上げる

80g

▢ が１つあるごとに、力が

▢ になっていきます。

右の図２のように、３つの滑車をA・B・Cとすると、Aの

左右で重さが ▢ になり、さらにBの左右でも

▢ になります。

だから手で引く力の大きさは滑車の重さを考えない場合

▢ g です。また引く力が80gの ▢ に

なったことから、引く距離は10cmの ▢ 倍になると

考え、 ▢ cm です。

図２のように、滑車の左右にかかる力の大きさを書き込んで考える
といいですね。つねに「滑車の左右にかかる力の大きさは等しい」
ということを頭においておきましょう。

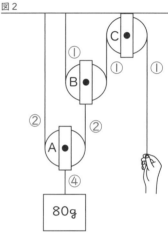

図2

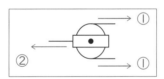

滑車の「鉄則」

さらにいろいろな組み合わせ滑車があります。動滑車、定滑車の組
み合わせの場合も、先ほどと同じように滑車の左右にかかる力の大
きさを書き込んで考えましょう（滑車の重さは考えません）。

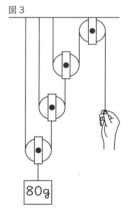

図3

80g

右の図３の場合、動滑車 ▢ 個と定滑車 ▢ 個の組

み合わせ。手で支えているひもにかかる力の大きさを①とした場合
の、滑車の左右のひもにかかる力の大きさを書き込んでいくと…

▢ ＝ 80g

① ＝ ▢ g

より、手で支える力は ▢ g とわかります。

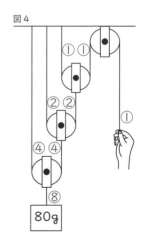

図4

80g

手で引く力の大きさがおもりの重さの［＿＿＿＿＿］分の１だから、80g のおもりを 10cm 引き上げるためには、手でひもを 10 ×［＿＿＿＿＿］＝［＿＿＿＿＿］cm 引かなければなりません。
「力で得（とく）をすると距離（きょり）で損（そん）をする」ということですね。

右の図５のように、ひも１本をぐるぐるまわしておもり（や滑車（かっしゃ））を持ち上げている場合もあります（滑車（かっしゃ）の重さは考えません）。
「滑車（かっしゃ）の左右にかかる力の大きさは等しい」が「鉄則（てっそく）」ですから、この図の手で引いているひもにかかる力の大きさを①として、他のひもにかかる力の大きさも書き込む（かきこ）と、

滑車（かっしゃ）の「鉄則（てっそく）」

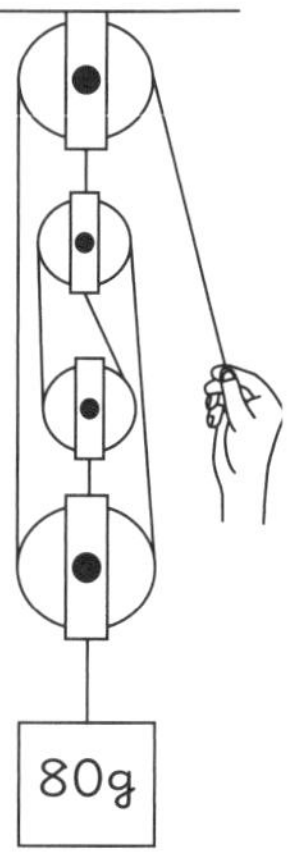

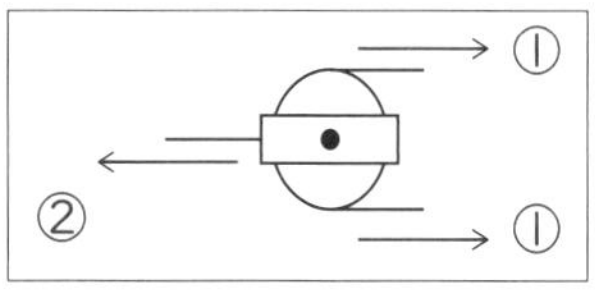

右の図６のように

［＿＿＿＿＿］＝ 80g となり

　①　＝［＿＿＿＿＿］g

より、手で支（ささ）える力は［＿＿＿＿＿］g とわかります。

手で引く力の大きさがおもりの重さの［＿＿＿＿＿］分の１だから

80g のおもりを 10cm 持ち上げるためには、手でひもを引く距離（きょり）は

10 ×［＿＿＿＿＿］＝［＿＿＿＿＿］cm となります。

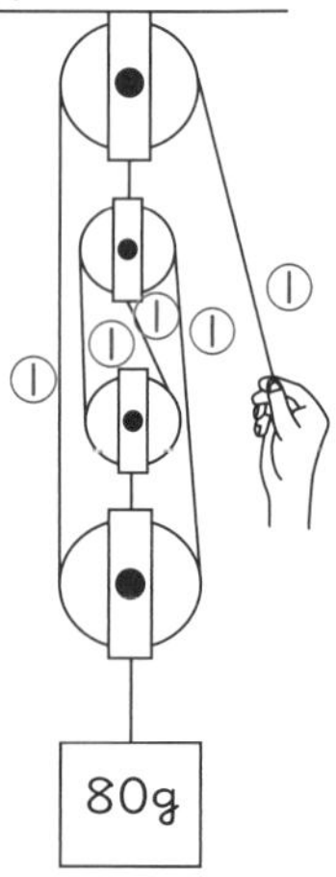

右の図７のようなパターンもあります。これもひもは１本ですね。

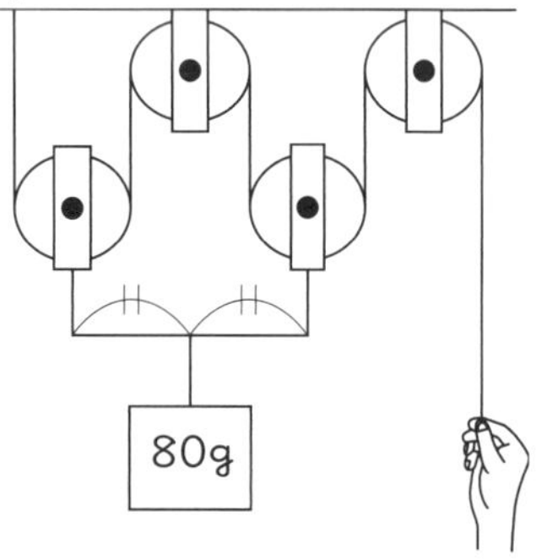

この問題も、やるべきこと、「鉄則（てっそく）」は同じです。
滑車（かっしゃ）の左右のひもにかかる力の大きさを書き込んで（かきこ）みましょう
（棒（ぼう）・滑車（かっしゃ）の重さは考えません）。

手で支（ささ）えるひもにかかる力の大きさが①だとすると、80g のおもりは［＿＿＿＿＿］だとわかります。［＿＿＿＿＿］＝ 80g となり、

①＝［＿＿＿＿＿］g より、手で支（ささ）える力は［＿＿＿＿＿］g とわかります。

手で引く力の大きさがおもりの重さの［＿＿＿＿＿］分の１だから

80g のおもりを 10cm 持ち上げるためには、手でひもを引く距離（きょり）は 10 ×［＿＿＿＿＿］＝［＿＿＿＿＿］cm となります。

図5
図6
図7
図8

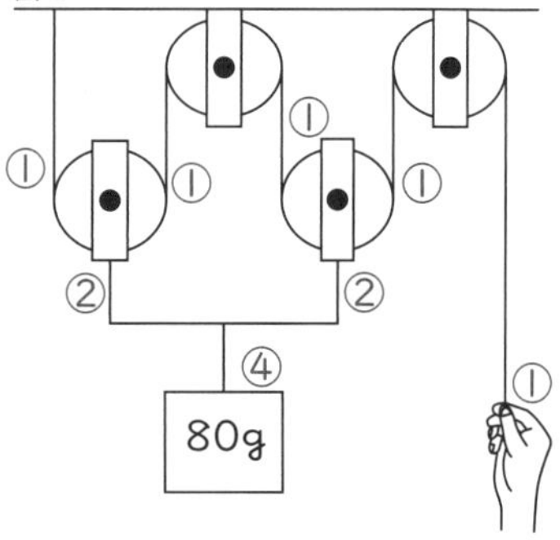

輪軸

[　　　　　]の違ういくつかの輪を１つの軸につけ、全体が同時に

回転するようにしているものを輪軸といいます。

輪軸の半径は、右の図のようにてこの[　　　　　]の長さと同じは

たらきをしています。

つまり、つり合わせるのに必要な力の大きさは、輪軸の半径が長

いほど[　　　　　]ということになります。

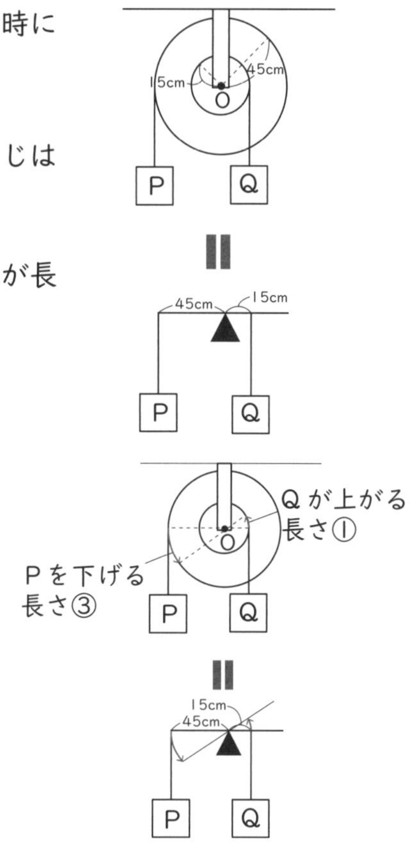

右の図のおもりＰとＱの重さの比は、てこと同じでうで

の長さの逆比、つまり[　　：　　]となります。

また、おもりＱを10cm持ち上げるには、おもりＰを

[　　　　　]cm引き下げる必要があります。

（図）15cm　45cm　O　P　Q

（図）45cm　15cm　P　Q

（図）Ｑが上がる長さ①　Ｐを下げる長さ③　O　P　Q

（図）15cm　45cm　P　Q

輪軸の組み合わせ

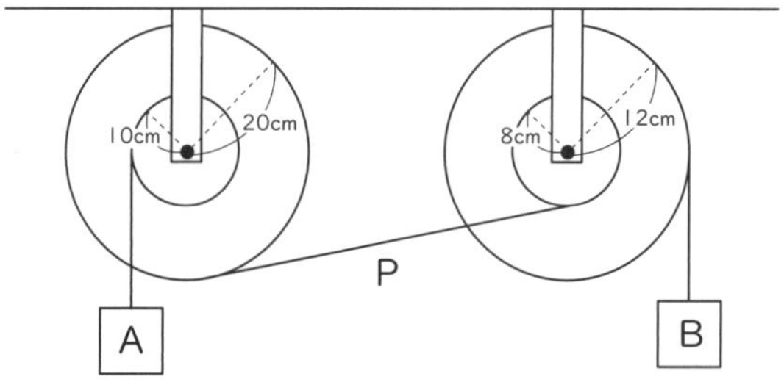

右の図のような、輪軸の組み合わせも考えられ

ます。

左の輪軸に関して、Ａのおもりがかかっている

輪とひもＰがかかっている輪の半径の比は

[　　：　　]だから、Ａのおもりの重さとひ

もＰにかかっている力の大きさの比は[　　：　　]です。

（図）10cm　20cm　8cm　12cm　A　P　B

おもりＡが120gのとき、ひもＰにかかっている力の大きさは[　　　　　]gとなります。

また右の輪軸に関して、ひもＰがかかっている輪とおもりＢがかかっている輪の半径の比は

[　　：　　]だから、ひもＰにかかっている力の大きさとおもりＢの重さの比は

[　　：　　]です。

つまりおもりＢの重さは[　　　　　]gです。

おもりＢの重さがおもりＡの重さの$\frac{1}{3}$であることから、おもりＡを10cm引き下げるとお

もりＢは[　　　　　]cm上がることがわかります。

1　滑車を組み合わせ、図1〜3のような装置をつくりました。これについて、あとの問いに答えなさい。

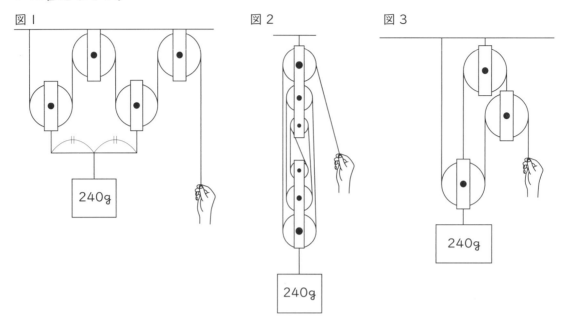

（1）　図1〜3で240gのおもりを持ち上げるためには、手でひもを何gの力で引けばよいですか。ただし滑車やひもの重さは考えなくてよいものとします。

答え　図1　　　　　　　図2　　　　　　　図3

（2）　図1〜3で240gのおもりを12cm持ち上げるためには、手でひもを何cm引けばよいですか。

答え　図1　　　　　　　図2　　　　　　　図3

（3）　図1、図3で滑車の重さが60gのとき、おもりを引き上げるために手で引く力は何gになりますか。

答え　図1　　　　　　　図3

2　滑車、輪軸と長さ60cmの棒を組み合わせて、右のようにつり合わせました。このとき棒ABは水平になっています。これについて、あとの問いに答えなさい。ただし、棒や滑車の重さは考えなくてよいものとします。

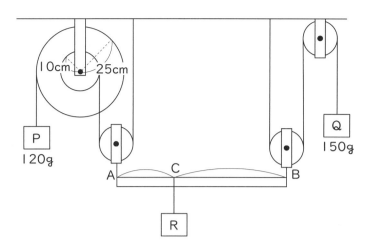

（1）　ひもAにかかっている力の大きさは何gですか。

答え

（2）　ひもBにかかっている力の大きさは何gですか。

答え

（3）　おもりRの重さは何gですか。

答え

（4）　棒のAC間の長さは何cmですか。

答え

（5）　おもりQを10cm引き下げ、棒を水平に保つためには、おもりPを何cm引き下げればよいですか。

答え

3　大輪・中輪・小輪の半径の比が3：2：1の輪軸と10gの力で2cmのびるばね3本を使って、図のように組み合わせました。図では210gのおもりを手で支えており、すべてのひもはピンと張った状態で、3本のばねはのびちぢみしていません。
おもりから手を離すと、ばねAは何cmのびますか。

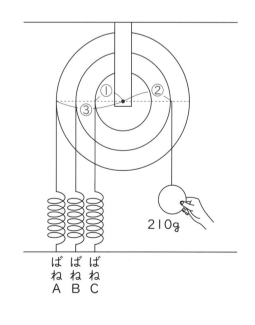

答え

合否を分ける問題の 解答・解説

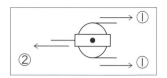

1

（1） 滑車の「鉄則」である、「滑車の左右にかかる力の大きさは等しい」のとおりに図に書き込んでいきます。

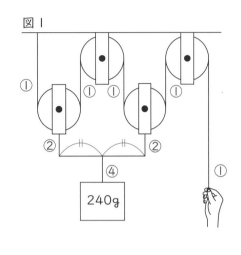

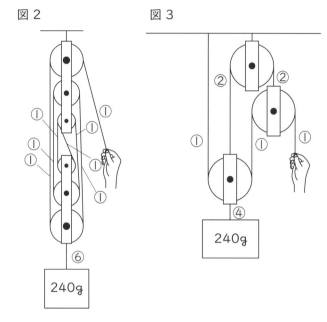

図1　④＝240g　①＝60g

図2　⑥＝240g　①＝40g

図3　④＝240g　①＝60g

答え　図1　60g　　図2　40g　　図3　60g

（2） おもりが持ち上がる長さ：ひもを引く距離の比は、おもりの重さ：ひもを引く力の比の逆比になります。

図1　1：4 ＝ 12：■　　■＝ 48cm

図2　1：6 ＝ 12：■　　■＝ 72cm

図3　1：4 ＝ 12：■　　■＝ 48cm

答え　図1　48cm　　図2　72cm　　図3　48cm

（3） 図1、図3で滑車の重さが60gのとき、それぞれのひもにかかる力の大きさは、図のとおりになります。

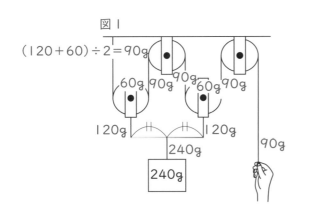

図I

$(120+60)÷2=90g$
60g　90g　90g
90g
60g　90g
120g　　120g
240g
240g
90g

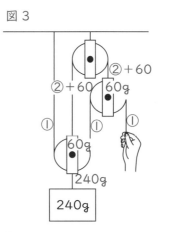

図3

②+60
②+60　60g
①　　①　①
60g
240g
240g

図3　④＋60＝240＋60　だから　④＝240g　①＝60g

答え　図I　90g　　図3　60g

2　それぞれのひもにかかる力の大きさを計算し、書き込んでいきます。

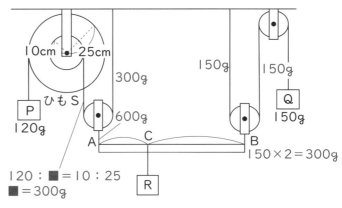

10cm　25cm
ひもS
P
120g
300g
600g
A　　C　　B
120：■＝10：25
■＝300g
R
150g　150g
Q
150g
$150×2=300g$

（1）　答え　600g

（2）　答え　300g

（3）　600＋300＝900

　　　答え　900g

（4）　600：300＝2：1

　　　AC：CB＝1：2

　　　③＝60cm　①＝20cm

　　　答え　20cm

（5）　おもりQを10cm引き下げると、ひもBは5cm上がります。

　　　ひもAを5cm引き上げるには、ひもSを10cm引き上げる必要があります。

　　　ひもSを10cm引き上げるには、おもりPを10×$\frac{5}{2}$＝25cm引き下げる必要があります。

答え　25cm

3

おもりから手を離したとき、ばねA、B、Cののびの比は
3：2：1となり、ばねA、B、Cにかかる力の大きさも3：
2：1となります。つまりつり合いのモーメント計算は

$3×③+2×②+1×①=210×②$

⑨＋④＋①＝420

⑭＝420

①＝30g　　③＝90g　　10g…2cm　　90g…18cm

答え　18cm

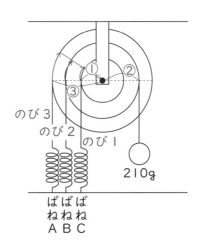

①　②
③
のび3
のび2
のび1
210g
ば　ば　ば
ね　ね　ね
A　B　C

10 ふりことものの運動

ふりこ

ふりこの長さ… [　　　　] からふりこ（おもり）

の [　　　　] までの距離

ふりこの周期…ふりこが [　　　　　　] する

のにかかる時間。誤差をなくすため、[　　　　　]

往復の平均時間を計算して求める。

周期はふりこの [　　　　] によって決まる。

[　　　　] やおもりの [　　　　] を変えても、

周期は変化しない。

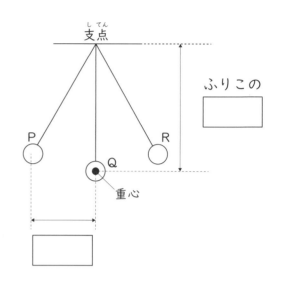

支点

ふりこの [　　　]

P　　　R

Q

重心

[　　　　]

ふりこの周期

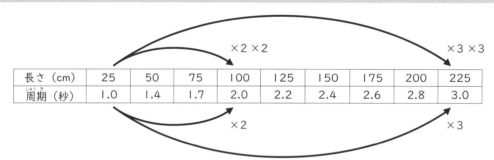

長さ（cm）	25	50	75	100	125	150	175	200	225
周期（秒）	1.0	1.4	1.7	2.0	2.2	2.4	2.6	2.8	3.0

ふりこの周期を 2 倍にするには長さを [　　　　　] 倍に、3 倍にするには長さを

[　　　　　] 倍にする必要があります。

図のように、150cm のふりこの支点から 100cm の位置でかべにくぎをうち、ふりこのひもが引っかかるようにしました。

この場合、おもりが右端にきたときの高さは左端

と [　　　　] になります。

また、左半分が [　　　　] cm のふりこ、

右半分が [　　　　] cm のふりこになり、

周期は（[　　　] ＋ [　　　]）÷ 2 ＝ [　　　　] 秒となります。

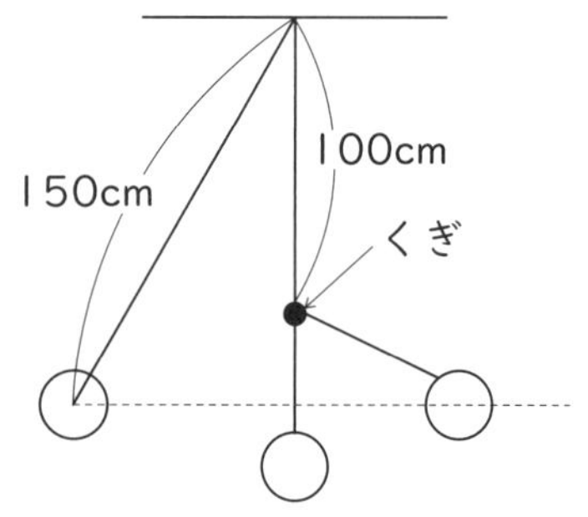

100cm

150cm

くぎ

ふり始めと
同じ高さ

ふりこのエネルギー

ふりこのおもりは、持ち上げられたことによって生じた位置エネルギーを運動エネルギーに変えながら運動しています。ですから ［　　　　　］点（図のQ点）にきたとき最も速くなり、［　　　　　］点と［　　　　　］点では静止します。ふりこは持ち上げられた高さによって生じる位置エネルギーによって運動するので、端までふれたときの高さ（図のP点とR点の高さ）は ［　　　　　］くなります。

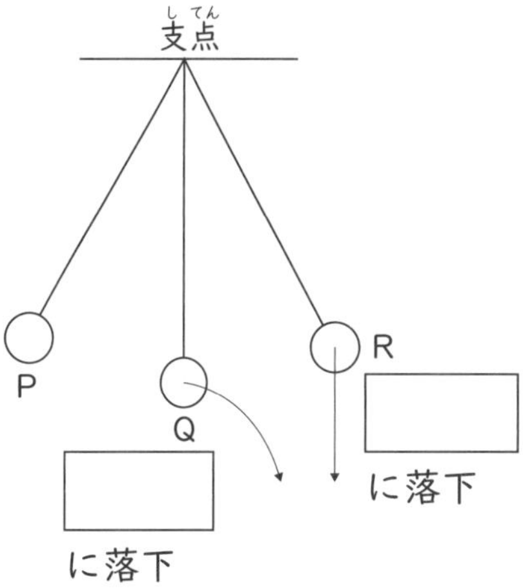

ふれているふりこの糸を切ると、図の ［　　　　　］点では横に移動しながら落下し、［　　　　　］点では真下に落下します。

ふりこは最下点にきたときに速さが最も ［　　　　　］くなり、両端にきたときに最も ［　　　　　］くなるので、ふれているふりこの一定時間ごとの連続写真を撮ると、図のように写ります。

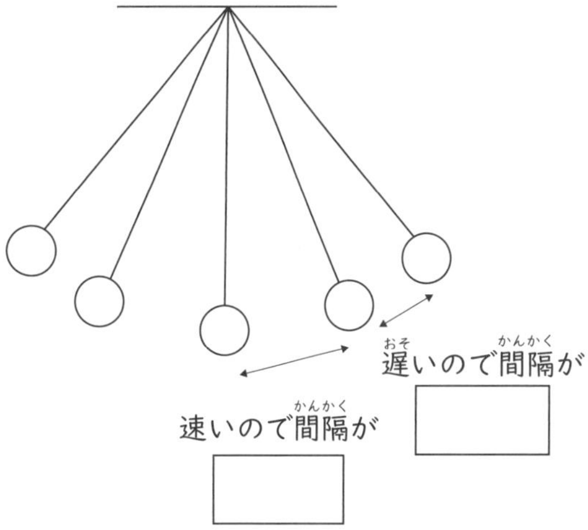

支点

P

Q

R

［　　　　　］に落下

［　　　　　］に落下

遅いので間隔が ［　　　　　］

速いので間隔が ［　　　　　］

衝突するときのエネルギー

ふりこを木片などに衝突させるとき、その衝突のエネルギー（図では「木片が動いた長さ」）はふりこの ［　　　　　］、［　　　　　］に比例します。

おもりを持ち上げる高さが高くなると、最下点での速さは ［　　　　　］くなりますが、比例の関係ではありません。

最下点での速さを2倍にするには、おもりを持ち上げる高さを ［　　　　　］倍に、速さを3倍にするには、おもりを持ち上げる高さを ［　　　　　］倍にする必要があります。

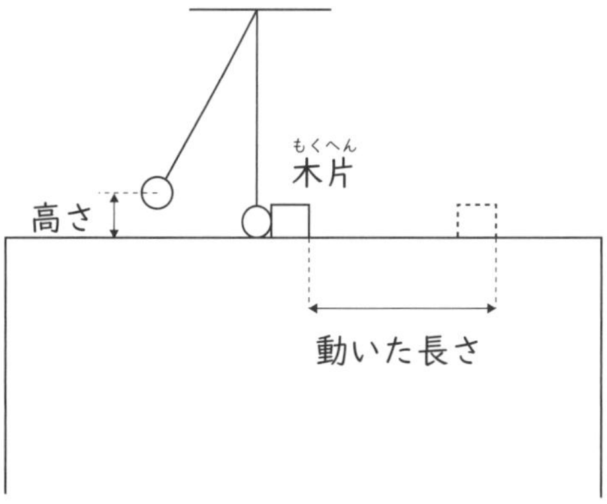

高さ

木片

動いた長さ

斜面からおもりを転がす場合も、考え方はふりこと同じです。図のようにおもりを転がして木片にぶつける場合、木片が動く長さはおもりの[＿＿＿＿＿]とおもりを転がし始めた

[＿＿＿＿＿]に比例します。

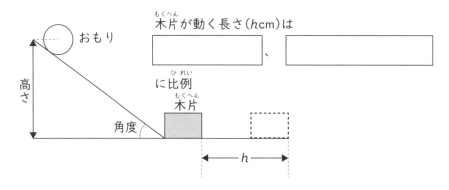

木片が動く長さ($h$cm)は

[＿＿＿＿＿＿＿＿]、[＿＿＿＿＿＿＿＿]

に比例

最下点まで転がったときのおもりの速さは、ふりこと同じでおもりを転がし始めた高さが高くなると速くなりますが、比例はしません。最下点での速さを2倍にするには、おもりを転がし始めた高さを[＿＿＿＿＿]倍に、速さを3倍にするには、おもりを転がし始めた高さを[＿＿＿＿＿]倍にする必要があります。

おもりを斜面から転がし、最下点に置いた木片にぶつけて、木片の動いた長さを計測しました。表はその結果を示しています。

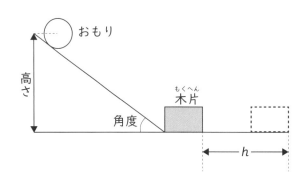

実験＼条件	おもりを離した高さ （cm）	おもりの重さ （g）	斜面の角度 （度）	木片が動いた長さ （cm）
A	10	100	30	6
B	10	200	30	12
C	20	100	45	あ
D	20	200	15	24
E	40	200	30	い

まずは、木片が動いた長さが何に比例しているか、確認しましょう。表のAとBを比べると、おもりを離した高さが同じで、おもりの重さが2倍になると、木片の動いた長さが

倍になっています。また B と D を比べると、おもりの重さが同じで、おもりを
離した高さが 2 倍になると、木片の動いた長さが _____ 倍になっています。

条件\実験	おもりを離した高さ（cm）	おもりの重さ（g）	斜面の角度（度）	木片が動いた長さ（cm）
A	10	100 ⌐×2	30	6 ⌐×2
B	10 ⌐×2	200 ⌐	30	12 ⌐
C	20 ⌐×2	100	45	あ ⌐×2
D	20 ⌐	200	15	24 ⌐
E	40	200	30	い

つまり、木片が動いた長さは _____ 、 _____ の
それぞれに比例しています。

では、重さ 125g のおもりを 20cm の高さから転がしたら、木片が動く長さは何 cm になる
でしょう。

木片が動く長さはおもりを離した高さとおもりの重さに比例するので、書き出して整理
し、基準となる実験と比べます。この場合は A を基準としましょう。

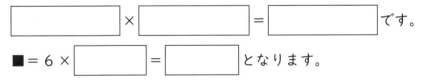

おもりを離した高さ	おもりの重さ	木片が動いた長さ
10cm	100g	6cm
↓×2	↓×1.25	↓×●
20cm	125g	■ cm

おもりを離した高さが 2 倍、おもりの重さが 1.25 倍ですから、●は

_____ × _____ = _____ です。

■ = 6 × _____ = _____ となります。

基準となる実験と比べて何倍になっているかを見るのは、他の単元の問題とも共通する、理
科の問題を考える基本です。ぜひ習慣にしてください。

合否を分ける 問題

1 ふりこの性質を調べるため、次の実験を行いました。これについて、あとの問いに答えなさい。

【実験】ふれはば、糸の長さ、おもりの重さを変え、右図のようなふりこが1往復するのにかかる時間がどのように変化するかを調べました。結果は表のようになりました。

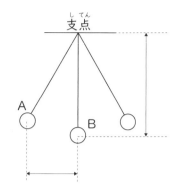

	①	②	③	④	⑤	⑥	⑦
おもりの重さ（g）	50	100	100	100	100	200	200
糸の長さ（cm）	50	25	50	100	25	50	225
ふれはば（cm）	10	10	10	10	20	20	10
1往復にかかる時間（秒）	1.4	1.0	1.4	2.0	1.0	1.4	3.0

（1）ふりこが1往復するのにかかる時間をはかる方法として最も適切なものを選び、記号で答えなさい。

ア　点Aで手を離すと同時にストップウォッチを作動させ、1往復したところで止める。

イ　点Aで手を離すと同時にストップウォッチを作動させ、10往復したところで止めて、その時間を10でわる。

ウ　点Aで手を離して1往復してからストップウォッチを作動させ、さらに1往復したところで止める。

エ　点Aで手を離して1往復してからストップウォッチを作動させ、さらに10往復したところで止めて、その時間を10でわる。

答え

（2）（1）のようにしてはかる理由を説明しなさい。

答え

（3）①、③、⑥を比べたとき、点Bを通過するときの速さとして、正しいものを選び記号で答えなさい。

ア　①のとき速さが最も速くなる。

イ　③のとき速さが最も速くなる。

ウ　⑥のとき速さが最も速くなる。

エ　どのふりこでも同じ速さになる。

答え

（4）③、④を比べたとき、点Bを通過するときの速さとして、正しいものを選び記号で答えなさい。

ア　③のとき速さが速くなる。

イ　④のとき速さが速くなる。

ウ　どちらのふりこでも同じ速さになる。

答え

(5) ②、③で用いたふりこを使ってふれはばがいずれも 10cm になるようにして、同時に離しました。2 つのふりこが同時に離した位置に初めて戻るのは何秒後ですか。

答え

2 おもりを離す高さ（A とする）、おもりの重さ（B とする）、ふりこの糸の長さ（C とする）を変えて木片と衝突させ、木片が動いた距離（D とする）を 5 回ずつはかって平均を求めました。表はその結果の一部を示しています。これについて、あとの問いに答えなさい。

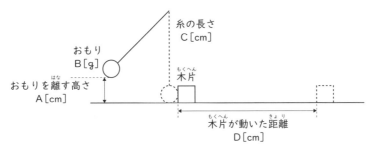

	①	②	③	④	⑤
A（cm）	10	10	20	20	10
B（g）	100	200	100	200	100
C（cm）	100	100	100	100	50
D（cm）	4.0	8.0	8.0	ア	4.0

（1） ①と②の結果からわかることを説明しなさい。

答え

（2） ①と③の結果からわかることを説明しなさい。

答え

（3） ①と⑤の結果からわかることを説明しなさい。

答え

（4） 表のアにあてはまる数値を答えなさい。

答え

（5） A ＝ 25　B ＝ 300　C ＝ 100 のとき、D はいくつになりますか。

答え

1

（1）　ふりこの周期をはかるとき「1回きり」ではかってしまうと誤差が出る可能性が高くなります。ですから10往復の時間をはかって、その平均を計算するんですね。

イとエで迷うかもしれませんが、おもりを離すのとストップウォッチのスイッチを入れるのを同時にしないことで、より誤差が少なくできると考えられます。

答え　エ

（2）　（1）のとおり、実験ではできる限り誤差を小さくするようにしなければなりません。

答え　できるだけ誤差を小さくするため。

（3）　①、③、⑥はすべて長さが50cmですが、⑥だけふれはばが大きくなっています。

	①	②	③	④	⑤	⑥	⑦
おもりの重さ（g）	50	100	100	100	100	200	200
糸の長さ（cm）	50	25	50	100	25	50	225
ふれはば（cm）	10	10	10	10	20	20	10
1往復にかかる時間（秒）	1.4	1.0	1.4	2.0	1.0	1.4	3.0

①、③、⑥は周期がすべて1.4秒で同じですが、往復距離が長い⑥はそのぶんおもりが速く動くことがわかります。

答え　ウ

（4）　③、④の違いは糸の長さですね。

	①	②	③	④	⑤	⑥	⑦
おもりの重さ（g）	50	100	100	100	100	200	200
糸の長さ（cm）	50	25	50	100	25	50	225
ふれはば（cm）	10	10	10	10	20	20	10
1往復にかかる時間（秒）	1.4	1.0	1.4	2.0	1.0	1.4	3.0

ふれはばはどちらも10cmですが、糸が短く周期の短い③のほうが速く動きます。

答え　ア

（5）　②の周期は1.0秒、③の周期は1.4秒です。同時に元の位置に戻ってくるのは、2つの数値の最小公倍数のときです。

1.0と1.4の最小公倍数は7です。

答え　7秒後

2

(1) Bが2倍になると、Dも2倍になっていますね。これを言葉で説明しましょう。

答え　おもりの重さが2倍になると、木片（もくへん）の移動距離（いどうきょり）も2倍になる。

	①	②	③	④	⑤
A (cm)	10	10	20	20	10
B (g)	100	200	100	200	100
C (cm)	100	100	100	100	50
D (cm)	4.0	8.0	8.0	ア	4.0

×2（①→②）　×2（D）

(2) (1)と同様に、Aが2倍になるとDも2倍になることを、言葉で説明しましょう。

答え　おもりを離（はな）す高さが2倍になると、木片（もくへん）の移動距離（いどうきょり）も2倍になる。

	①	②	③	④	⑤
A (cm)	10	10	20	20	10
B (g)	100	200	100	200	100
C (cm)	100	100	100	100	50
D (cm)	4.0	8.0	8.0	ア	4.0

×2（②→③）　×2（D）

(3) ①と⑤を比（くら）べるとC（糸の長さ）が半分になっていますが、Dには変化（へんか）がないですね。

答え　ふりこの糸の長さを変（か）えても、おもりの重さとおもりを離す高さが同じなら木片（もくへん）の移動距離（いどうきょり）は変（か）わらない。

	①	②	③	④	⑤
A (cm)	10	10	20	20	10
B (g)	100	200	100	200	100
C (cm)	100	100	100	100	50
D (cm)	4.0	8.0	8.0	ア	4.0

÷2　変化なし

(4) ④の実験（じっけん）はAとBの値（あたい）がそれぞれ①の2倍になっています。Dの値（あたい）は①の4倍ですね。

4.0 × 4 = 16.0

答え　16.0

	①	②	③	④	⑤
A (cm)	10	10	20	20	10
B (g)	100	200	100	200	100
C (cm)	100	100	100	100	50
D (cm)	4.0	8.0	8.0	ア	4.0

×2　×2　×2×2

(5) C（糸の長さ）はD（木片（もくへん）の移動距離（いどうきょり））に影響（えいきょう）しないので、A、B、Dを①の実験（じっけん）を基準（きじゅん）として書いて整理しましょう。

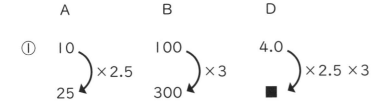

	A	B	D
①	10	100	4.0
	×2.5	×3	×2.5 ×3
	25	300	■

■ = 4.0 × 7.5 = 30

答え　30

11 力学④ 浮力と圧力

水に沈むものの場合

物体を液体中に沈めると、 [　　　　] 向きの力を液体から受けます。

これを [　　　　] といいます。

たとえば、重さ120g、体積80cm³ の物体を水（1cm³ あたり [　　　　] g）に沈めること を考えます。

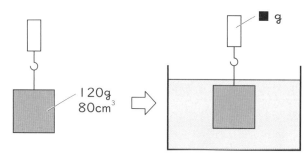

「アルキメデスの原理」を少し簡単に説明すると「流体の中に全部または一部沈んでいる物 体は、押しのけた流体の重さに等しい力で、流体から鉛直上向きに押し上げられる」となり ますが、まだ難しいですね。

そこで単純明快に「押しのけた分だけ押し返される」と考えましょう。

まず、この物体が水につかる前には、水そうの中では水さんたちが楽しく暮らしている、と 想像してください。

そんなところへ、この物体が割り込んできます。押 しのけられた水さんの体積は [　　　　] cm³ です。

この部分にはもともと 水さんたちが平和に 暮らしていました…

怒った水さんたちが押し返してきます。押しのけ られた [　　　　] cm³、つまり [　　　　] g です。

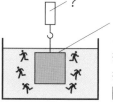

それが、この物体が 入ってきたために、 水さんたちは 押しのけられてしまった！ 押しのけられた水さんは [80] cm³

この物体は120gの重さがありますが、水さんた ちに [　　　　] g の力で押し返されるので、ばね はかりの目もりは [　　　　] g となります。

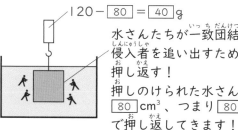

120－[80]＝[40] g

水さんたちが一致団結！ 侵入者を追い出すために 押し返す！ 押しのけられた水さんは [80] cm³、つまり [80] g で押し返してきます！

この場合、物体にはたらく浮力は　　　　　　gということになります。

▎水に浮くものの場合

水より　　　　　　いものは水に浮き、水より

　　　　　　いものは水に沈みます。

水に浮く（水より軽い）…油・木材など
水に沈む（水より重い）…金属など

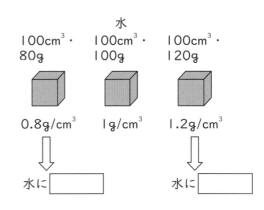

水
100cm³・　　100cm³・　　100cm³・
80g　　　　100g　　　　120g

0.8g/cm³　　　1g/cm³　　　1.2g/cm³

水に　　　　　　　　　水に　　　　　　

こんどは、重さ80g、体積100cm³の物体を水に
浮かべることを考えます。

右のような状態で水に浮きます。
ここで考えてほしいのですが、物体が静止して動かないという
ことは、たとえば台の上に置いているのと同じような状態です。

手で支えていると落ちないのは、手が　　　　　　gの力で上向きに引っぱっているから。

手を離すと落ちるのは、物体が　　　　　　gの力で下向きに　　　　　　で引かれているから。

台の上に置くとじっとしているのも、台が　　　　　　向きに　　　　　　gの力で押し返して

くれているからですね。

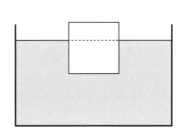

あたりまえだけど…

80g
100cm³

手を離すと落ちる

台に置くと
じっとしているのは…

80g

台が押し返してくれている！

水に物体が浮いている場合も、水が　　　　　　向きに　　　　　　gの力で押し返しているん

ですね。これを　　　　　　と呼んでいるんです。

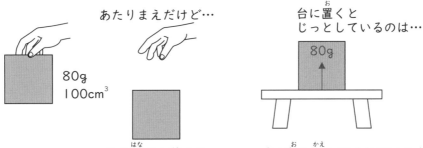

水に浮いて静止しているってことは…

浮力の大きさから、
80 cm³ の水を
押しのけていることが
わかる！

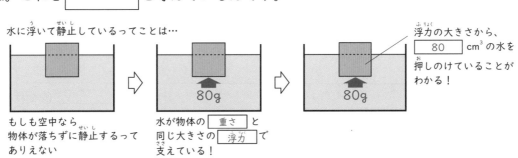

もしも空中なら
物体が落ちずに静止するって
ありえない

水が物体の　重さ　と
同じ大きさの　浮力　で
支えている！

つまり水に浮いている物体の場合、物体にはたらく浮力の大きさは物体の [　　　　] に等し

く、その浮力と物体が押しのけた水の重さが [　　　　] ことになります。

▌油や食塩水の浮力

水以外の液体に物体を浮かべたり沈めたりしたときも、浮力ははたらきます。

たとえば1cm³ あたりの重さが0.8g の油に、重さ 100g、体積 60cm³ の物体を沈めます。

?　　　　　　　　　　　　　　　　　　　　　　[　　] − [　　]

= [　　] g

100g
60cm³

0.8g/cm³

浮力 [　　] g

60cm³ 押しのけるが
油は1cm³ あたり 0.8g
だから…

0.8×60＝ [　　] g
の浮力がはたらく！

水の場合は 60cm³ だけ押しのけると [　　　　] g の浮力がはたらきますが、油は1cm³ あた

りの重さが小さいため、60cm³ だけ押しのけても [　　　　] g しか浮力がはたらかないこと

がわかりますね。つまり1cm³ あたりの重さ（これを密度といいます）が軽い液体では、もの

は浮き [　　　　] いということです。

このことから、海で泳ぐとプールよりも浮き [　　　　] いと考えられます。

塩分濃度の高い [　　　　　] という湖が非常によく浮くことは知られていますね。

▌圧力

一定の [　　　　] あたりにかかっている力の大きさのことを、圧力といいます。

台風や天気の予報などで見かける hPa（[　　　　　　　]）も圧力（気圧）の単位です。

大きな力でも、その力がかかっている面積が広ければ、一定の面積あたりにかかる力は

[　　　　] くなります。

逆に小さな力でも、その力がかかる面積が
せまければ、一定の面積あたりにかかる力
は [　　　　] くなります。

そのような性質を利用しているのが、くぎ
や画びょうなど、先のとがったものです。

針の先の [　　　　] な面積に
すべての力が加わるため、刺さる！

106

U字管

図のように、底でつながった管（水そう）をU字管といい、左右の水面は [　　　] 高さになっています。これは、左右の水面には目に見えない空気の圧力（ [　　　] 圧）がかかっていて、それが左右とも同じ大きさだからです。

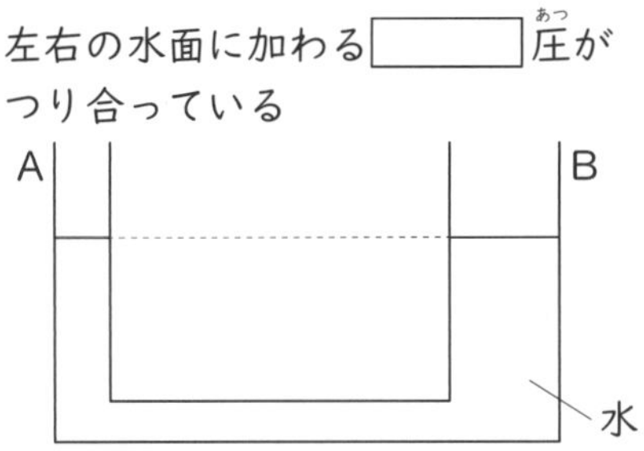

左右の水面に加わる [　　　] 圧がつり合っている

左右の水面に水が漏れ出さないようなふたを浮かべ、Aのふたに150gのおもりをのせると、Aの水面が [　　　] がり、Bの水面は [　　　] がりました。

このとき、Aの水面の面積が10cm²、Bの水面の面積が20cm²だとすると、もとの水面よりAのふたが下がった長さ（図のx）：Bのふたが上がった長さ（図のy）＝ [　　　] となります。

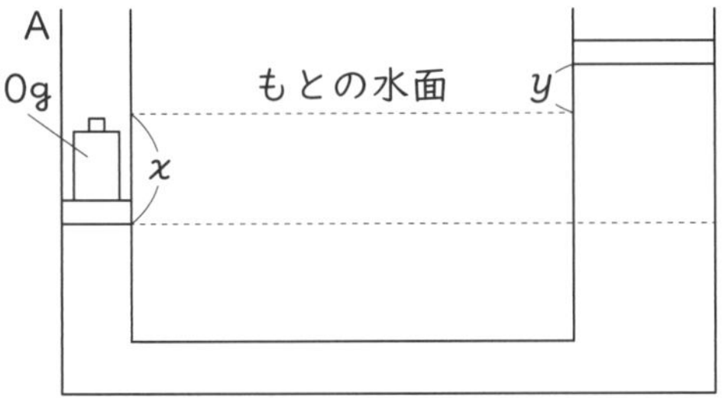

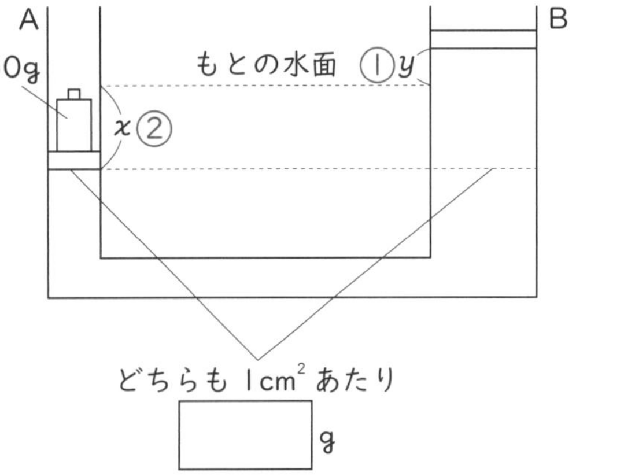

どちらも1cm²あたり [　　　] g

左右がつり合っているということは、Bの水中の、Aの水面と同じ高さの部分にも、Aの水面と同じように1cm²あたり [　　　] gの力がかかっています。

このことから考えると、xとyの合計（AとBの水面の高さの差）は [　　　] cmで、Bの水面はもとの水面よりも [　　　] cm上がっていることがわかります。

いろいろな圧力

水の中では、 [　　　] という圧力をまわりから受けます。

水圧は水深が1m（100cm）であれば（水の密度が1g/cm³のとき）1cm²あたり [　　　] gとなり、水深100mになると [　　　] kgにもなります。

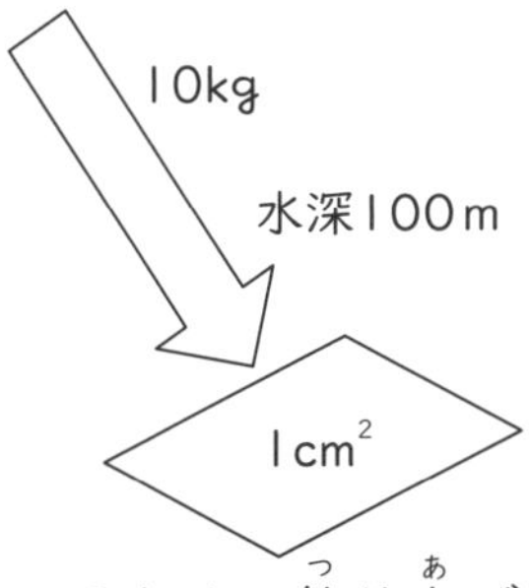

10kg

水深100m

1cm²

このように、深海にいる魚は、つねにまわりから [　　　] で押されているため、釣り上げて水圧がなくなると、体（おもに浮き袋）が大きく膨らむことがあります。

1 　次の文章を読んで、あとの
　問いに答えなさい。

	金	銀	銅	アルミニウム
体積 (cm³)	5.1	9.5	11.2	37
密度 (g/cm³)	①	②	③	④

液体中の物体について、「物体が押しのけた液体の重さに等しい浮力を受ける」ことをアルキメデスの原理といいます。この浮力について実験するために、4種類（金、銀、銅、アルミニウム）の金属球の100gあたりの体積を測定する実験を行い、表にまとめました。

（1）　表の①〜④に入る数値を計算しなさい。わり切れないときは小数第二位を四捨五入し小数第一位まで答えなさい。

答え　①　　　　②　　　　③　　　　④

（2）　実験で使用した4種類の金属からできた、一辺2cmの立方体を用意しました。一番軽いものの重さを答えなさい。計算は（1）で求めた数値を使いなさい。

答え

（3）　銅でできた立方体のおもりをばねはかりにつないだところ、ばねはかりは100gを示しました。この立方体を図のように底につかないように水に入れたとき、ばねはかりの示す値はいくらですか。ただし、水1cm³あたりの重さは1gです。

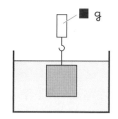

答え

（4）　アルキメデスの原理に関する次の①〜⑤について、正しいものには○、間違っているものには×と答えなさい。
　①同じ体積の金属をばねはかりにつるして（3）のように水に沈めたとき、アルミニウムと鉄ではばねはかりが示す目もりの大きさは異なる。
　②物体が水に浮くか沈むかは、物体の重さによって決まる。
　③浮いているものには浮力がはたらき、沈んでいるものには浮力ははたらかない。
　④ばねはかりにつないだ金属を、（3）のように液体に沈めたとき、その液体が水の場合よりも食塩水の場合のほうがばねはかりが示す値が小さい。
　⑤水中で生活する魚などの生き物には浮力ははたらいていない。

答え　①　　　②　　　③　　　④　　　⑤

(5)　金でできた冠と銀でできた冠を、左右のうでの長さが等しいてんびんにつるしたところ、つり合いました。右の図のように2つの冠をてんびんにつるしたまま、水中に入れるとどのようになりますか。次のア～ウから正しいものを1つ選び、記号で答えなさい。またその理由を説明しなさい。ただし、てんびんの棒や糸の重さは考えなくてよいものとします。

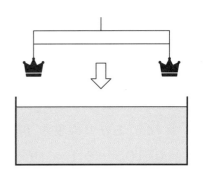

ア　金の冠のほうが上がる
イ　銀の冠のほうが上がる
ウ　つり合ったまま

答え	理由：

2　左右がつながった水そうに水を入れると、左右の水面の高さが同じになりました。そこに重さを無視でき、上下に自由に動かすことができるふたをのせると、水面の高さは等しいままでした。Aの部分の水面の面積は15cm²、Bの部分の水面の面積は25cm²です。これについて、あとの問いに答えなさい。

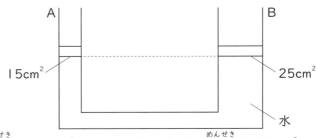

(1)　Aの部分のふたに、120gのおもりをのせると、A側の水面が下がり、B側の水面が上がりました。このとき、A側の水面にかかっている力の大きさは、水面1cm²あたり何gですか。

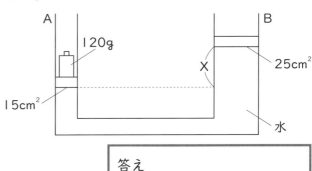

答え

(2)　(1)のとき、左右の水面の高さの差（図のX）は何cmになっていますか。

答え

(3)　(2)のとき、Aの部分の水面ははじめより何cm下がっていますか。

答え

(4)　(3)のあとBのふたの上にもおもりをのせ、左右の水面の高さを等しくするためには、Bのふたの上に何gのおもりをのせるとよいですか。

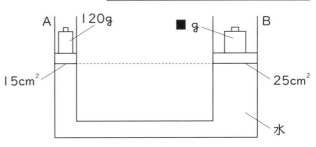

答え

1

（1）　それぞれ「100gあたりの体積」とありますから、100gをそれぞれの体積でわり、
　　　1cm³あたりの重さ（密度）を計算します。

　　　① 100 ÷ 5.1 ＝ 19.60…⇒ 19.6

　　　② 100 ÷ 9.5 ＝ 10.52…⇒ 10.5

　　　③ 100 ÷ 11.2 ＝ 8.92…⇒ 8.9

　　　④ 100 ÷ 37 ＝ 2.70…⇒ 2.7

答え　① 19.6　　② 10.5　　③ 8.9　　④ 2.7

（2）　一辺2cmの立方体ですから、体積は8cm³です。最も密度の小さなアルミニウムの立
　　　方体を計算しましょう。

　　　2 × 2 × 2 ＝ 8　　　2.7 × 8 ＝ 21.6

答え　21.6g

（3）100gの銅の体積は、表から11.2cm³です。水に沈めると、水を11.2cm³だけ押しのけ
　　　るので、自ら受ける浮力は11.2gとなります。ですからばねはかりが示す値は
　　　100 － 11.2 ＝ 88.8g となります。

答え　88.8g

（4）①同じ体積では、鉄のほうがアルミニウムよりも重く、2つの金属が受ける浮力は（同
　　　じ体積なので）等しくなります。したがって鉄のほうがばねはかりの示す値は大きく
　　　なります。
　　　②物体が水に浮くか沈むかは、密度によって決まります。水の密度は1g/cm³で、これ
　　　より密度が小さければ水に浮き、大きければ水に沈みます。
　　　③沈んでいても、水（液体）を押しのけていれば浮力ははたらきます。
　　　④食塩水は水よりも密度が大きい（1cm³あたりの重さが重い）ので、同じ体積だけ押
　　　しのけても、はたらく浮力は大きくなります。つまりばねはかりが示す値は小さくな
　　　ります。
　　　⑤③同様、生き物でも水を押しのけていれば浮力ははたらきます。

答え　①○　②×　③×　④○　⑤×

（5）　空気中で左右のうでの長さが等しいてんびんにつるし、
　　　つり合っているということは、金の冠と銀の冠の重さは
　　　等しくなっています。同じ重さだと、密度の小さい銀の
　　　冠のほうが金の冠よりも体積が大きくなるため、水に沈
　　　めたときに受ける浮力が大きくなります。
　　　つまり水中では金の冠のほうに棒がかたむいてしまいます。

答え　イ　理由：体積の大きい銀の冠のほうにより大きく浮力がはたらくから。

2

（1）　Aの部分のふたに、120gのおもりをのせると、Aの水面の部分には120gの力がかかり、面積が15cm²なので1cm²あたり120 ÷ 15 = 8gの力（圧力）がかかります。

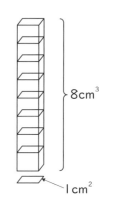

答え　8g

（2）　Aの水面と同じ高さのBの水中の部分にも、同じだけの圧力がかかれば左右がつり合います。1cm²あたり、その上に水が8g分、つまり8cm³だけ水があればいいことがわかります。

答え　8cm

（3）　Aの水面の面積：Bの水面の面積＝ 15：25 ＝ 3：5です。
図のように、Aの水面が下がってBの水面が上がりますが、水面が上下する長さの比は水面の面積比の逆比となります。

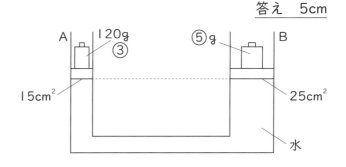

⑧＝ 8cm

①＝ 1cm

⑤＝ 5cm

答え　5cm

（4）　左右の水面1cm²あたりにかかる力（圧力）が等しくなるようにすればいいですね。
左右のふたにのせるおもりの重さも、3：5になるようにします。

③＝ 120g

①＝ 40g

⑤＝ 200g

答え　200g

Chapter

5

動物

 がついているテーマには、動画を
用意しています。

12 動物① 🖥 動画あります
こん虫・メダカ・プランクトン

こん虫の体

・体は ☐ ・ ☐ ・ ☐ に分かれている

・頭には１対（２個）の

　☐ （ものの色や形を見分ける）と

　ふつう３個の ☐ （明るさを感じる）

　がある

・胸に ☐ 本の足がある

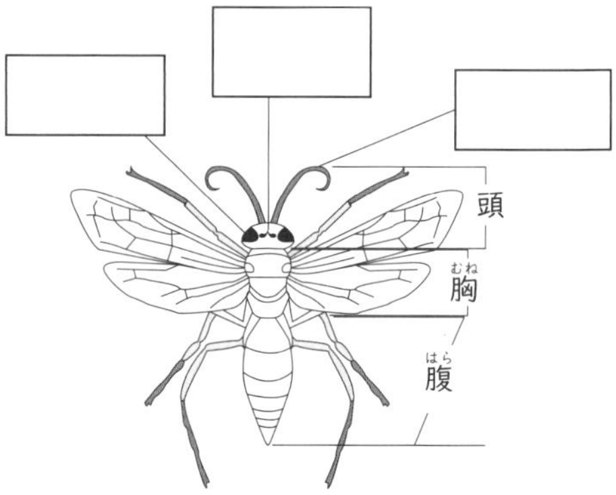

頭

胸

腹

モンシロチョウ

・卵は高さ約 ☐ mm、色は ☐ 色から ☐ 色に変化する

モンシロチョウの一生

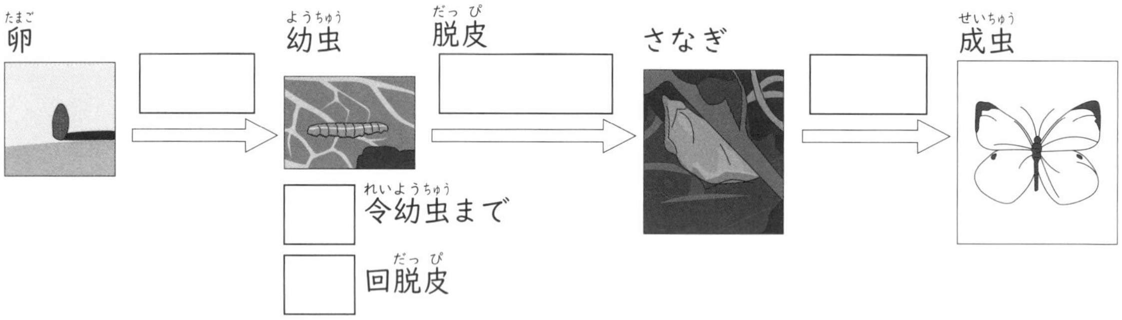

卵 → ☐ → 幼虫 脱皮 ☐ → さなぎ ☐ → 成虫

☐ 令幼虫まで

☐ 回脱皮

・ふ化した幼虫は、まず ☐ を食べる

・幼虫の足の数は計 ☐ 本。つめのある足が ☐ 本、吸盤のような足が

☐ 本ある

幼虫（アオムシ）の足
3　2　4　2 1

頭　つめのある足　吸盤のような足

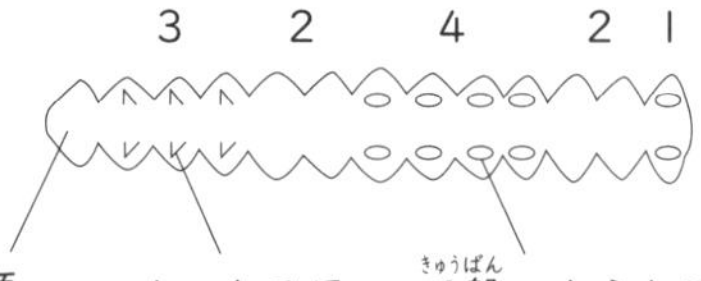

☐ 本　☐ 本

「3・2・4・2・1」
と覚えよう！

・モンシロチョウの食草は ⬚ 科の植物（⬚・⬚ など）

完全変態・不完全変態

・モンシロチョウのように、成長の途中でさなぎになるこん虫を ⬚ という

カブトムシ・ハチ・チョウ・アリ・カ・ガ・アブなど

・バッタなどのように、成長の途中でさなぎにならないこん虫を

⬚ という

カマキリ・トンボ・バッタ・セミなど

・幼虫から成虫まで全く姿形が変わらないこん虫を ⬚ という

シミ・トビムシなど

こん虫の冬越し

こん虫は、より安全な場所、姿で冬越しします。

	卵	幼虫	さなぎ	成虫
地中	セミ（1年目）	セミ（2年目以降）・カブトムシ		
木の幹や葉の裏	⬚ ⬚		アゲハ モンシロチョウ イラガ	⬚
落ち葉の下				⬚
巣の中				⬚ ⬚
水中		⬚		

メダカの育ち方

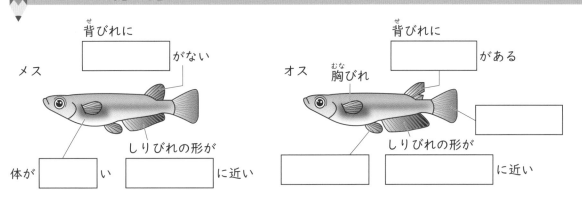

背びれに ⬚ がない

メス

体が ⬚ い

しりびれの形が ⬚ に近い

背びれに ⬚ がある

オス

胸びれ

⬚

しりびれの形が ⬚ に近い

・ひれは ⬚ 種類で ⬚ 枚ある

１枚のひれ…… ⬚ ・ ⬚ ・ ⬚

２枚あるひれ…… ⬚ ・ ⬚

・水温が約 ⬚ ℃以上になると産卵する

⬚　　　　　　⬚ の粒　　　　　　⬚ ができる

⬚
メダカの体になる部分

ふ化した子メダカ

ふ化してしばらくは

⬚

⬚

⬚ が動くのがわかる

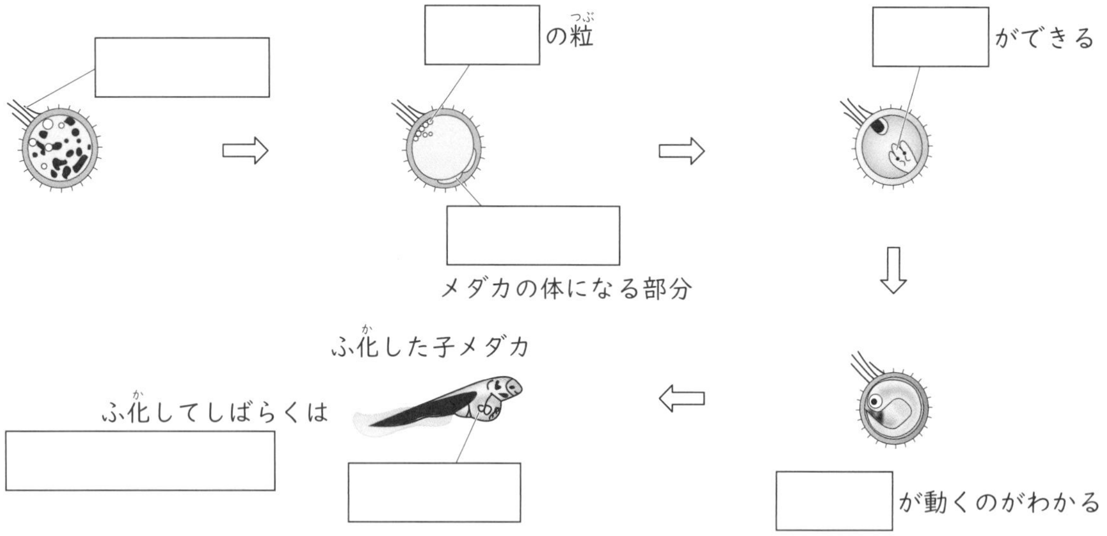

・水温 23℃で ⬚ 日くらいでふ化する

メダカの飼い方

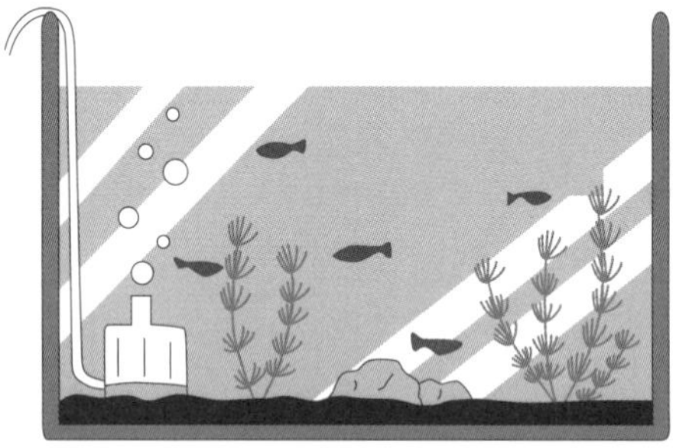

・ ⬚ があたらない明るい場所

・ ⬚ が不足しないように口の広い水そう

・水温は ⬚ ℃くらい

・ ⬚ を入れる

カエルの産卵

カエルは ⬚ 類なので、 ⬚ に産卵します。

⬚ の卵　　　　　　⬚ の卵　　　　　　⬚ の卵

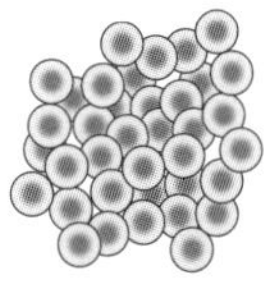

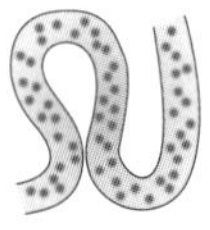

プランクトン

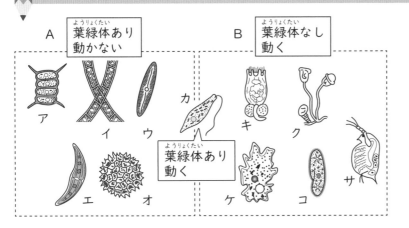

A 葉緑体あり 動かない　　　　B 葉緑体なし 動く

葉緑体あり 動く

ア　イ　ウ　エ　オ　カ　キ　ク　ケ　コ　サ

A ☐ プランクトン　　B ☐ プランクトン

ア ☐　　イ ☐　　ウ ☐

エ ☐　　オ ☐　　カ ☐

キ ☐　　ク ☐　　ケ ☐

コ ☐　　サ ☐

動物の仲間分け

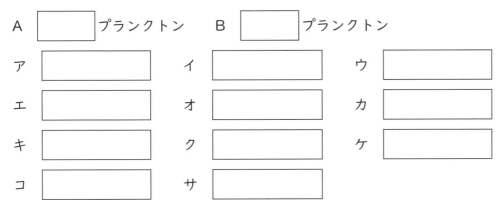

・せきつい動物……☐ がある動物

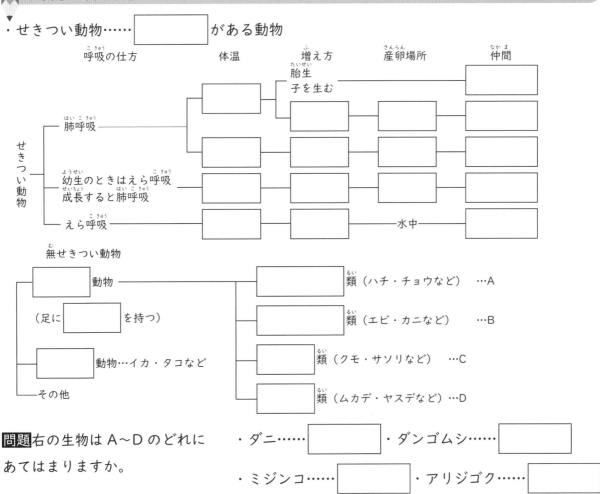

呼吸の仕方	体温	増え方	産卵場所	仲間

胎生 子を生む

肺呼吸

幼生のときはえら呼吸 成長すると肺呼吸

えら呼吸　　　　　　　　　水中

せきつい動物

無せきつい動物

☐ 動物

（足に ☐ を持つ）

☐ 動物…イカ・タコなど

その他

☐ 類（ハチ・チョウなど）…A

☐ 類（エビ・カニなど）…B

☐ 類（クモ・サソリなど）…C

☐ 類（ムカデ・ヤスデなど）…D

問題 右の生物は A〜D のどれに
あてはまりますか。

・ダニ……☐　　・ダンゴムシ……☐

・ミジンコ……☐　　・アリジゴク……☐

1 こん虫のように、節のある足を持つ生物の仲間を（ ① ）動物といいます。（ ① ）動物にはA こん虫のほかに、B クモなど足が（ ② ）本のもの、C ムカデなど足が多数あるもの、D エビやカニなどのように足が１０本の仲間もいます。

こん虫の体は前のほうから頭・胸・腹に分かれ、頭には明るさを感じる（ ③ ）眼や、ものの形などを見分ける（ ④ ）眼、そしてにおいを感じる（ ⑤ ）などの感覚器官が集まっています。胸は３つの節でできていて、それぞれに２本ずつの足があり、２つの節には２枚ずつのはねがあります。

腹の部分には卵巣や精巣があります。腹の部分は、こん虫が呼吸をするときに気体の出し入れを行う（ ⑥ ）の観察がしやすいのも特徴です（節の左右にある黒い斑点がそうです）。

ヒトのように肉の中に骨があるのではなく、丈夫なからに包まれています。しかし幼虫時代は体もやわらかく、成長による（ ⑦ ）がしやすくなっています。

こん虫にはE 「さなぎ」の時期があるもの、F 「さなぎ」の時期がなく成虫になるとはねが生えるもの、「さなぎ」の時期がなくはねも生えないものもあります。

「さなぎ」の時期があるこん虫の多くは、幼虫と成虫で食べる物の種類が大きく変わります。たとえばモンシロチョウの幼虫はキャベツなど（ ⑧ ）科の植物の葉を食べますが、成虫は花のみつを吸います。

（１）　文中の①〜⑧に適切な語を答えなさい。

答え　①	②	③	④
⑤	⑥	⑦	⑧

（２）　下線部Ａ〜Ｄの仲間として正しくない組み合わせを次から１つ選び、記号で答えなさい。　　答え

ア	Ａ	カブトムシ	Ｂ	シロアリ	Ｃ	ダンゴムシ	Ｄ	ザリガニ
イ	Ａ	アリジゴク	Ｂ	サソリ	Ｃ	ヤスデ	Ｄ	ミジンコ
ウ	Ａ	ナナフシ	Ｂ	ジョロウグモ	Ｃ	コムカデ	Ｄ	タカアシガニ
エ	Ａ	テントウムシ	Ｂ	ダニ	Ｃ	ゲジ	Ｄ	ヤドカリ

（３）　下線部ＥとＦの組み合わせとして適切なものを次から１つ選び、記号で答えなさい。　　答え

ア	Ｅ	カブトムシ	Ｆ	アリ	イ	Ｅ	カイコガ	Ｆ	トノサマバッタ
ウ	Ｅ	アリ	Ｆ	ミツバチ	エ	Ｅ	シロアリ	Ｆ	カメムシ

(4) 右図は、自然界での食べる、食べられるの関係を示しています。

①～⑤にあてはまる生物をそれぞれ選んで記号で答えなさい。

ア　バッタ　　イ　カマキリ　　ウ　カビ・細菌
エ　ヒキガエル　　オ　植物

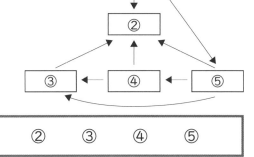

答え	①	②	③	④	⑤

2　生物ア～コの体のつくりや生活の違いについて調べ、特徴 A～F を持つ生物ごとにまとめ、表を作ります。これについて、あとの問いに答えなさい。

ア　イルカ　　イ　ハト　　ウ　イワシ　　エ　クラゲ　　オ　コウモリ
カ　イモリ　　キ　ヤモリ　　ク　イカ　　ケ　ウミガメ　　コ　セミ

A　背骨を持たない。
B　卵で生まれる。
C　子が母体内である程度育ってから生まれる。
D　環境の温度変化にともなって体温が変化する。
E　一生、肺で呼吸を行う。
F　呼吸の方法が成長の過程で変化する。

A	
B	
C	
D	
E	
F	

(1) アの生物にあてはまる特徴を、A～F からすべて選びなさい。

答え

(2) A～F のうち、生物が１種類しか入らないのはどれですか。

答え

(3) 必ず同じ欄に入る生物の組み合わせを、ア～コから２組選びなさい。

答え

(4) 魚の仲間にも、グッピーのように卵ではなく小魚を生むものがあります。グッピーとイルカの子の生まれ方の違いを説明しなさい。

答え

合否を分ける問題の 解 答・解 説

1

（1） こん虫やクモなど、足に節がある生物の仲間を節足動物といいます。足の数や目のつくりなどによっていくつかのグループに分かれています。

答え　① 節足　② 8　③ 単　④ 複　⑤ 触角　⑥ 気門
　　　⑦ 脱皮　⑧ アブラナ

（2） ダンゴムシの仲間は足が 10 本ではないですが、甲かく類の仲間です。ミジンコもプランクトンですが甲かく類です。
体は透明で、背中側に卵を観察できますね。
サソリはエビやカニに似ていますがクモの仲間です。

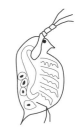

答え　ア

（3） シロアリ、カメムシはどちらも不完全変態（さなぎにならず、成虫になるとはねが生える）のこん虫です。

答え　イ

文中には「『さなぎ』の時期がなくはねも生えないものもあります。」とありますが、このようなこん虫の仲間を「無変態」といいます。
シミ・トビムシなど少数です。

無変態のこん虫の覚え方
シミがぶっ飛び　でもみんな無視。
シミ　　トビ　　　　ムシ

（4） ①・③・④・⑤すべての生物の矢印が②に向かっているのは、②が「分解者」ということを示しています。生物の死がい（植物の場合は枯れ葉など）やふんを分解し、植物の肥料に変える、重要なはたらきをしています。

答え　① オ　② ウ　③ エ　④ イ　⑤ ア

2 実際に表を完成させてみましょう。するとずいぶん解きやすくなるはずです。

A	エ	ク	コ				
B	イ	ウ	エ	カ	キ	ク	ケ	コ
C	ア	オ					
D	ウ	エ	カ	キ	ク	ケ	コ	
E	ア	イ	オ	キ	ケ			
F	カ						

（1）　イルカは水中で生活していますが、ほ乳類です。海中で小魚などを食べて生活しています。CとEとがあてはまります。

答え　C　E

（2）　実際に表を完成させると一目瞭然ですね。呼吸の方法が成長の過程で変化する、つまりえら呼吸から肺呼吸に変化するのはカエルやイモリなどの両生類だけです。

答え　F

（3）　必ず同じ欄に入るということは、同じ仲間の生物ということになります。同じ仲間の生物が出てきているのは、イルカとコウモリ（ほ乳類）、そしてヤモリとウミガメ（は虫類）です。

答え　アとオ　キとケ

（4）　グッピー以外にも、サメの仲間などに多い「卵胎生」という増え方ですが、ほ乳類の「胎生」と大きく違います。たいばんで母親と子の間に養分などの行き来があるのが「胎生」ですが、「卵胎生」はおなかの中で卵がふ化し、子どもが出てくる生まれ方です。
答え　イルカはたいばんを通じて子に必要な栄養分などを母親が与えるが、グッピーの子どもは卵の中の栄養分のみで育って生まれてくる。

13 動物② 人体

▎呼吸

■肺のつくり

鼻（口）・のどとつながった [　　　　] は、胸の部分で

枝分かれして [　　　　　] となります。

肺は、[　　　　　] という小さな袋が数億個集まってでき

ています。

[　　　　　] は、まわりに [　　　　　] がはりめぐら

されていて、血液中から [　　　　　] を取り出し、

血液中に [　　　　] を送り込んでいます。

[　　　　　] が小さな袋になっていて都合がよい点

[　　　　　　　　　　　　　　　　　　　　　　　]

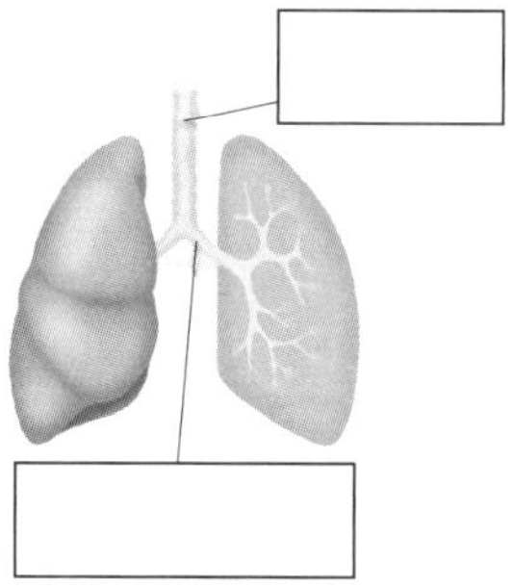

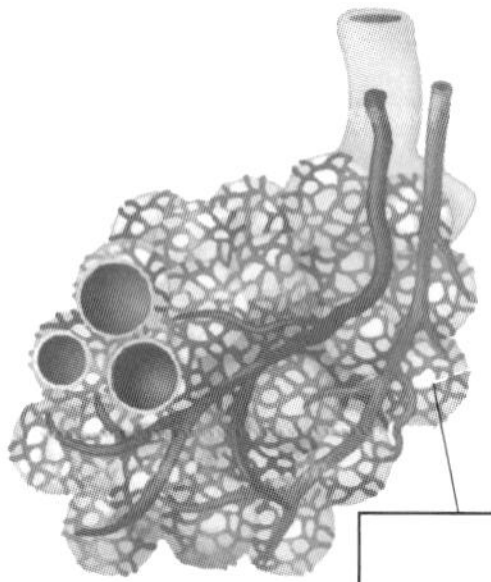

[　　　　] のつくり

血管

■横かくまくとろっ骨

息を吸うとき、横かくまくは [　　　　] がり、ろっ骨は [　　　　] がります。

息をはくときは逆に、横かくまくは [　　　　] がり、ろっ骨は [　　　　] がります。

息を吸う　　　　　　　息をはく

ろっ骨 [　　　]　　　　ろっ骨 [　　　]
がる　　　　　　　　　がる

横かくまく [　　　]　　横かくまく [　　　]
がる　　　　　　　　　がる

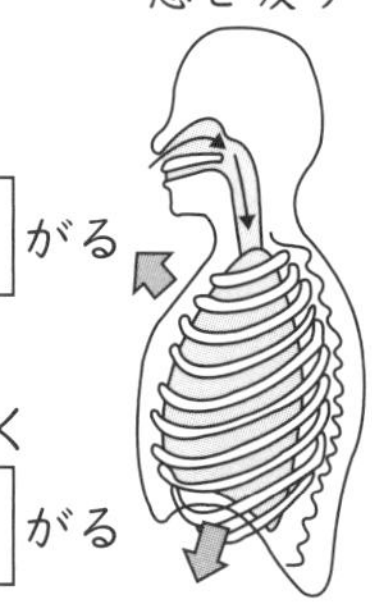

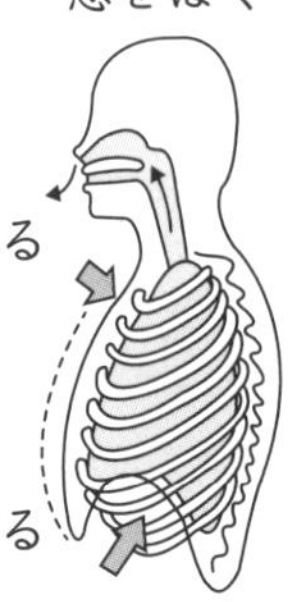

▎消化と吸収

■おもな消化器官

口…食物をかみくだき、[　　　　] 液と混ぜ合わせる

[____]…酸性の消化液である[____]液で食物をとかす

[____]…[____]でつくられ

[____]にたくわえられた

[____]液、[____]で

つくられた[____]液を分泌する

[____]…食物から[____]を吸収する

[____]…おもに[____]を吸収する

消化器系器官の位置

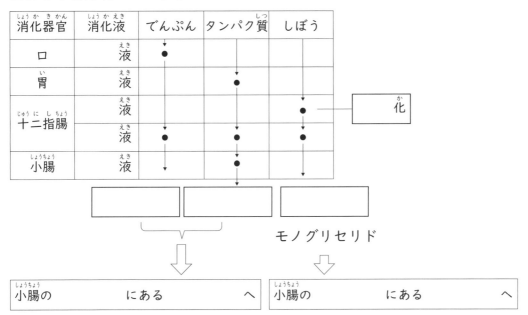

■おもな消化液とはたらき

消化器官	消化液	でんぷん	タンパク質	しぼう
口	液	●		
胃	液		●	
十二指腸	液			●
	液	●	●	●
小腸	液		●	

[____]化

[____]　[____]　　モノグリセリド

小腸の[____]にある[____]へ　　小腸の[____]にある[____]へ

■小腸のかべのつくり

小腸のかべは細かいひだのようになっていて、その表面はさらに細かい[____]とい

うやわらかい突起状のつくりになっている

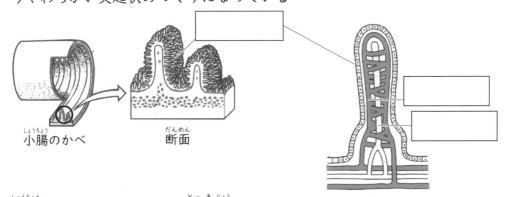

小腸のかべ　　断面

小腸のかべが細かいひだ、突起状になっていることで都合がよい点

[_____]

血液の循環

■心臓のつくり

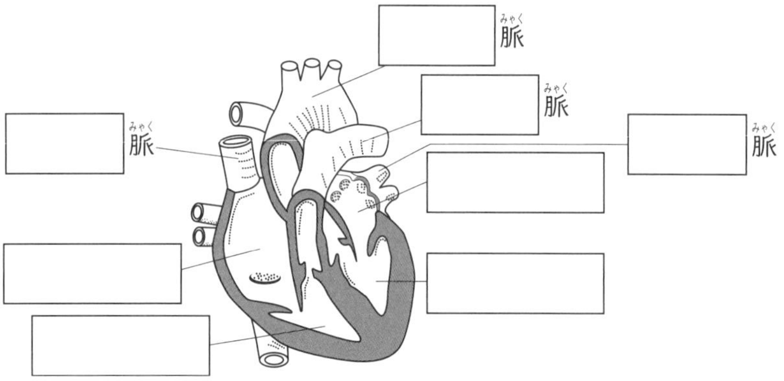

脈

脈

脈

脈

心臓…血液を送り出す　　　　　　の役割

最も筋肉のかべが厚い…　　　　　　（全身に血液を送り出すため）

　　　　脈…心臓から全身の各部分に血液を運ぶ血管

　　　　脈…全身から心臓に戻る血液を運ぶ血管。逆流を防ぐ　　　　　　がある

■血液の循環

ア…　　　　　　　　イ…

ウ…　　　　　　　　エ…

血液中に最も二酸化炭素が多い…

血液中に最も二酸化炭素が少ない…

血液中に最も二酸化炭素以外の不要物が少ない…

食事後最も栄養分が多い…

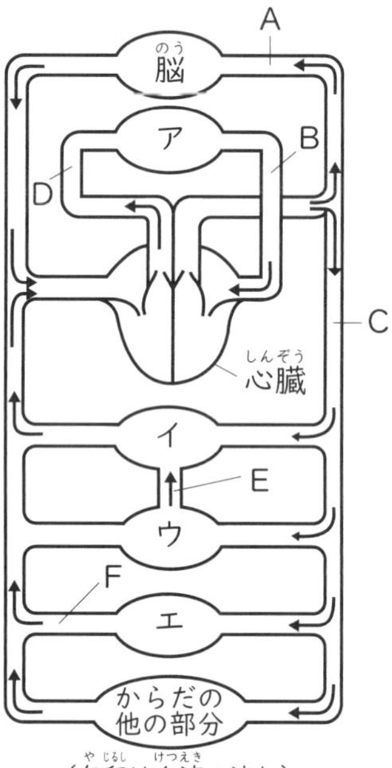

脳
ア
心臓
イ
ウ
エ
からだの他の部分

A
B
C
D
E
F

（矢印は血液の流れ）

■血液の成分

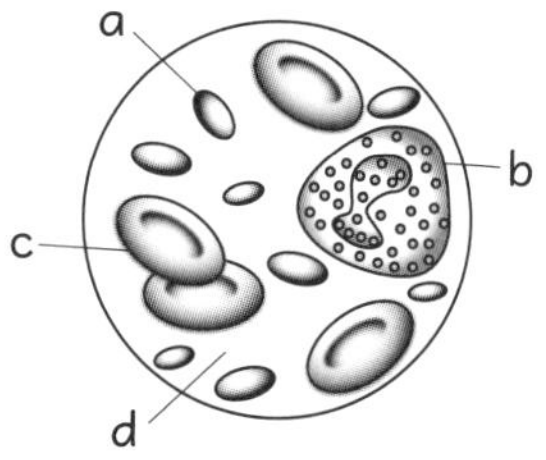

a　　　　　　　　…出血時に血液を固まらせる

b　　　　　　　　…血液中の菌を食べて殺す

c　　　　　　　　…　　　　　　を運ぶ

d　　　　　　　　…血液の液体成分。　　　　　　　　、栄養分、不要物などを運ぶ

124

骨格と筋肉

ヒトの骨格…約[　　　　]の骨でできている

■骨のつながり

[　　　　]…頭骨のつながり方。ガッチリと合わさっていて動かない

[　　　　]…背骨のつながり方。軟骨ののび縮みで前後左右に少し動かせる

[　　　　]…うでや足などの骨のつながり方。1方向に大きく動く場合が多い。

[　　　　]などいろいろな方向に動く場所もある

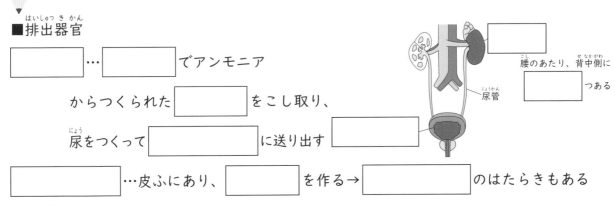

軟骨
関節液
背骨

A
B 関節
骨と骨がつながっているところ。
けん
骨と筋肉がつながっているところ。

うでを曲げるとき
●筋肉A➡[　　　　]
●筋肉B➡[　　　　]

うでをのばすとき
●筋肉A➡[　　　　]
●筋肉B➡[　　　　]

その他の器官

■排出器官

[　　　　]…[　　　　]でアンモニア

からつくられた[　　　　]をこし取り、

尿をつくって[　　　　]に送り出す

[　　　　]…皮ふにあり、[　　　　]を作る→[　　　　]のはたらきもある

腰のあたり、背中側に
[　　　　]つある
尿管

■感覚器官

・目のつくり

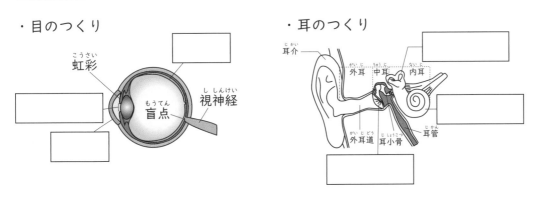

こうさい
虹彩
ししんけい
視神経
もうてん
盲点

・耳のつくり

耳介
外耳　中耳　内耳
外耳道　耳小骨
耳管

1　下の図1は、ヒトの血液循環の経路を模式的に表したものです。心臓がポンプのようにはたらくことで、血液は体全体に送り出されています。この心臓のはたらきを拍動といいます。また、血液は、酸素や二酸化炭素などのガスのほか、栄養分や病原菌を退治する抗体など、たくさんのものを運んでいます。また図2は人体の様々な器官を表していて、語群のA～Hはそのはたらきについて説明しています。これについて、あとの問いに答えなさい。

図1　　　　　　　　　図2

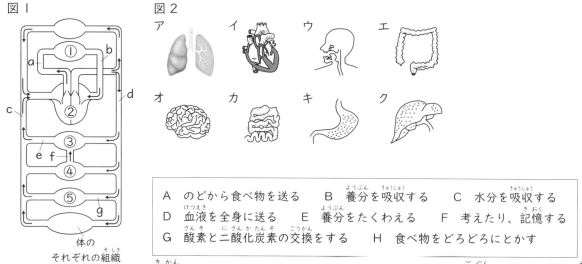

A　のどから食べ物を送る　　B　養分を吸収する　　C　水分を吸収する
D　血液を全身に送る　　E　養分をたくわえる　　F　考えたり、記憶する
G　酸素と二酸化炭素の交換をする　　H　食べ物をどろどろにとかす

（1）　図1の①～④の器官について、その形を図2から、はたらきを語群からそれぞれ選びなさい。

答え　①　　　　　②　　　　　③　　　　　④

（2）　次の説明にあてはまる血管を、図1のa～gから選んで記号で答えなさい。
①血液中に含まれる二酸化炭素の量が最も少ない
②血液中に含まれる二酸化炭素以外の不要物の量が最も多い
③食事後、血液中に含まれる栄養分の量が最も多い

答え　①　　　②　　　③

（3）　図1のfの血管の名前を答えなさい。

答え

（4）　下線部について、心臓が1回の拍動により体の各部に送り出す血液は50g、1分間あたりの拍動数は70回、ヒトの体重に対する血液全体の重さの割合は12分の1として、次の①、②に答えなさい。
①1分間あたり心臓から体の各部に送り出された血液は何gですか。
②体重60kgのヒトの血液は、体を10分間あたり何回循環しますか。

答え　①　　　　　　　　　②

(5)　下のグラフは、人が吸う息とはく息に含まれる気体を気体検知管で調べ、その結果を円グラフに表したものです。これについて、次の①、②に答えなさい。

①　吸う息はア、イのどちらですか。またCの気体名を答えなさい。

②　A～Cのほかに吸う息よりもはく息に多く含まれる気体の名前を答えなさい。

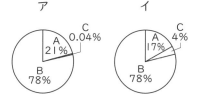

| 答え　① | | ② | |

(6)　体内での心臓の大体の位置として適しているものを選んで記号で答えなさい。

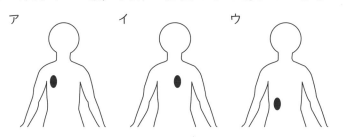

| 答え | |

(7)　図3はヒトの心臓の模式図です。この模式図を参考にして、次の①、②に答えなさい。

①心臓は心筋という筋肉でできており、休むことなく拍動を続けます。図の4つの部屋のうち、筋肉のかべが最も厚いのはどの部屋ですか。その理由も答えなさい。

②母親の体内にいる胎児の場合、心臓ができても血液があまり多く流れない血管が2つあります。それはA～Dのどれですか。その理由も答えなさい。

図3

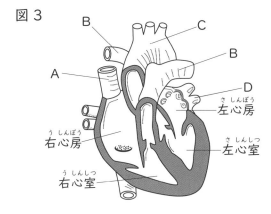

| 答え　① | | ② |

(8)　試験管A、B、C、Dに水10mLとすりつぶさないご飯20粒をそれぞれ入れ、試験管E、F、G、Hに水10mLとすりつぶしたご飯20粒をそれぞれ入れました。試験管A、B、E、Fには、だ液をそれぞれ1mLずつ加え、試験管C、D、G、Hには水をそれぞれ1mLずつ加えて、37℃のお湯の中に30分間入れました。試験管A、C、E、Gにヨウ素液を少量加えてふり混ぜ、変化の様子を観察しました。

また、試験管B、D、F、Hにベネジクト液を少量加えて、ふり混ぜたあと加熱して変化の様子を観察しました。

各試験管の変化を表にしました。完全に変色したものには○、少し変化したものには△、変化しなかったものには×を入れています。表の空欄をうめなさい。

試験管	A	B	C	D	E	F	G	H
変化	△	△					○	×

1

(1) ①～④の器官はそれぞれ①肺、②心臓、③肝臓、④小腸です。特に小腸と肝臓はセットで覚えておきましょう。小腸で吸収した栄養分であるブドウ糖を、肝臓でグリコーゲンとしてたくわえるのですね。

答え ① ア・G ② イ・D ③ ク・E ④ カ・B

(2) 二酸化炭素は肺から体外に出され、それ以外の不要物はじん臓でこし取られます。

答え ① b ② g ③ f

(3) 小腸で吸収した栄養分をたくわえるために肝臓に運ぶ血管が肝門脈です。

答え 肝門脈

(4) ①心臓が1回の拍動により体の各部に送り出す血液は50g、1分間あたりの拍動数は70回ですから、1分間あたり送り出される血液の重さは

$50 \times 70 = 3500g$

答え 3500g

②ヒトの体重に対する血液全体の重さの割合は12分の1ですから、体重60kgのヒトの血液の重さは

$60000 （g） \div 12 = 5000g$ です。

10分間で体内を循環する血液は

$3500 \times 10 = 35000g$ ですから、

$35000 \div 5000 = 7$ 回循環します。

答え 7回

(5) ①吸う息は空気の成分そのものですね。空気の成分は右のような割合です。

答え ア・二酸化炭素

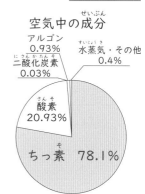

空気中の成分

②寒い日にはく息が白くくもることからわかるように、体内の水分が水蒸気となってはく息に多く含まれます。

答え 水蒸気

(6) 心臓は胸のあたり、やや体の中央より左よりにあります。

答え イ

(7)　心臓は体に血液を送り出すポンプの役割をしていますが、その流れには大きく「体循環」と「肺循環」があります。

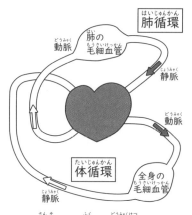

①体循環のほうが血管の長さも長く、送り出す先も多いため、全身に血液を送り出す左心室のかべが最も厚くなっています。

　　　　答え　左心室　　　理由：全身に血液を送り出すため。

②胎児は、母親の子宮の中で羊水という液体につかっていて、自分で息をしていません。必要な酸素はたいばんをとおして母親からもらい、へその緒を通ってやってきます。つまり、母親の体外に出るまでは肺循環による血液はあまり流れないのです。肺に血液を送り出す肺動脈、肺から血液が戻ってくる肺静脈を選びます。

答え　B・D　　　理由：母親の体内にいる胎児は、呼吸に必要な酸素を母親からへその緒を通して与えられるので、肺から酸素を取り入れていないから。

(8)　ベネジクト液というのは、糖分に反応する試薬です。加熱すると赤褐色の沈殿ができます。試験管が8本あるので整理しましょう。

試験管	A	B	C	D	E	F	G	H
ご飯	つぶさない	つぶさない	つぶさない	つぶさない	つぶす	つぶす	つぶす	つぶす
だ液	入れる	入れる			入れる	入れる		
試薬	ヨウ素液	ベネジクト液	ヨウ素液	ベネジクト液	ヨウ素液	ベネジクト液	ヨウ素液	ベネジクト液
変化	△	△					○	×

だ液がでんぷんを分解するので、だ液がはたらけば（温度はすべて37℃なのではたらきます）ヨウ素液の反応はなくなり、ベネジクト液が反応します。

答え　（左から）○　×　×　○

Chapter

6

地学

14 地学① 気象　天気・風・湿度

百葉箱

百葉箱は、地面が

[　　　　　　]の場所に設置され、

全体が[　　　　　]い色にぬられていて、

太陽の熱の影響を防いでいます。

また、とびらは[　　　　　]向きとなっていて、

かべは[　　　　　]戸というつくりで、

[　　　　　　]の侵入を防ぎ、[　　　　　]通しをよくしています。

気温は、[　　　　　]通しのよい地上[　　　]m～[　　　]mのところではかるのが

適しています。

色は[　　　　　]

[　　　　　]戸

とびらは[　　　　]向き

[　　　　　　]の地面に
建てられていることが多い

湿度のはかり方

乾湿球湿度計を使ってはかることが
できます。湿度が低いときは、乾球
と湿球の示度の差が

[　　　　　]くなります。このこと

から、[　　　　　]を使って

湿度を求めることができます。

右の表のように、気温が17℃、

湿球の示度が[　　　　]℃のとき、

乾球と湿球の示度の差が3℃となり、

湿度は[　　　]％となります。

乾湿球湿度計

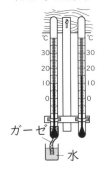

ガーゼ　水

湿度表

乾球の よみ [℃]	乾球と湿球のよみの差[℃]								
	0	1	2	3	4	5	6	7	8
20	100	91	81	72	64	56	48	40	32
19	100	90	81	72	63	54	46	38	30
18	100	90	80	71	62	53	44	36	28
17	100	90	80	70	61	51	43	34	26
16	100	89	79	69	59	50	41	32	23
15	100	89	78	68	58	48	39	30	21
14	100	89	78	67	57	46	37	27	18
13	100	88	77	66	55	45	34	25	15
12	100	88	76	65	53	43	32	22	12
11	100	87	75	63	52	40	29	19	8
10	100	87	74	62	50	38	27	15	5
9	100	86	73	60	48	36	24	12	1
8	100	86	72	59	46	33	20	8	
7	100	85	71	57	43	30	17	4	
6	100	85	70	55	41	27	13		
5	100	84	68	53	38	24	4		

風向・風力

風が吹いて [　　　　] 方角を風向といい、[　　　　] 方位

で表します。

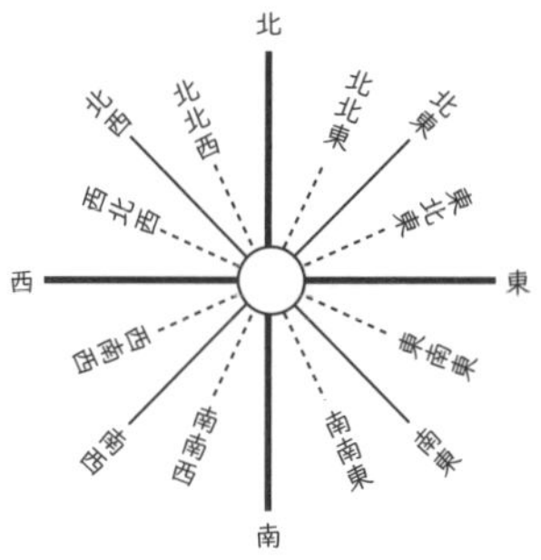

風の強さを風力といい、0から12まで [　　　　] 段階あり

ます。

風の実際の速さ（秒速）を [　　　　] といい、

直前 [　　　] 分間の空気の移動距離を600でわって計算します。

雨量と雲量

雨量は、雨量計で集めた雨を雨量ますにうつして

はかり、[　　　　] 単位で表します。

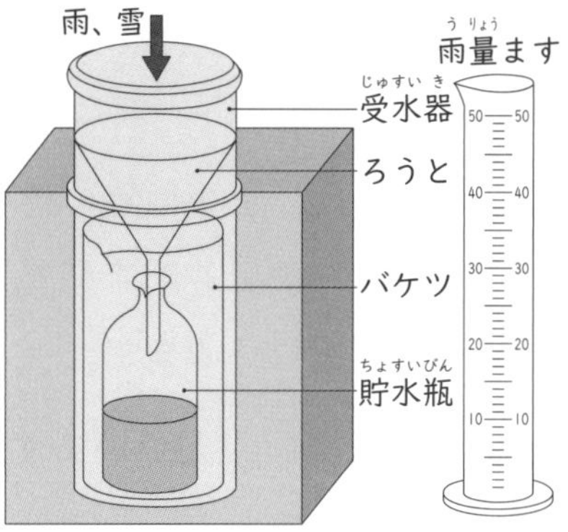

雲量は、空を [　　　　] 等分したときの雲の量で

表します。

雲量	天気
0〜1	快晴
[　　] 〜 [　　]	晴れ
[　　] 〜 [　　]	くもり

[　　　　] 雲……「すじ雲」とも呼ばれ、

空の高いところにハケではいたような雲です。

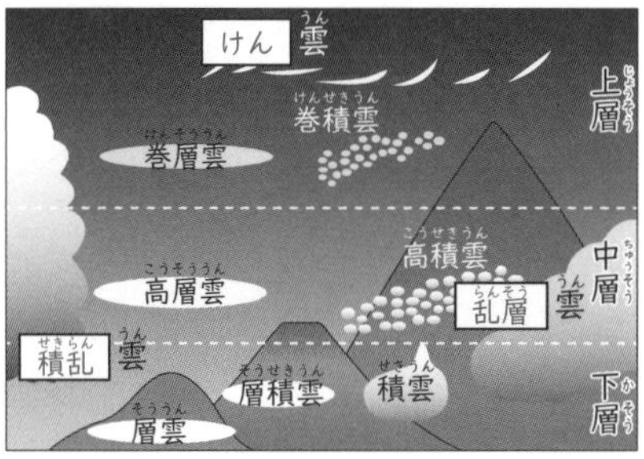

[　　　　] 雲……「入道雲」とも呼ばれ、

にわか雨を降らせる雲です。

[　　　　] 雲……「雨雲」です。色は白ではなく

灰色をしています。

水の変化

雲……大気中の水蒸気が [　　　　　　] になって浮かんでいるもの

霧……水滴が [　　　　　] 近くに浮かんでいるもの

露……大気中の水蒸気が［　　　　　　］になって木の葉などについたもの

霜……大気中の水蒸気が［　　　　　　］になって木の葉などについたもの

霜柱……［　　　　　　］の水が凍って体積が増し、地上に現れたもの

風の吹き方

風は気圧の［　　　　］いほうから［　　　　］いほうに向かって吹きます。

高気圧には［　　　　］気流が、低気圧には［　　　　］気流があります。

低気圧には風が［　　　　］回りに吹き込み、高気圧から［　　　　］回りに風が吹き出しています。

海岸地方では、日中は陸のほうが空気が温まりやすいため上昇気流が起こり、そこに海から風が流れ込みます。

雲の消滅　　　雲の発生

下降気流　　　上昇気流

天気は良い　　天気は悪い

［　　　　　　］回りに風が吹き出す　　　［　　　　　　］回りに風が吹き込む

これを［　　　　　　］といいます。夜間は逆に陸のほうが冷えやすく、下降気流がおこり、陸から海に風が流れ込みます。これを［　　　　　　］といいます。

季節と天気の変化

海洋国家である日本は、まわりを海に囲まれています。おもに海の上と大陸に発達する右の図の4つの気団（同じ性質を持った空気のかたまりを気団といいます）が、日本の1年の気候に影響を与えています。

シベリア気団　　オホーツク海気団

揚子江気団　　小笠原気団

［　　　　　　］い

［　　　　　　］い

［　　　　　　］いる　［　　　　　　］いる

■春の天気

暖かな［　　　　　　］気団が発達し、［　　　　　　］性高気圧として日本を通過するため、気温が上がります。高気圧と次の高気圧の間には［　　　　　　］と呼ばれる低気圧があるため、天気が3〜4日おきに変わります。このころの気温を［　　　　　　］と呼びます。

■梅雨の天気

夏が近づくと、暖かくて湿った[　　　　　]気団が発達します。これがそれまで勢力を保ってきた北の湿った[　　　　　]気団とぶつかり、その境目である[　　　　　]前線付近に長い雨雲が長期間できて、長い雨の天気が続きます。この気候を[　　　　　]と呼んでいます。

■夏の天気

[　　　　　]気団がさらに発達して日本をおおうと、夏になります。蒸し暑い晴天が続き、弱い[　　　　　]の季節風が吹きます。

■台風

８月から９月にかけて、東南アジアの[　　　　　]上で発達した熱帯低気圧が勢力を増しながら日本に近づきます。中心付近の最大風速が[　　　　　]になると台風と呼ばれ、大雨や暴風により日本に大きな被害を与えます。

■冬の天気

冬になると、北方で陸上にある[　　　　　]気団が勢力を増します。海よりも冷えやすい大陸での下降気流から吹き出した[　　　　　]の季節風が日本に吹き寄せ、日本海側では[　　　　　]と呼ばれる大雪、太平洋側では[　　　　　]した[　　　　　]が続きます。

気温と地温の変化

天気の良い日は、日中はぐんぐん気温が上がりますが、夜は雲がないために地表の熱がどんどん宇宙に逃げてしまうため、気温が大きく下がり、日中と夜間の気温の差が大きくなります。このような日中と夜間の気温差を気温の[　　　　　]といいます。

[　　　　　]は晴れの日ほど大きく、くもりや雨の日は小さくなります。

また、太陽の熱によってまず[　　　　　]が温まり、[　　　　　]の熱によって[　　　　　]が上がります。だから太陽の南中（正午ごろ）と地温が最高になる時刻（午後[　　　　　]時ごろ）、気温が最高になる時刻（午後[　　　　　]時ごろ）にずれが生じるのです。

合否を分ける 問題

1 天気について、あとの問いに答えなさい。

(1) 図1は、ある年の1月の日本付近の天気図です。この
とき東京で観測される風の向きと特徴として正しいもの
はどれですか。次の文中の（　）内の正しいほうの語
句を選び、記号で答えなさい。

等圧線が（①東西　②南北）にのびており、風は（③高
気圧　④低気圧）から（⑤高気圧　⑥低気圧）へと吹く
ので、東京付近では（⑦東　⑧西）寄りで（⑨乾燥した
⑩湿った）風が吹いていると考えられる。

図1

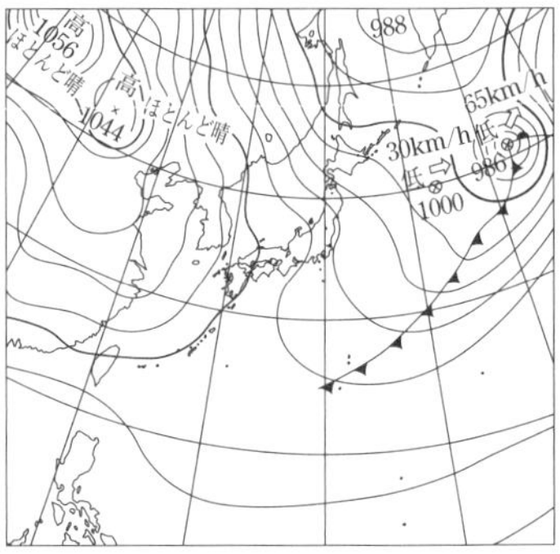

答え

(2) この時期によく見られる、図1のような気圧配置を漢字四文字で答えなさい。

答え

(3) 図2は2018年7月27日12時の日本付近の天気図で
す。日本の南には台風12号があります。次の文中の（　）
内の正しいほうの語句を選び、記号で答えなさい。

熱帯（①高気圧　②低気圧）が発達して、中心付近の風速
が秒速（③約17　④約25）mを超えるものを台風といい
ます。台風では、（⑤時計　⑥反時計）回りの風が中心に
吹き込み、台風の進路の（⑦東　⑧西）では風が強くなる
特徴があります。

図2

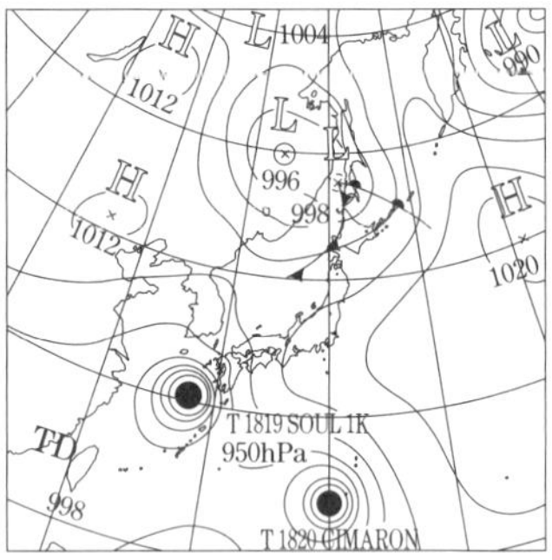

答え

(4) 台風12号は、図3に示したように変則的な進路を
とりました。このときの東京付近の風向きの変化とし
て考えられるものを、次のア～オの中から1つ選び、
記号で答えなさい。

ア　南寄りの風⇒東寄りの風⇒北寄りの風
イ　東寄りの風⇒北寄りの風⇒南寄りの風
ウ　南寄りの風⇒西寄りの風⇒北寄りの風
エ　東寄りの風⇒南寄りの風⇒西寄りの風
オ　北寄りの風⇒南寄りの風⇒東寄りの風

図3

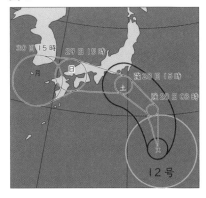

答え

(5) 台風の予報では「予報円」というものが用いられます。予報円について説明している
文として正しいものを次から選んで記号で答えなさい。
ア　台風の暴風が吹くと考えられる範囲を表し、その可能性は70%である
イ　台風の暴風が吹くと考えられる範囲を表し、その可能性は90%である
ウ　台風の中心（目）が動くと考えられる範囲を表し、その可能性は70%である
エ　台風の中心（目）が動くと考えられる範囲を表し、その可能性は90%である

答え

2　日本列島は山地が多く、季節ごとに吹く特徴的な風が山地を通過するとき、その温度
や湿度、そして天気が大きく変化します。いま、日本の南海上から吹いてきた風が山地
を通過し、北側に吹き抜けるまでの様子を考えます。ただし空気 1m³ に含むことがで
きる水蒸気の最大量（飽和水蒸気量）は表のとおりとし、湿度を求める公式は下に示し
ています。

また空気は、雲がないところでは 100m 上昇するごとに 1℃、雲ができているところ
では 100m 上昇するごとに 0.5℃温度が低くなるものとします。

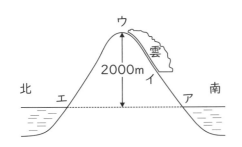

表

温度（℃）	0	5	10	15	20	25	30	35
飽和水蒸気量（g/m³）	4.8	6.8	9.4	12.8	17.3	23.1	30.4	39.5

$$湿度（\%）＝\frac{空気 1m³ に含まれる水蒸気（g）}{その温度での飽和水蒸気量（g/m³）}×100$$

(1) 南海上から移動してきた空気は、海抜 0m のア地点では温度が 30℃でした。この空
気がイ地点（海抜 1000m）まで移動すると、温度は何℃になっていますか。

答え

(2) イ地点で雲ができ始めました。このことから、空気がア地点にあったときの湿度がわ
かります。何%ですか。四捨五入して小数第一位までの数値で答えなさい。

答え

(3) 空気がウ地点まで移動すると、温度は何℃になっていますか。

答え

(4) 空気が北側のエ地点（海抜 0m）まで下降すると、温度は何℃になっていますか。た
だし下降するときの温度変化の割合も、上昇する場合と同じであるものとします。

答え

1

（1） 等圧線が南北（縦）にのび、西に高気圧、東に低気圧といった配置になるのが冬です。北西の強い季節風が吹くのが特徴です（等圧線の間隔がせまく、風が強いことを示しています）。

この冬の季節風は、日本海で水蒸気を大量に含み、日本列島の日本海側に「ドカ雪」と呼ばれる大雪を降らせます。

答え ② ③ ⑥ ⑧ ⑨

（2） 西の大陸に高気圧（シベリア気団が発達）、東に低気圧というのが冬の典型的な気圧配置です。

答え 西高東低

（3） 台風は中心付近の風速が風力8（秒速17.2m）に達した熱帯低気圧です。低気圧には反時計回りに風が吹き込み、その風向きと台風自体の進行方向が同じになる東側が風が強くなります。

答え ② ③ ⑥ ⑦

台風の進行方向

（4） 図のように、台風が移動していくと風向きも変わります。かいてみることが大切ですね。

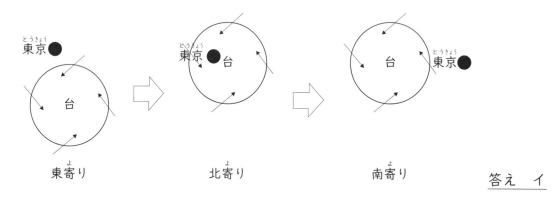

東寄り　　　　　　北寄り　　　　　　南寄り

答え イ

（5） 予報円は、台風の中心（目）が70％の確率でその中に進むという予報です。

答え ウ

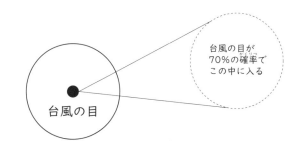

台風の目が70％の確率でこの中に入る

台風の目

2 「フェーン現象」と呼ばれる現象です。空気が山地に沿って上昇すると気温が下がり、雲ができやすくなります。雲ができると、そうでないときに比べて気温の下がり方が緩やかになります。逆に、山地の頂上を越えた空気が下降するときには気温が上がり、雲はできません。結果として山地の風下側のほうが気温が高くなるのです。

(1)　100m 上昇するごとに 1℃ 気温が下がるとあります。

100m……1℃

1000m……10℃

30 － 10 ＝ 20

答え　20℃

(2)　雲ができるということは、空気がそれ以上水蒸気を含むことができず水滴ができ始めたということです。気温 20℃のイ地点で雲ができ始めたということは、表より空気 1m³ あたり 17.3g の水蒸気を含んでいたということになります。ア地点では気温が 30℃でしたから、湿度は

$\dfrac{17.3}{30.4} \times 100 = 56.90\cdots$

答え　56.9%

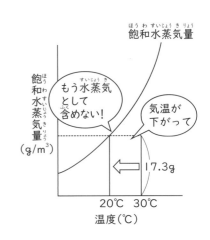

(3)　イ地点～ウ地点間は雲ができていますから、気温の下がり方は 100m につき 0.5℃です。

100m……0.5℃

1000m……5℃

20 － 5 ＝ 15

答え　15℃

(4)　下降する場合の温度変化の割合も上昇する場合と同じ、とありますから、100m 下降すると温度が 1℃上昇します。

100m……1℃

2000m……20℃

15 ＋ 20 ＝ 35

答え　35℃

流水の3作用

◢

[   ]作用……水が川底や川岸などをけずるはたらき

[   ]作用……水がけずったものを運ぶはたらき

[   ]作用……水が運んできたものを積もらせるはたらき

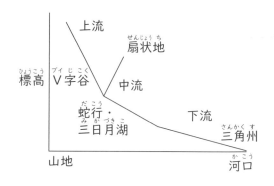

上流
扇状地
標高 V字谷 中流
蛇行・ 下流
三日月湖 三角州
山地 河口

流水による地形

◢

[   ]……川の上流では、傾斜が大きく流れが速いために川底がしん食され、切り立った谷ができる

V字谷

[   ]……山地から平野に出るところで、それまで運ばれてきた大きな粒が堆積してできる、水はけのよい地形。水はけがよいため[   ]などの栽培に向いている

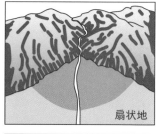
扇状地

[   ]……川が平野に出て水量が多くなり、流れが遅くなり川が曲がりくねって進むこと

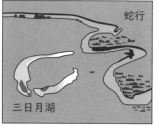
蛇行
三日月湖

[   ]……川の曲がりくねったところが取り残され、湖になったもの

[   ]……川が河口に近づき、いよいよ流速が遅くなったために大量の土砂が堆積してできる地形

三角州

粒の大きさと堆積

小石、砂、ねん土が混ざったものが河口から海に流れ込むと、粒の大きい小石は河口近くに積もり、粒の小さいねん土は最も遠くまで流されます。

このようにして堆積したものが[　　　　]になります。

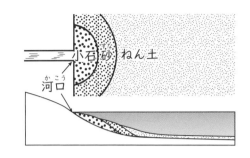

地層の観察

地層を観察することで、地層が堆積した当時の様子などを知ることができます。

粒の大きな[　　　　]が堆積していると、堆積当時の水の流れが速かったことがわかり、ねん土でできている地層は、堆積当時の水の流れが[　　　　]かったことがわかります。

また地下水は粒が小さく水がしみ込みにくい層の上を流れます。上の図のA～Dでは

[　　　　]で観察できます。

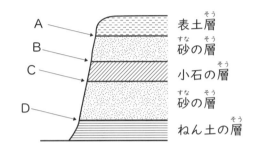

堆積物の変化と水深

地層の粒の大きさを調べることで、その層が積もったときの水の流れの速さ（水深）を知ることができます。

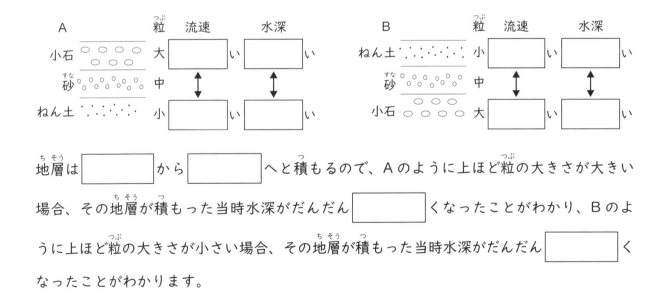

地層は[　　　　]から[　　　　]へと積もるので、Aのように上ほど粒の大きさが大きい場合、その地層が積もった当時水深がだんだん[　　　　]くなったことがわかり、Bのように上ほど粒の大きさが小さい場合、その地層が積もった当時水深がだんだん[　　　　]くなったことがわかります。

化石からわかること

[____]化石……その地層が堆積した当時の環境がわかる

アサリ・ハマグリ……[____]

シジミ……[____]

ホタテ……[____]

サンゴ……[____]

[____]化石……その地層が堆積した年代がわかる

[____]・フズリナ……[____]代

[____]・恐竜……[____]代

マンモス……[____]代

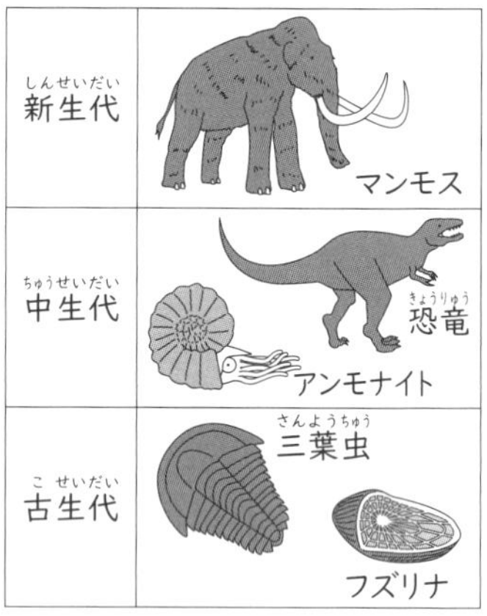

新生代	マンモス
中生代	アンモナイト　恐竜
古生代	三葉虫　フズリナ

地層の様子

[____]……図のA～BのようなXとYのつながり。
Y層が堆積してから、一度地層が[____]に出てしん食され、
再び沈降して水中でX層が堆積した

[____]……図のようにC－Dを境に地層がずれること。

図のように左右から引かれてずれたものを

[____]という

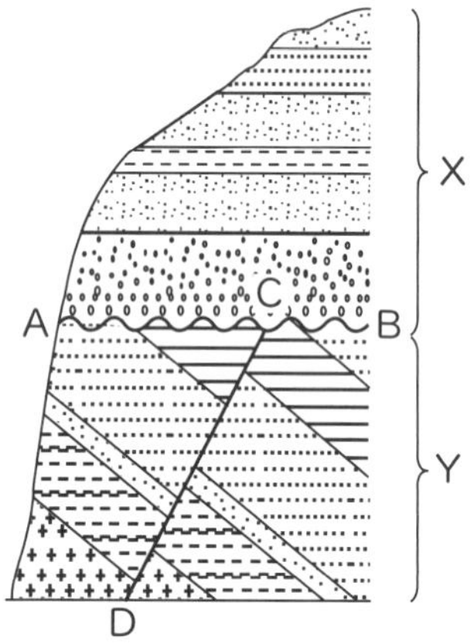

図から、

Y層が堆積⇒[____]⇒[____]⇒
地層が水中に沈んでX層が堆積
という順でできたことがわかる

[____]……右の図のように、地層が左右から押されて

曲がってしまうこと

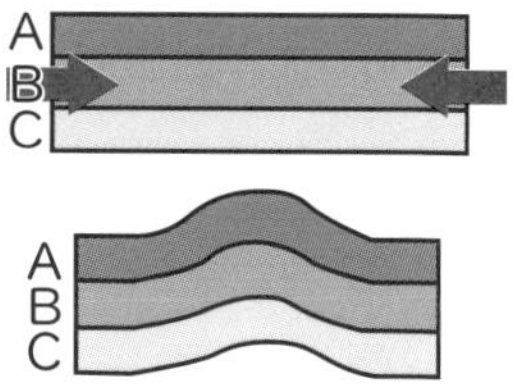

142

堆積岩と火成岩

堆積岩……地層として堆積したものが押し固められてできた岩石

堆積岩	堆積物
レキ岩	
砂岩	
泥岩	
ギョウカイ岩	
石灰岩	やフズリナの死がい（カルシウム分）

火成岩……地下の[　　　　　]が冷えてできた岩石

[　　　]岩……マグマが地表近くの浅いところで急に冷えて固まってできた岩石

[　　　]岩……マグマが地下深くでゆっくり冷えて固まってできた岩石

	色	白っぽい	←→	黒っぽい
鉱物		①		
			②	
岩石	粒の様子	③	カクセン石	キ石
				カンラン石
火山岩	小さな粒がまばら	A	B	C
深成岩	大きな粒がつまっている	D	センリョク岩	ハンレイ岩

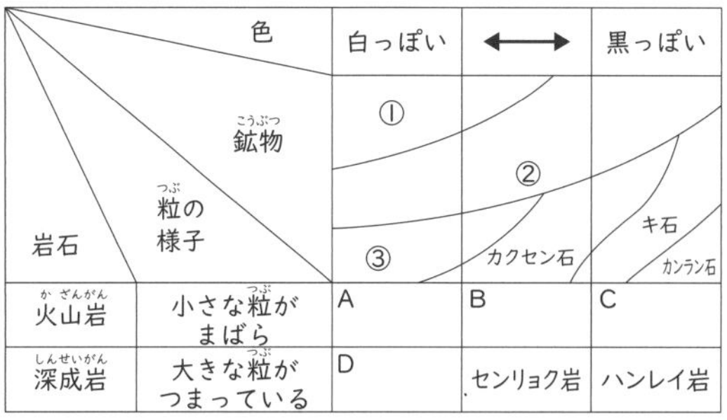

① [　　　　　　]……ガラスの原料となる鉱物。無色透明

② [　　　　　　]……白色で平らに割れる鉱物

③ [　　　　　　]……黒色でうすくはがれる性質がある

A [　　　　]岩

B [　　　　]岩

C [　　　　]岩

D [　　　　]岩

地震

[　　　　]……地震による揺れの大きさを表す単位。[　　　]段階で表す

[　　　　]……地震の規模を表す単位。1つ数字が大きくなると、約30倍の規模となる

[　　　　]……地震の揺れ始めの小さな振動を伝える波

[　　　　]……地震の大きな揺れを伝える波

初期微動……[　　　　]が伝わってから[　　　　]が伝わるまでの間の小さな揺れ

1 　図は、ある地震の揺れを地震計で記録したものです。表は、A～C地点のこの地震の震源からの距離とP波、S波が到着した時刻を示しています。地震の揺れはP波、S波の到着によって起こり、その伝わる速さはつねに一定であるものとします。空欄になっているところは、記録できなかったところです。

図

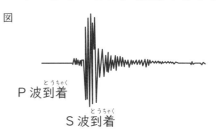

P波到着

S波到着

表

	震源からの距離	P波到着時間	S波到着時間
A	30km	19時22分34秒	①
B	②	19時22分50秒	19時23分20秒
C	90km	19時22分42秒	③

(1)　この地震のP波の秒速を求めなさい。

答え

(2)　この地震が発生した時刻を求めなさい。

答え

(3)　この地震のS波の秒速を求めなさい。

答え

(4)　次の速さを速いものから順に記号で並べなさい。
　　　ア　この地震のP波　　イ　この地震のS波　　ウ　新幹線の速さ（時速300km）
　　　エ　音速（秒速340m）　　オ　光速（秒速30万km）

答え

(5)　ある地点に地震のP波が伝わると、初期微動（図の小さな揺れ）が始まり、その後S波が伝わると主要動（図の大きな揺れ）が始まります。P波が伝わってからS波が伝わるまでの、小さな揺れの時間を初期微動継続時間といいます。この地震の初期微動継続時間が24秒であった地点Dは、震源からの距離が何kmの地点ですか。

答え

(6)　初期微動継続時間と震源からの距離の間には、どのような関係がありますか。

答え

2　下図左のA〜Eは、ある地域におけるボーリング調査地点です。各地点での調査結果が下図右のようになりました。これについて、あとの問いに答えなさい。ただし、調査地点の標高はすべて同じであったものとします。

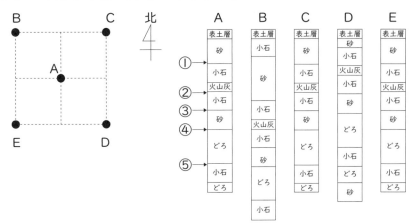

（1）この地域では、過去に火山活動が少なくとも何回あったと考えられますか。

答え

（2）地下水が流れている可能性が最も高いのは、Aの柱状図の①〜⑤のどの部分ですか。

答え

（3）堆積物の大きさの変化の原因が、土地の隆起、沈降のみであるとすると、この地域では過去に少なくとも何回土地の隆起があったと考えられますか。ただし、これらの地層が堆積する間、海水面の高さは変わらなかったものとします。

答え

（4）A〜E地点のボーリング調査の結果をまとめた文章の（　　）内にあてはまる言葉を答えなさい。

A地点、C地点、E地点のボーリング調査の結果が同じことから、A地点から（　ア　）方向や（　イ　）方向に移動しても、地層のかたむきはないと考えられます。一方、火山灰の地層に注目すると、（　ウ　）地点ではA地点よりも高い標高に、（　エ　）地点ではA地点よりも低いところに位置しています。このことから、A地点から（　オ　）方向に移動すると地層は上がり（　カ　）方向に移動すると地層は下がることがわかります。

答え ア	イ	ウ
エ	オ	カ

（5）この地域の地層のかたむきを模式図で表すと、どのようになると考えられますか。ア、イのいずれかを選びなさい。

答え

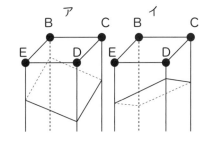

1

（1） 表より、P波は60kmの距離を8秒で進んだことがわかります。

60 ÷ 8 = 7.5

	震源からの距離	P波到着時間	S波到着時間
A	30km　+60km	19時22分34秒　+8秒	①
B	②	19時22分50秒	19時23分20秒
C	90km	19時22分42秒	③

答え　7.5km／秒

（2） 震源からの距離が30kmのA地点で、初期微動が19時22分34秒に始まっています。

30 ÷ 7.5 = 4

19時22分34秒 − 4秒 = 19時22分30秒

答え　19時22分30秒

（3） B地点の震源からの距離（表の②）は

19時22分50秒 − 19時22分30秒 = 20秒

7.5 × 20 = 150km　　この距離をS波は

19時23分20秒 − 19時22分30秒 = 50秒かかって進んでいます。

150 ÷ 50 = 3

答え　3km／秒

（4） P波は7.5km／秒、S波は3km／秒なので、340m／秒の音速よりもはるかに速いことがわかりますね。

答え　オ ⇒ ア ⇒ イ ⇒ エ ⇒ ウ

（5） 図のように、初期微動継続時間は震源からの距離に比例して長くなっていきます。震源からの距離が150kmのB地点の初期微動継続時間は

19時23分20秒 − 19時22分50秒 = 30秒

24 ÷ 30 = 0.8　　150 × 0.8 = 120

答え　120km

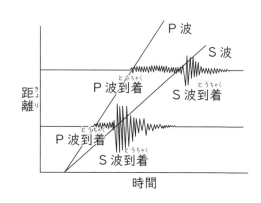

（6） （5）のグラフのとおりです。

答え　初期微動継続時間は震源からの距離に比例する。

2

（1） 火山灰は風に運ばれて広い範囲に堆積するため、同じ時代の地層を判別する際の参考になります。各地層に１つずつ火山灰の層がありますね。その上下の地層の様子から、すべて同じものと考えられます。

答え　１回

（2） 地下水は、粒が細かく水を通しにくいどろ（ねん土）の層の上にたまり、そこを流れます。

答え　④

（3） 海水面が変わらずに土地が隆起すると、結果としてその土地の水深は浅くなります。

水深が浅いところでは、深いところに比べて大きく重いものが堆積しますね。

地層の中で、小さな粒の層の上に大きな粒の層が重なっている部分に注目しましょう。

上の地層がよく見えているＢ地点の結果と、下の地層がよく見えているＤ地点の結果を合わせて見てみます。

小さな粒の層の上に大きな粒の層が重なっている部分は、全部で３か所ありますね。

答え　３回

B地点（大←→小）

B
小石
砂
小石
火山灰
小石
砂
どろ
小石

D地点（大←→小）

D
砂
小石
火山灰
小石
砂
どろ
小石
どろ
砂

（4） Ａ、Ｃ、Ｅの結果が同じことから、ＡからＣ、Ｅの方向、つまり北東、南西方向に移動しても地層はかたむいていません。一方、Ｂ地点ではＡ地点と同じ地層が下のほうにあり、Ｄ地点では上のほうにあります。つまりＢ地点の方向、北西方向に向かって地層が下がり、南東方向に向かって上がっていることがわかります。

答え　ア・イ（順不同）　北東・南西　ウ　Ｄ　エ　Ｂ　オ　南東　カ　北西

（5） （4）で考えたように、地層は南東方向に向かって上がり、北西方向に向かって下がっています。イですね。

答え　イ

物質と熱

16 ものの性質と熱

物質の状態変化

水をはじめ、物質は温度により気体・液体・固体と状態が変化します。

水の場合は気体のとき [　　　　] ・固体のとき [　　　　] と呼ばれています。

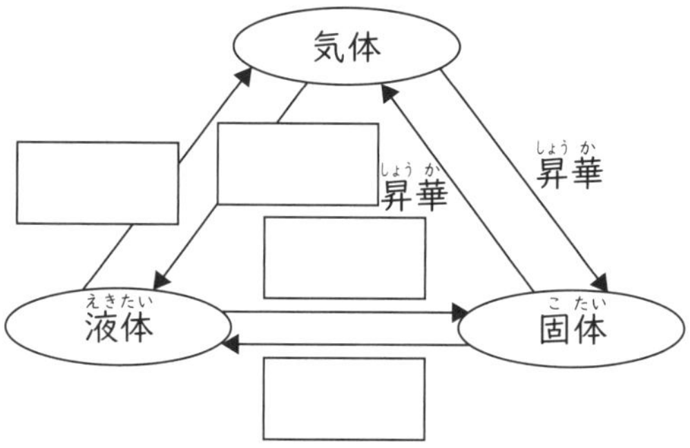

氷を熱していくと、[　　　　] ℃になるととけ始め、全体がとけて水になるまでは温度が変わりません。全体が水になるとまた温度は上がり始め、再び温度が上がらなくなるのは温度が [　　　　] ℃になり [　　　　] し始めてからです。

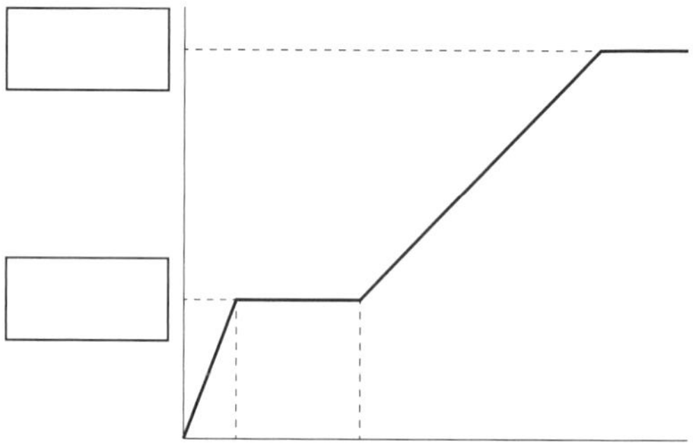

氷がとけ始めてから、全体がとけて水になるまでは温度が変わらない理由

[　　　　　　　　　　　　　　　　　　　　　　　　　　　]

水が沸騰し始めたら温度が変わらない理由

[　　　　　　　　　　　　　　　　　　　　　　　　　　　]

水が氷になると、体積はおよそ（小数第一位までの数値で）[　　　　] 倍に、水蒸気になるとおよそ（100の倍数の数値で）[　　　　] 倍になります。

物質の密度

物質 1cm³ あたりの重さを [　　　　] といい、物質によって決まっています。

[　　　　] の単位は [　　　　] で、$\dfrac{物質の重さ（g）}{物質の体積（cm^3）}$ で求められます。

水の密度は [　　　　] で、これを基準に重さの単位が決まっています。

水より密度が大きい物質は水に [　　　　]、小さい物質は水に [　　　　]。

■金属の密度

おもな金属の密度は、入試問題でもよく扱われます。

金属名	密度（g／cm^3）
アルミニウム	2.7
鉄	7.9
銅	8.9
銀	10.5
金	19.3

密度は物質によって決まっており、密度が同じなら　　　　　　物質といえます。

たとえばある物質の体積が120cm^3、重さが324gだとすると、1cm^{3}あたりの重さ（密度）は

324 ÷ 120 ＝　　　　　となり、この物質は　　　　　　　　　だとわかります。

ものの体積と重さをグラフにすると、
同じ物質でできているものは同じ

　　　　　　上に並びます。

またグラフのウの物質の密度は

　　　　　　g／cm^3、水と考えられる

物質は　　　　　と　　　　　　です。

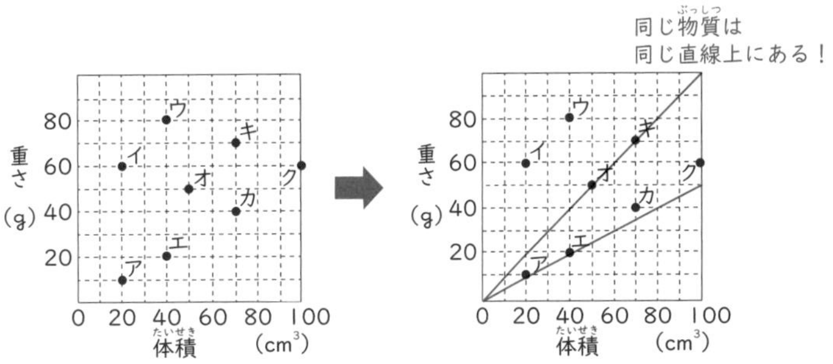

同じ物質は
同じ直線上にある！

熱の伝わり方

　　　　　…　　　　　や　　　　　において、温かくなったものが上に上がって、冷たいものと入れ替わりながら熱が伝わる

　　　　　…固体などの中を順に熱が伝わる

　　　　　…　　　　　などで熱を伝えるものがなくても直接熱が伝わる

冬にストーブにあたると暖かいのは　　　　　、公園のベンチに座るとふとももの裏がとても冷たく感じるのは　　　　　に関係があります。

温度による金属の変化

金属は温度が上がると　　　　　し、下がると　　　　　します。

夏には送電線が　　　　　　いますが、冬になるとピンと　　　　　　います。

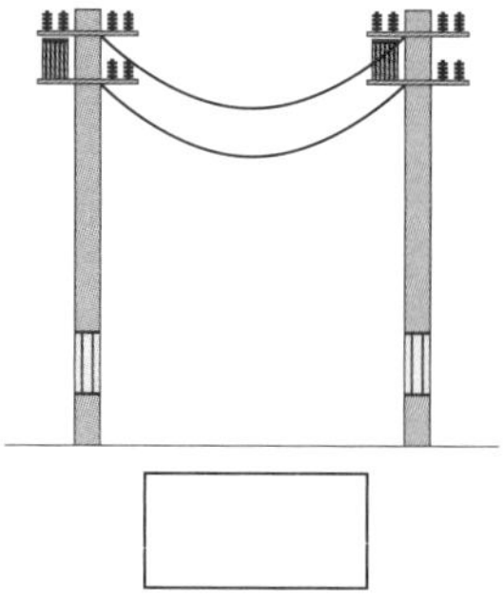

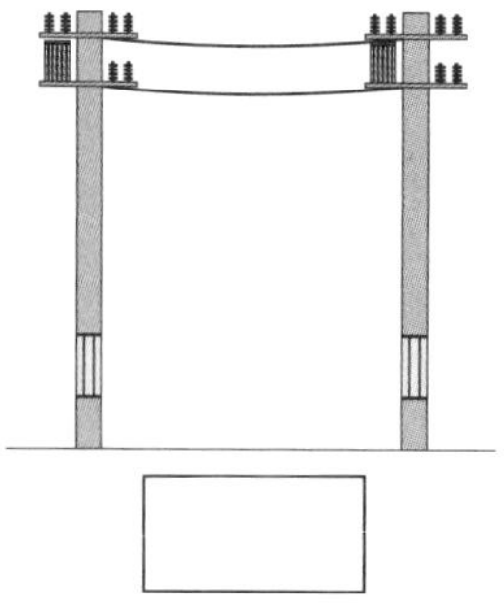

膨張率の [　　　] い金属と [　　　] い金属を張り合わせたものを

[　　　　　　] といい、温度が上がると電源が切れる装置

([　　　　　　]) に使われます。

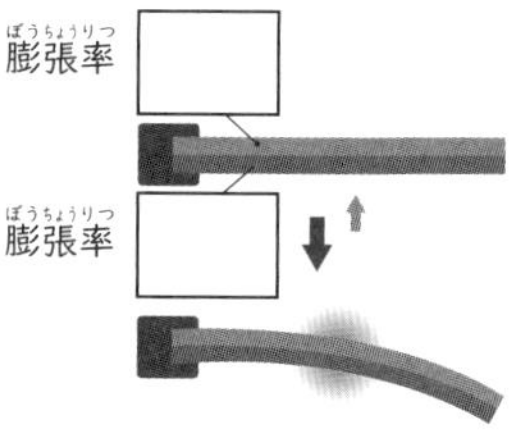

膨張率 [　　]
膨張率 [　　]

熱量の計算

熱量の単位は「 [　　　　] (cal) 」です。

[　　　　] g の水の温度を [　　　　] ℃だけ上げるのに必要な熱量が

1 [　　　　] (cal) です。

ですから、水の温度を上げるために必要な熱量は

[　　　　] (g) × [　　　　] (℃) ＝ 熱量 ([　　　　] (cal)) で計

算できます。

60℃の水 100g が持っている熱量は

[　　　] × [　　　] = [　　　　] (cal) です。

では、80℃の水 200g と 20℃の水 100g を混ぜ合わせることを考えてみましょう。

混ぜ合わせた水は何℃になるでしょうか。

まず、80℃の水 200g が持っている熱量を計算します。

[　　　] × [　　　] = [　　　　] (cal)

次に 20℃の水 100g が持っている熱量を計算します。

[　　　] × [　　　] = [　　　　] (cal)

これを混ぜ合わせますから、熱量は全部で

[　　　　] + [　　　　] = [　　　　] (cal)

となります。

混ぜ合わせたあとの水は全部で

[　　　] + [　　] = [　　　] g

ありますから、

$\boxed{}$ g × $\boxed{\quad ? \quad}$ ℃ = $\boxed{}$ (cal)

という計算式が成り立ちますね。

$\boxed{\quad ? \quad}$ ℃ = $\boxed{}$ (cal) ÷ $\boxed{}$ g

= $\boxed{}$ ℃となります。

この水どうしの混ぜ合わせは、食塩水同様「てんびん法」でも解くことができます。

③= $\boxed{}$ ℃　　①= $\boxed{}$ ℃　　②= $\boxed{}$ ℃

$\boxed{}$ ℃ + $\boxed{}$ ℃ = $\boxed{}$ ℃

または

$\boxed{}$ ℃ − $\boxed{}$ ℃ = $\boxed{}$ ℃

－20℃の氷 100g の入ったビーカーを電熱器で温める実験をしました。右のグラフは、そのときのビーカー内の温度の様子を示しています。ただし、電熱器の熱はすべて水に与えられたものとします。

100g の水の温度が $\boxed{}$ 分で $\boxed{}$ ℃から

$\boxed{}$ ℃まで上がったので、この電熱器は $\boxed{}$ 分かかって

$\boxed{}$ × $\boxed{}$ = $\boxed{}$ (cal)

の熱を発生したとわかります。

1 分あたり $\boxed{}$ (cal) ですね。

氷は 2 分で $\boxed{}$ ℃温度が上がっています。

2 分で電熱器から与えられた熱 $\boxed{}$ (cal) で 100g の氷の温度が $\boxed{}$ ℃上がっているので、1g の氷の温度を 1℃上げるのに必要な熱量は $\boxed{}$ (cal) と計算できます。またグラフの AB 間では、ビーカーの中の状態は

$\boxed{}$

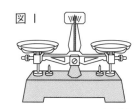

合否を分ける 問題

1 上皿てんびんなどの器具を使い、ある金属片の重さや体積をはかります。これについて、あとの問いに答えなさい。

〈実験1〉

図1のような上皿てんびんを使い、ある金属片の重さをはかります。まずてんびんを（　ア　）な台に置き、皿を左右のうでに（　イ　）を合わせて置きました。表1は、このてんびんに使う分銅の種類と個数を表しています。皿の上に何ものせずに指針のふれを確認してみると左右がつり合っていなかったので、（　ウ　）を使ってつり合わせました。その後、金属片を（　エ　）の皿の上に置き、（　オ　）を使って分銅をもう片方の皿の上に置いたりとったりした結果、ちょうどてんびんがつり合いました。

表2は、このとき皿にのっていた分銅の種類と数を表しています。

表1

種類	50g	20g	10g	5g	2g	1g	0.5g	0.2g	0.1g
数	1	1	2	1	2	1	1	2	1

表2

種類	50g	20g	10g	5g	2g	1g	0.5g	0.2g	0.1g
数	1	1	0	1	0	0	1	1	0

（1）　上の文中のア〜オにあてはまる言葉を書きなさい。

　　ただし（　エ　）は右・左のどちらかを、右利きの人が操作する場合で答えなさい。

答え　ア		イ		ウ
エ		オ		

（2）　この金属片の重さは何gですか。

答え

〈実験2〉

〈実験1〉で使った金属片は何かを調べるために、水が入った（　カ　）の中に金属片を入れました。図2は、金属片を入れる前と入れたあとの（カ）の目もりを真横から読んだものです。また表3は、さまざまな金属の密度（1cm³あたりの重さ）を表しています。

表3

金属	アルミニウム	鉄	銅	銀
密度（g／cm³）	2.7	7.9	8.9	10.5

(3) （　カ　）の器具の名前をカタカナで答え
　　なさい。

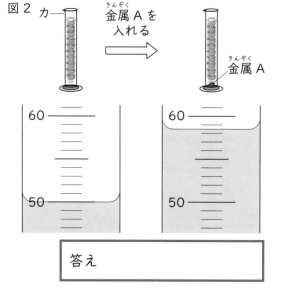

図2　カ
金属Aを
入れる
金属A

60

50

60

50

答え

（4）　この金属片は何ですか。最も適するものを次
　　の①～⑤の中から1つ選び番号を答えなさい。
　　① 銅
　　② マグネシウム
　　③ 鉄
　　④ アルミニウム
　　⑤ 銀

答え

2　　いろいろな温度の水や氷を混ぜ
　　合わせ、温度が均一になったとこ
　　ろでその温度や様子を記録しまし
　　た。表はその結果を示していま
　　す。これについて、あとの問いに
　　答えなさい。ただし水が持つ熱量
　　は、以下の計算式で求めることが
　　でき、実験中に熱は水や氷の間だけで移動し、他に逃げなかったものとします。

実験	混ぜ合わせた ものA	混ぜ合わせた ものB	結果	様子
1	20℃の水 120g	80℃の水 80g	44℃の水 200g	すべて液体
2	18℃の水 200g	60℃の水 150g	（ ア ）℃ の水 350g	すべて液体
3	0℃の氷 100g	80℃の水 300g	40℃の水 400g	すべて液体
4	0℃の氷 300g	60℃の水 200g	0℃の氷水 500g	液体と固体

水の重さ（g）×水の温度（変化）（℃）＝熱量（カロリー）

（1）　実験1について、① 20℃の水 120g、② 80℃の水 80g、③ 44℃の水 200g が持つ
　　熱量をそれぞれ計算しなさい。

答え　①　　　　　　　　　②　　　　　　　　　③

（2）　実験2について、（ア）にあてはまる数値を答えなさい。

答え

（3）　実験3について、0℃の氷 100g をとかすのに必要な熱量を計算しなさい。

答え

（4）　実験4について、結果の「0℃の氷水 500g」のうち、水は何gありますか。

答え

1 実験1で重さ、実験2で体積を求め、密度を求める問題ですね。

(1)　上皿てんびんは水平な台に置き、左右のうでと皿の番号を合わせて使います。皿に何ものせない状態でつり合っているかどうかを確認し、つり合っていなければ調節ねじでつり合わせます。

答え　ア　水平　　イ　番号　　ウ　調節ねじ　　エ　左　　オ　ピンセット

(2)　表2から計算します。

$50 + 20 + 5 + 0.5 + 0.2 = 75.7$

答え　75.7g

(3)　液体の体積をはかる器具の名前ですね。

答え　メスシリンダー

(4)　メスシリンダーの目もりを読み取ると、金属片を入れる前は50cm³、入れたあとは58.5cm³です。つまり金属片の体積は8.5cm³です。
密度を計算します。

$75.7 ÷ 8.5 = 8.90……$

答え　①

2

(1)　それぞれ「水の重さ×水の温度」を計算します。混ぜ合わせた2つの水の持つ熱量を合計すると、混ぜ合わせたあとの水が持つ熱量と等しくなりますね。

$120 × 20 = 2400$　　$80 × 80 = 6400$　　$200 × 44 = 8800$

答え　①　2400カロリー　　②　6400カロリー　　③　8800カロリー

(2)　熱量を計算して、合計しましょう。

$(200 × 18 + 150 × 60) ÷ 350$

$= (3600 + 9000) ÷ 350$

$= 12600 ÷ 350$

$= 36$

下記のように、てんびん法を使って解くこともできます。

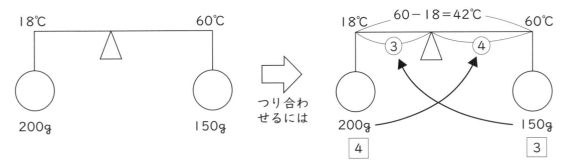

⑦ = 42℃

④ = 6℃

⑦ = 18℃

18 + 18 = 36

答え　36

(3)　80℃の水 300g で 100g の氷をとかし、さらに温度が 40℃になっています。

80℃の水 300g 、40℃の水 400g が持つ熱量は

300 × 80 = 24000 カロリー

400 × 40 = 16000 カロリーです。

この差が、100g の氷をとかすのに使われた熱量です。

24000 − 16000 = 8000

答え　8000 カロリー

(4)　実験 3 の結果を使いましょう。

100g の氷をとかすのに必要な熱量は 8000 カロリー

1g の氷をとかすのに必要な熱量は 8000 ÷ 100 = 80 カロリー です。

60℃の水 200g が持つ熱量は

200 × 60 = 12000 カロリー

この熱量でとかすことができる氷は

12000 ÷ 80 = 150g

これが氷水の中の水の重さです。

答え　150g

Chapter **8**

電気

 がついているテーマには、動画を
用意しています。

17 電気① 豆電球と乾電池

電球と電池

■豆電球のつくり

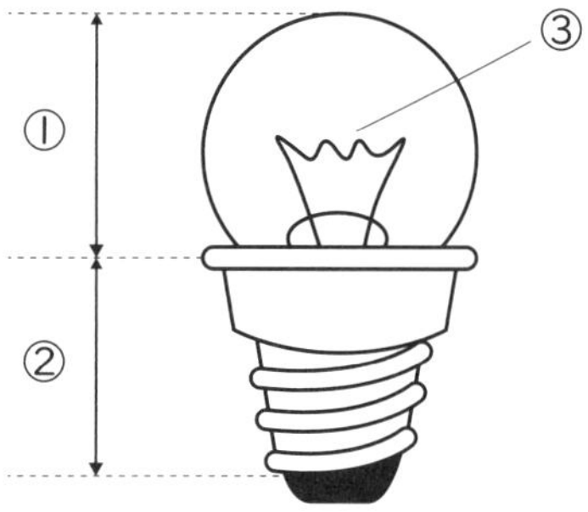

① [　　　　　　　　]…内部の [　　　　　　　　] が燃え

つきないように、空気を抜いています。

② [　　　　　]…[　　　　　　　] に差し込め

るよう、ねじになっています。

③ [　　　　　　　　　]…電流が流れると明るく発光す

る部分です。[　　　　　　　] という金属でできています。

■回路図記号

電気回路は、右の図のような記号で表します。

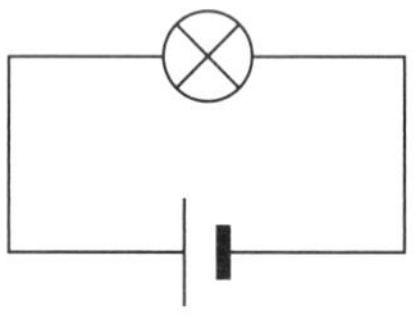

[　　　　　　　　　　] は豆電球を、[　　　　　　　　　] は乾電池を表します。

回路に流れる電流の大きさ

■電気の3つの基本

電流を理解するには、次の3つをわかっておく必要があります。

[　　　　　　]…電池のパワー

[　　　　　　]…導線の中を流れる電気の流れ

[　　　　　　]…電気が流れるのをさまたげるもの

■電圧

電圧は、電池のパワーです。電池のパワーは乾電池を直列で増やしていくとどんどん大きく

なります。

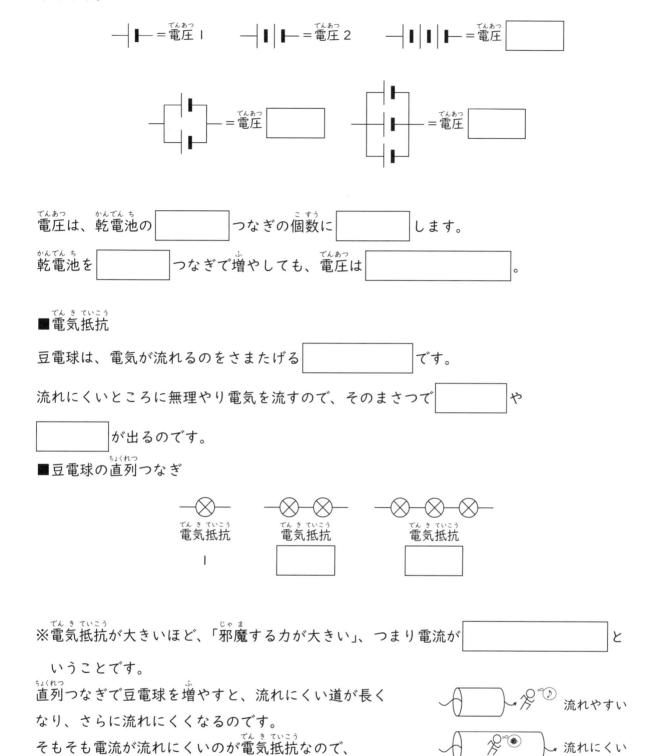

—| |—＝電圧１　　—| | |—＝電圧２　　—| | | |—＝電圧 ☐

＝電圧 ☐　　　　　＝電圧 ☐

電圧は、乾電池の ☐ つなぎの個数に ☐ します。

乾電池を ☐ つなぎで増やしても、電圧は ☐ 。

■電気抵抗

豆電球は、電気が流れるのをさまたげる ☐ です。

流れにくいところに無理やり電気を流すので、そのまさつで ☐ や

☐ が出るのです。

■豆電球の直列つなぎ

電気抵抗　　　電気抵抗　　　電気抵抗
１　　　　　　☐　　　　　　☐

※電気抵抗が大きいほど、「邪魔する力が大きい」、つまり電流が ☐ と

いうことです。

直列つなぎで豆電球を増やすと、流れにくい道が長く

なり、さらに流れにくくなるのです。

そもそも電流が流れにくいのが電気抵抗なので、

長ければ長いほど電流は流れ ☐ のです。

流れやすい

流れにくい

■豆電球の並列つなぎ

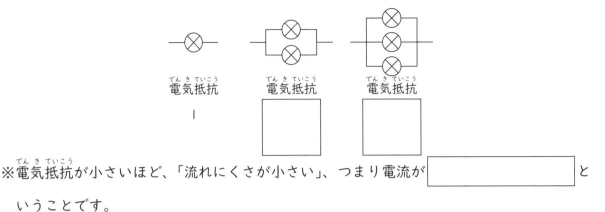

電気抵抗　　電気抵抗　　電気抵抗

|

※電気抵抗が小さいほど、「流れにくさが小さい」、つまり電流が [   ] と

いうことです。

並列つなぎで豆電球を増やすと通り道が増えた＝
広くなったのと同じ！
道が広ければ通りやすいのは当然ですね。広けれ
ば広いほど電流は流れ [   ] のです！

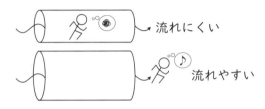

→ 流れにくい

→ 流れやすい

■電流
電圧（電池のパワー）と電気抵抗（電気の流れにくさ）によって、流れる電流の大きさが決
まります。

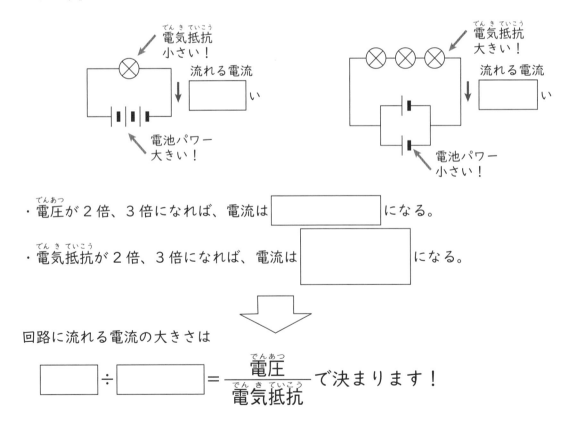

電気抵抗
小さい！

流れる電流

↓ [   ] い

電池パワー
大きい！

電気抵抗
大きい！

流れる電流

↓ [   ] い

電池パワー
小さい！

・電圧が2倍、3倍になれば、電流は [   ] になる。

・電気抵抗が2倍、3倍になれば、電流は [   ] になる。

回路に流れる電流の大きさは

[   ] ÷ [   ] = 電圧／電気抵抗 で決まります！

電圧は [　　　　　] の直列個数、電気抵抗は [　　　　　] の直列個数で決まるから

回路に流れる電流の大きさは

$$\dfrac{乾電池の [\quad] 個数}{豆電球の [\quad] 個数} = \dfrac{乾直}{豆直}　と覚えよう！$$

並列つなぎの回路の電流の大きさ

並列つなぎの場合、一方に流れる電流の大きさを考えるときは、もう一方を「ないもの」として $\dfrac{乾直}{豆直}$ を考えます。

この回路に I の電流が流れると考えたとき

アについて考えるとき　　　　　イについて考えるとき

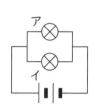　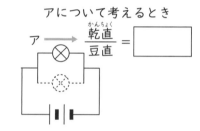　

【いろいろな回路】

この回路に I の電流が流れると考えたとき

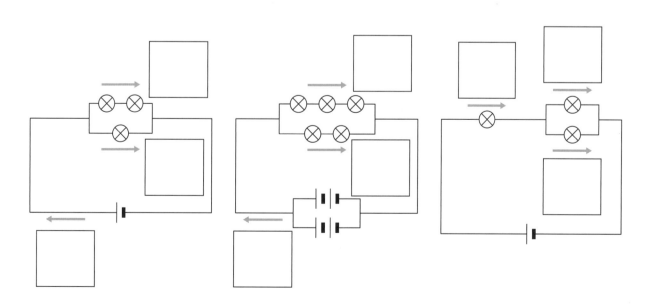

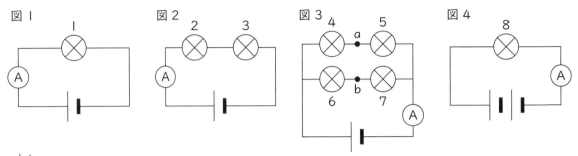

合否を分ける 問題

1 同じ電池と同じ豆電球を使ってさまざまな回路をつくり、回路に流れる電流の大きさと豆電球の明るさを調べました。このとき、図1の電流計の示す値が60mAとなっていました。これについて、あとの問いに答えなさい。

(1) 最も明るくつく豆電球の番号を答えなさい。いくつかある場合はすべて答えなさい。

答え

(2) 図2、図3の回路の電流計が示す値として、適するものをそれぞれ選びなさい。

ア 15mA　　イ 30mA　　ウ 60mA　　エ 90mA　　オ 120mA

答え　図2　　　図3

(3) 図3の回路のa点とb点を導線でつないだとき、ついている豆電球の数を答えなさい。

答え

(4) 右の図は、この実験で使用した電流計です。電流計とその使い方に関して答えなさい。

① 電流計のつなぎ方として正しいものを1つ選んで記号で答えなさい。

ア　電流計は回路に直列につなぎ、＋端子は電池の＋側に、－端子は電池の－側につなぐ。

イ　電流計は回路に直列につなぎ、－端子は電池の＋側に、＋端子は電池の－側につなぐ。

ウ　電流計は回路に並列につなぎ、＋端子は電池の＋側に、－端子は電池の－側につなぐ。

エ　電流計は回路に並列につなぎ、－端子は電池の＋側に、＋端子は電池の－側につなぐ。

答え

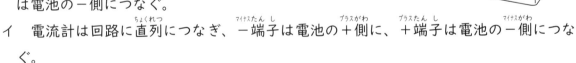

② 電流計の－端子には「50mA」「500mA」「5A」の３種類があります。回路に流れる電流の大きさがわからないとき、どの端子につなぎますか。その理由も答えなさい。

答え

(5) 図３の回路のいくつかの点を導線でつなぎ、スイッチを入れたところ、どの豆電球も光りませんでした。４つの豆電球のうち、どれか２つだけを光らせるために取り外さなくてはならない導線を、１本だけ答えなさい。答えは「導線ab」のように書きなさい。

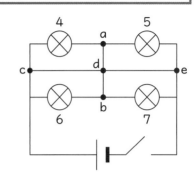

答え

2 下図のような正四面体の各辺に豆電球 A～F が取り付けられている回路があります。この回路を用いて実験を行いました。これについて、あとの問いに答えなさい。

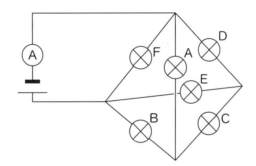

(1) つかない豆電球を記号で答えなさい。ない場合は「なし」と答えなさい。

答え

(2) 最も明るい豆電球を記号で答えなさい。

答え

(3) 豆電球 B を取り外しました。

① つかない豆電球を記号で答えなさい。ない場合は「なし」と答えなさい。

答え

② ついている豆電球の明るさの順序を答えなさい、たとえば「A＞C＝D＞E＝F」は、Aが一番明るく、次に明るいのがCとDで同じ明るさ、そして一番暗いのがEとFであることを表します。

答え

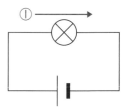

合否を分ける問題の 解答・解説

1　乾電池1つ、豆電球1つのシンプルな回路（右図）に流れる電流を①として、$\dfrac{乾電池の直列個数}{豆電球の直列個数}$ を駆使して回路に流れる電流を考えましょう。

（1）　それぞれの回路に流れる電流の大きさは、次のとおりです。

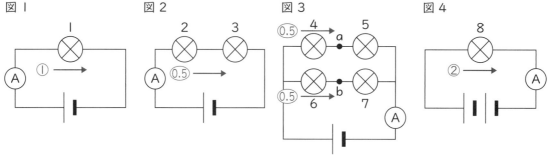

答え　8

（2）　①にあたるのが60mAですから、⓪⑤は30mAですね。
　図3の電流計に流れる電流の大きさは⓪⑤＋⓪⑤＝①です。

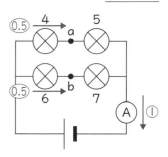

答え　図2　イ　　図3　ウ

（3）　ab間を導線でつないでも、ab間に電流が流れることはありません。

答え　4つ

（4）　①電流計は回路に直列（1本道）につなぎ、＋端子は電池の＋側に、－端子は電池の－側につなぎます。

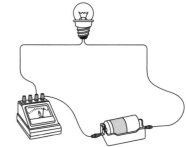

答え　ア

　②回路に流れる電流の大きさがわからないときは、－端子はまず最大の5A端子を使います。
　これは大きな電流で電流計の針がふり切れてしまわないようにするためです。

答え　5A　理由：電流計の針がふり切れて壊れてしまうのを防ぐため。

（5）　「2つを光らせる」ということは、逆に言えば「2つを消す」ということです。導線cdを残せば4、6が消え、導線deを残せば5、7が消えます。

答え　導線cd（または導線de）

2

（1）　回路が立体的なので見づらいですが、＋極を出発して、P点からQ点まで移動すれば、あとは－極にたどり着けますね。では、P点からQ点までの移動のしかたを考えましょう。

まず、豆電球Fだけを通って移動できます。

次に、豆電球BとAを通って移動するコースと、豆電球EとDを通って移動するコースを考えます。

では残った豆電球Cは？

と考えていくと、豆電球Cはつかないことがわかってきます。平面の図になおすと下図のようになります。

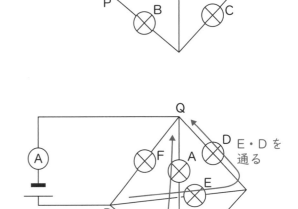

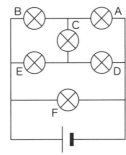

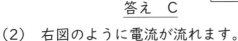

答え　C

（2）　右図のように電流が流れます。

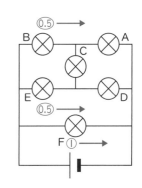

答え　F

（3）　①下図のように電流が流れ、つかない豆電球はありません。

答え　なし

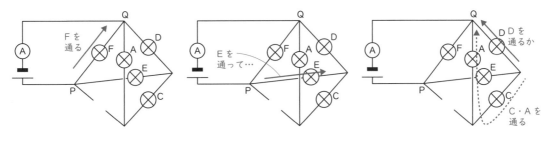

②最も明るいのがF、そしてEを通った電流がDまたはC、Aに分かれて流れます。

答え　F＞E＞D＞A＝C

18 電気②
電流と発熱　電流のはたらき

▎電熱線

電熱線は [＿＿＿＿＿＿＿] が大きく、電流を流すと発熱します。ニッケル・クロムなどの金属の合金でできているため [＿＿＿＿＿＿＿] とも呼ばれます。

電熱線の電気抵抗は、電熱線の [＿＿＿＿] と [＿＿＿＿] によって決まります。

▎電熱線の電気抵抗

図のように、電熱線を電源装置につないで回路に流れる電流を計測しました。表は、電熱線の長さや断面積をいろいろ変えた場合に、回路に流れる電流の大きさを示しています。

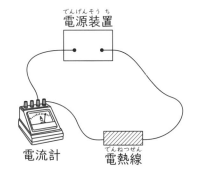

電熱線の断面積が 0.2mm^2 の場合

実験	①	②	③	④
電熱線の長さ（cm）	10	20	30	40
電流の大きさ（mA）	300	150	ア	75

電熱線の長さが 20cm の場合

実験	⑤	⑥	⑦	⑧
電熱線の断面積（mm^2）	0.1	0.2	0.3	0.4
電流の大きさ（mA）	75	150	225	イ

アに入る数値は [＿＿＿＿]、イに入る数値は [＿＿＿＿] です。

それぞれの実験の電熱線の長さ、断面積を見ると実験 [＿＿＿＿] と実験 [＿＿＿＿] は同じ実験だとわかります。

実験①〜④からは、電熱線の断面積が一定の場合、回路に流れる電流の大きさは電熱線の [＿＿＿＿] に反比例することがわかります。

実験⑤〜⑧からは、電熱線の長さが一定の場合、回路に流れる電流の大きさは電熱線の [＿＿＿＿] に比例することがわかります。

この結果から、電熱線の長さが 50cm、断面積が 0.5mm^2 で同様の実験を行った場合に、回路に流れる電流の大きさがどうなるかを考えてみましょう。

このような問題を考える場合、まずは与えられた条件から「基準」となる実験を選びます。

ここでは、電熱線の長さが 10cm、断面積が 0.2mm^2 の 　　　　　 の実験を基準にしてみましょう。

基準となる実験と比べやすいように、問題の条件を下にそろえて書いてみましょう。

　　　　長さ　　　　　断面積　　　　　電流
　　　　10cm　　　　0.2mm^2　　　300mA
①
　　　　50cm　　　　0.5mm^2　　　　|　　?　　| mA

電熱線の長さ、断面積はそれぞれ何倍になっているでしょうか。

電熱線の長さは基準となる実験の 　　　　　 倍、断面積は 　　　　　 倍となっていることがわかりますね。これを図に書き込みます。

　　　　長さ　　　　　　断面積　　　　　　　電流
　　　　10cm　　　　　0.2mm^2　　　　　300mA
① 　　　↓×|　　　| 　　↓×|　　　|　　　|　　?　　| mA
　　　　50cm　　　　　0.5mm^2

回路に流れる電流の大きさは電熱線の長さに 　　　　　 、断面積に 　　　　　 するから、基準となる実験の何倍になるか計算します。

（反比例の関係の場合、逆数をかけることになるので注意しましょう）

　　　　長さ　　　　　　断面積　　　　　　　電流
　　　　10cm　　　　　0.2mm^2　　　　　300mA ×|　　| ×|　　|
① 　　　↓×|　　　| 　　↓×|　　　|　　　　　↓
　　　　50cm　　　　　0.5mm^2　　　　　|　　　　| mA

これで、流れる電流の大きさが 　　　　　 mA と求められましたね。

直列、並列つなぎと発熱量

2本の電熱線 A（長さ 10cm）、B（長さ 20cm）を直列つなぎ、並列つなぎにして、それぞれ水を入れたビーカーの中に入れ、水の温度変化を比べました。

■直列つなぎ
2本の電熱線を直列つなぎにして実験すると、2つのビーカーの水の温度変化は表のようになりました。

時間（分）	0	1	2	3
Aの水温（℃）	20	21	22	23
Bの水温（℃）	20	22	24	26

直列つなぎの場合、回路に流れる電流の大きさはA、Bとも 　　　　　 です。このとき電熱線Aの発熱量はBの 　　　　　 倍になっています。

つまり、電流の大きさが一定の場合、発熱量は電気抵抗の大きさに[＿＿＿＿]することがわかります。

■並列つなぎ

2本の電熱線を並列つなぎにして実験すると、2つのビーカーの水の温度変化は表のようになりました。

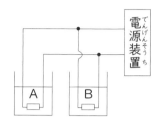

時間（分）	0	1	2	3
Aの水温（℃）	20	29	38	47
Bの水温（℃）	20	24.5	29	33.5

並列つなぎの場合、電気抵抗の小さい[＿＿＿＿]の電熱線のほうに大きな電流が流れます。

電熱線A、Bの長さの比が[＿＿＿＿]ですから、それぞれの電熱線に流れる電流の大きさの比は[＿＿＿＿]となります。このとき電熱線Aの発熱量はBの[＿＿＿＿]倍になっています。

電流の大きさが一定の場合、電熱線Bの[＿＿＿＿]倍の発熱量だったAは、流れる電流の大きさがBの2倍になると発熱量はBの[＿＿＿＿]倍になっています。

つまり発熱量は、流れる電流の大きさが2倍になると[＿＿＿＿]倍になるとわかります。

このことから、電熱線の発熱量は、「電流×電流×電気抵抗」に比例することがわかります。
（「りゅうりゅうてい」と覚えます）

磁石と磁力線

磁石が金属（[＿＿＿＿]、ニッケル、コバルトなど）を引きつける力を[＿＿＿＿]といいます。磁石のまわりの磁力のおよぶ範囲を[＿＿＿＿]といい、その向きは磁石のまわりに置いた方位磁針の[＿＿＿＿]極の指す向きと同じになります。

下の図の磁石のまわりの方位磁針に針の向きを書き込むと

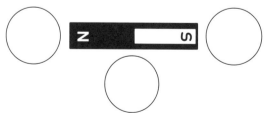

となります。

電流による磁界

導線に電流を流すと、そのまわりにも[　　　　　]ができ、方位磁針の針がその影響をうけて動きます。導線のまわりの磁力線の向きは右図のようになり、右ねじが進んでいく方向が電流の向きだとすると、そのときねじをまわす方向が[　　　　　]の向きになります。

つまり右の図のA～Dの方位磁針の針はそれぞれ

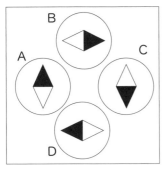

のような向きになります。

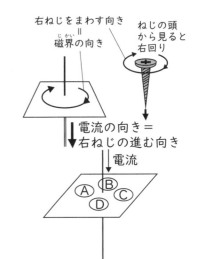

回路中の導線の上や下に方位磁針を置いたとき、針がどちら向きにふれるかは、[　　　　　]を使って確かめることができます。親指以外の指を[　　　　　]が流れる向きに合わせ、[　　　　　]と[　　　　　]で導線をはさんだとき親指が向くほうに、方位磁針の[　　　　]極がふれます。

つまり右の図のA～Cの方位磁針の針で右にふれるものは[　　　　　]、

左にふれるものは[　　　　　]、ふれないものは[　　　　]です。

電磁石

導線を同じ向きに何度も巻いたものを

[　　　　　　]といいます。[　　　　　]に電流を流すと強い[　　　　　]ができ、全体が1つの磁石のようになります。

これを[　　　　　]といい、N極、S極のでき方は[　　　　　]を使って確かめることができます。親指以外の指を[　　　　　]が流れる向きに合わせ、コイルをにぎったときに親指が向く方向が[　　　　]極となります。

1 電源装置、電流計、スイッチ、電熱線①～④をたくさん用意しました。電熱線の太さ（断面積）はどれも同じです。電熱線の材質と長さは表のとおりです。

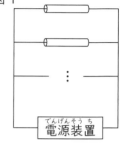

	材質	長さ（cm）
電熱線①	金属 A	10
電熱線②	金属 A	20
電熱線③	金属 A	40
電熱線④	金属 B	20

図1のように、いずれかの電熱線を１本、２本、３本…と並列つなぎにして増やし、「つないだ電熱線の本数と電流計に流れた電流の大きさの関係」を調べました。次に同じように他の電熱線それぞれについても調べ、グラフにしました。これについて、あとの問いに答えなさい。

図1

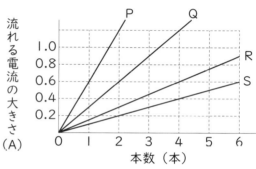

（1） グラフQの電熱線の電気抵抗の大きさは、Pの電気抵抗の大きさの何倍ですか。

答え [　　　　　　　　]

（2） グラフRの電熱線の電気抵抗の大きさは、Qの電気抵抗の大きさの何倍ですか。

答え [　　　　　　　　]

（3） グラフP、Q、Rの電気抵抗の大きさを、最も簡単な整数比で表しなさい。

答え [　　　　　　　　]

（4） グラフP～Sはそれぞれどの電熱線のものだと考えられますか。①～④の番号で答えなさい。

答え P　　　Q　　　R　　　S

（5） 電熱線④を何本か並列つなぎにして電流を流すと、1.2Aの電流が流れました。何本つなぎましたか。

答え [　　　　　　　　]

（6） 電熱線①、②、③をそれぞれ１本ずつ別々に電源装置につないで電流を流します。横軸を「電熱線の長さ」、縦軸を「電熱線を流れる電流の大きさ」としてグラフにするとどのような形のグラフになりますか。最も適当なものを１つ選んで記号で答えなさい。

答え [　　　　　　　　]

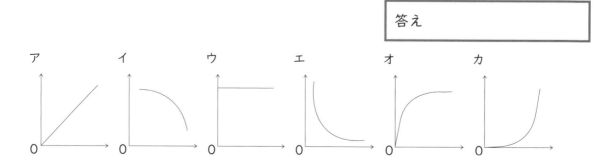

(7)　同じ長さ・同じ太さの金属Aと金属Bを比べると、金属Bの電気抵抗の大きさは金属Aの何倍ですか。

答え

(8)　図ア、イのように電熱線をつなぎました。回路にはそれぞれ何Aの電流が流れますか。

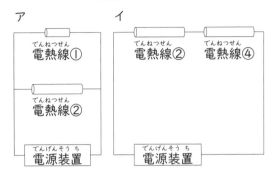

答え　ア　　　　　　イ

2　電磁石について、あとの問いに答えなさい。

(1)　図のような電磁石2つの間に方位磁針を置きました。方位磁針のN極が右にふれるような組み合わせを、表のア～エから選んで記号で答えなさい。

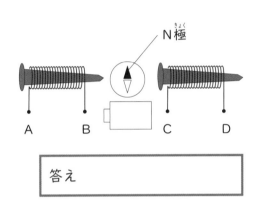

	A	B	C	D
ア	電池の＋極	電池の－極	電池の＋極	電池の－極
イ	電池の－極	電池の＋極	電池の－極	電池の＋極
ウ	電池の＋極	電池の－極	電池の－極	電池の＋極
エ	電池の－極	電池の＋極	電池の＋極	電池の－極

答え

(2)　右の図は、ブザーの仕組みを示しています。ブザーが鳴る仕組みを説明した文の（　）内に適する言葉を選びなさい。

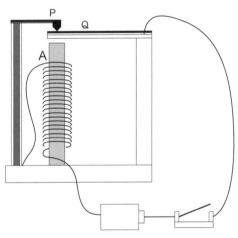

スイッチを入れると、コイルに電流が流れ、Aを①（S・N）極とする電磁石ができます。電磁石に引かれた②（P・Q）がAのほうに曲がると、③（P・Q）と離れ、電流が④（流れるように・流れなく）なります。するとコイルは電磁石⑤（になり・でなくなり）、⑥（P・Q）がもとの状態に戻り、音が鳴ります。すると電流が⑦（流れるように・流れなく）なり、先ほどまでのことをくり返します。

答え	①	②	③	④	⑤
	⑥	⑦			

1 電熱線①〜③は同じ金属Aでできていますから、その電気抵抗の大きさは長さに比例します。グラフからその関係を読み取りましょう。

(1) グラフから、同じ本数をつないだときに流れる電流がQはPの$\frac{1}{2}$とわかります。つまり電気抵抗は2倍ということです。

答え　2倍

(2) (1)と同様にグラフで比べると、Rの電気抵抗はQの2倍だとわかりますね。

答え　2倍

(3) (1)(2)より、電気抵抗の大きさの比は
P：Q＝1：2　Q：R＝1：2です。

```
P        Q        R
1    :   2

         1  :   2
1    :   2    :   4
       ×2      ×2
```

となりますね。

答え　1：2：4

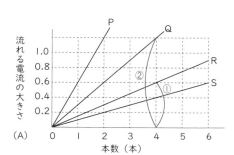

(4) (3)で求めたP、Q、Rの電気抵抗の比が、①〜③の長さの比と同じになっています。つまりP＝①、Q＝②、R＝③です。

答え　P ①　Q ②　R ③　S ④

(5) 電熱線④はSのグラフですね。2本つなぐと0.2A、つまり1本で0.1Aです。
1本……0.1A
■本……1.2A　■＝12

答え　12本

(6) 電熱線の長さと電気抵抗は比例します。電気抵抗の大きさと流れる電流は、反比例の関係になります。

答え　エ

(7) 電熱線②と④は同じ長さ（20cm）、断面積も同じです。QとSのグラフを比べます。

同じ本数で、SはQの$\frac{1}{3}$しか電流が流れません。電気抵抗は3倍です。

答え　3倍

(8) ア　豆電球同様、並列回路の一方に流れる電流を考えるときは、他方を「ないもの」
として考えられます。グラフより、電熱線①には0.6A、②にはその半分の0.3Aが流
れます。

0.6＋0.3＝0.9

答え　0.9A

イ　(7)より、電熱線④の電気抵抗の大きさは電熱線②の3倍です。電熱線②を1本
つなぐと0.3Aの電流が流れますが、電熱線④と直列につなぐと、電気抵抗の大きさは
1＋3＝4倍になり、流れる電流の大きさは$\frac{1}{4}$になります。

0.3÷4＝0.075

答え　0.075A

2
(1) 図のように電磁石の極ができればいいですね。

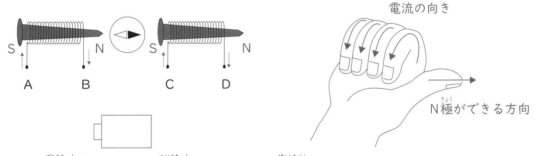

A、Cが＋極に、B、Dが－極につながれば正解です。

答え　ア

(2) 図のように電流が流れて電磁石ができますが、電磁石
にQが引っぱられて接点が離れ、電流が流れなくなりま
す。曲がっていたQが勢いよくPのほうに戻って大き
な音が出る仕組みです。

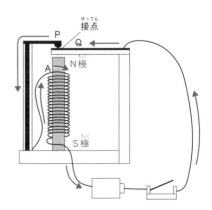

答え　① N　② Q　③ P　④ 流れなく
　　　⑤ でなくなり　⑥ Q　⑦ 流れるように

音と光

合否を分ける重要ポイント　空欄に答えを書きこもう

19 音と光

ものをたたいたりはじいたりすると、その［　　　］が空気をふるわせて伝わります。

この［　　　］が耳の中の［　　　］をふるわせると、音として感じられます。

音の性質

■音の３要素

音には［　　　］・［　　　］・［　　　］の３つの要素があります。

音の振動が大きいと［　　　］い音になります。

音の振動数（１秒間に振動する回数）が多いと［　　　］い音になります。

振動するもの（音源）の種類によって、振動の波の形が違い、［　　　］が変わります。

■真空鈴の実験

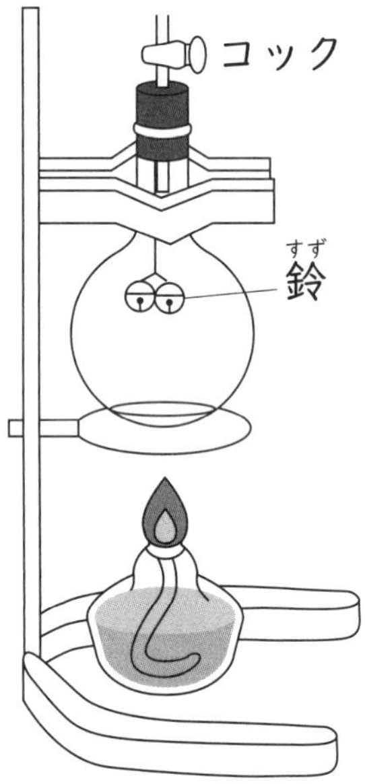

①ガラス管を差し込んだ丸底フラスコに鈴をつるし、少量の水を入れます（コックは［　　　］）。

②フラスコを熱し、中の水を［　　　］させます。

③火を止め、コックを［　　　］ます。

④フラスコを冷水で冷やします。

フラスコに水を入れるのは［　　　］によってフラスコの中の［　　　］を追い出すためです。

フラスコを冷やすと、［　　　］が冷やされて［　　　］になり、フラスコの中が［　　　］になります。

フラスコを冷やしたあとで鈴をふっても、音は［　　　］。

■モノコード

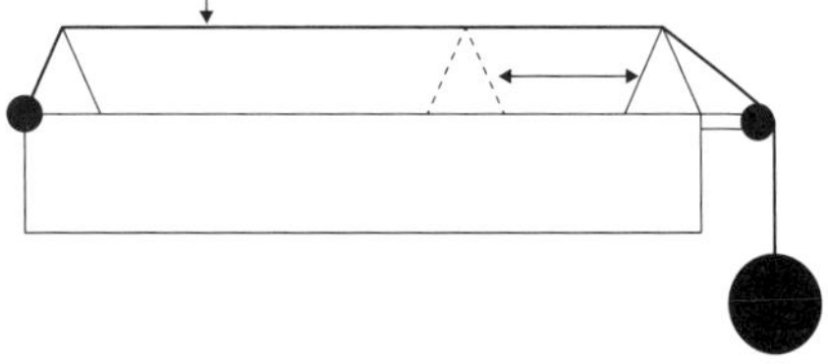

弦の長さや太さを変えてはじき、音がどのように変化するかを調べます。

長い弦は、短い弦に比べて［　　　］いため

振動数が 〔　　　〕く、〔　　　〕い音になります。

また太い弦は、細い弦に比べて〔　　　〕いため振動数が〔　　　〕く、

〔　　　〕い音になります。

おもりの重さを重くすると、弦を引く力が強くなり、はじいた弦が戻ろうとする力が大きく

なるので振動数が〔　　　〕く、〔　　　〕い音になります。

このことをまとめると次のようになります。

音の高さ	低い	←――――→	高い
弦の長さ	長い	←――――→	短い
弦の太さ	太い	←――――→	細い
弦のはり方	弱い	←――――→	強い
振動数	少ない	←――――→	多い

音速

音が伝わる速さは、気温が0℃のとき

毎秒〔　　　〕mで、気温が1℃上がるごとに

〔　　　〕m／秒ずつ速くなります。

気温15℃のときの音速は

〔　　　〕＋〔　　　〕×15＝〔　　　〕m／秒

となります。

音速
（m／秒）
〔　　　〕

〔　　　〕

0　　　　15
気温（℃）

■音速の計算問題

稲妻が光ってから3.5秒後に「ゴロゴロ」と音が聞こえました。

観測地点から稲妻が光った地点までの距離は何mあるでしょうか。

ただし音速は340m／秒とし、稲妻が光ってから光が届くまでの時間は考えなくてよいもの

とします。

音速で3.5秒

という状況ですね。

音速の問題は、単なる速さの問題として計算しましょう。

340m／秒で3.5秒ですから、

〔　　　〕×〔　　　〕＝〔　　　〕m

と計算できますね。

光の性質

■光の直進

光は均質なものの中では、いつまでも曲がることなく [　　　　] します。

この性質を利用して、図のような暗箱の中に像をつくることができます。

外筒に小さな穴（針穴）をあけることから、「[　　　　　] カメラ」と呼ばれます。

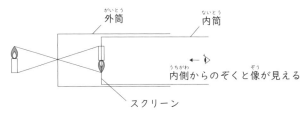

外筒　　　　　　内筒

内側からのぞくと像が見える

スクリーン

図のように、外筒の前に置いたろうそくが「逆さ」に見えます。針穴は丸いので、スクリーンに映る像は [　　　　　] が逆になります。

内筒を右へ動かすと、スクリーンにできた像は [　　　] く、[　　　] くなります。

■光の反射

光は鏡や白っぽい色のものにあたると [　　　　] します。

光が [　　　] するとき、[　　　] 角と

[　　　] 角が等しくなります。

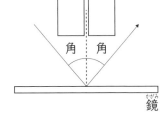

角　角

鏡

物体が鏡に反射して映っているとき、物体と物体の像は、鏡の面から [　　　] 距離のところにあるように見えます。

このことから考えると、鏡に全身を映して見るには、少なくとも身長の [　　　] 倍の高さの鏡があればよいことがわかります。

鏡

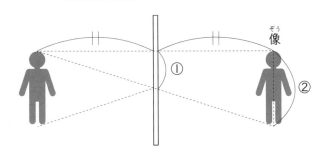

①　　像　②

180

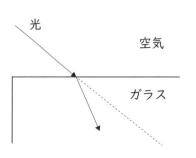

■光の屈折

光は、ある物質の中から別の物質の中へ進むとき、その境目

で □ します。

■とつレンズ

日光のような □ 光線をとつレンズにあてると、光は１点に集まります。光が

集まる点をそのレンズの □ といい、レンズから光が集まったところまでの

距離を □ といいます。

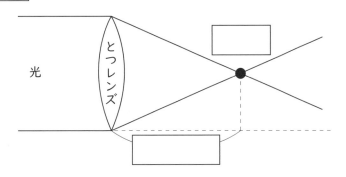

■とつレンズと像

とつレンズの一方に物体を置く
と、レンズの反対側に

□ ができます。

物体をとつレンズに近づけてい
くと、像はだんだん

□ くなりますが、物

体が □ の位置まで

きたとき像は □

なります。

そしてそれよりも物体をレンズ
に近づけると、物体のある側に
物体よりも大きな

□ ができます。

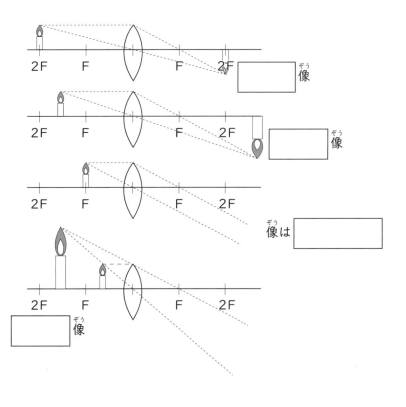

合否を分ける 問題

1　音の性質について、次の問いに答えなさい。

（1）　空気中を伝わる音、水中を伝わる音、鉄の中を伝わる音の速さについて説明した文として正しいものを選びなさい。

　　ア　空気中を伝わる音、水中を伝わる音、鉄の中を伝わる音の順に速い。

　　イ　空気中を伝わる音、鉄の中を伝わる音、水中を伝わる音の順に速い。

　　ウ　水中を伝わる音、空気中を伝わる音、鉄の中を伝わる音の順に速い。

　　エ　水中を伝わる音、鉄の中を伝わる音、空気中を伝わる音の順に速い。

　　オ　鉄の中を伝わる音、空気中を伝わる音、水中を伝わる音の順に速い。

　　カ　鉄の中を伝わる音、水中を伝わる音、空気中を伝わる音の順に速い。

答え

（2）　ストローのはしに息を吹き込むと、このストローから「ラ」の音が出ました。別のストローを使ったり、吹き方を変えたりして出した音の説明として正しいものはどれですか。次のア～エの中から１つ選び、記号で答えなさい。

　　ア　同じ太さで、長さが短いストローに息を吹き込むと、初めの「ラ」より高い「シ」の音が出た。

　　イ　同じ太さで、長さが短いストローに息を吹き込むと、初めの「ラ」より低い「ソ」の音が出た。

　　ウ　強く息を吹き込むと、初めの「ラ」より高い「シ」の音が出た。

　　エ　強く息を吹き込むと、初めの「ラ」より低い「ソ」の音が出た。

答え

音の速さは気温が1℃上がるごとに決まった値だけ速くなります。グラフは、気温と音の速さの関係を表しています。また、音の高さは振動数と呼ばれる数値で表されます。表は音階と振動数の関係を表しています。あとの（3）～（5）の問いに答えなさい。

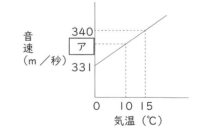

音階	ド	レ	ミ	ファ	ソ	ラ	シ
振動数	264	297	330	352	396	440	495

（3）　音の速さは気温が1℃上がるごとに毎秒何m速くなりますか。

答え

（4）　グラフのアにあてはまる値を答えなさい。

答え

182

(5) 気温を0℃に保った部屋でリコーダーを吹くと、「レ」の音が出ました。異なる気温に保った別の部屋へ移動し、同じ指使いで同じリコーダーを吹くと、「ミ」の音が出ました。リコーダーの音の速さは、温度が高くなるとグラフのように速くなり、音の速さが2倍、3倍、…となると、音の振動数も2倍、3倍、…となる性質があります。移動した部屋の気温は何℃に保たれていますか。ただし、答えがわり切れない場合は、小数第一位を四捨五入して整数で答えなさい。

答え

音を出している車が近づいてくるとき、その車が出す音がどのように変化するのか、実験をしました。音速を340m／秒として考えなさい。
いま、秒速20mで近づいてくる自動車が、立っている人から1700m離れた位置でクラクションを鳴らし始め、走りながら10秒間鳴らし続けました。

20m／秒

1700m

(6) 立っている人にクラクションの音が聞こえ始めるのは、自動車がクラクションを鳴らし始めてから何秒後ですか。

答え

(7) 立っている人にクラクションの音が聞こえ終わるのは、自動車がクラクションを鳴らし始めてから何秒後ですか。答えがわり切れない場合は、小数第二位を四捨五入して答えなさい。

答え

(8) 立っている人にはクラクションの音は何秒間聞こえますか。答えがわり切れない場合は、小数第二位を四捨五入して答えなさい。

答え

1

（1） 音速は、それを伝えるものによって変わります。一般に空気のような気体より水のような液体中を伝わる速さのほうが速く、そして金属などのような固体の中を音が伝わる速さはさらに速くなります。

答え　カ

（2） 音の高さは、音の振動数つまり波長によって決まります。ストローなどを吹く場合、長いストローは波長が長くなるため低い音が出ます。逆に短いと波長が短くなり、高い音が出ます。

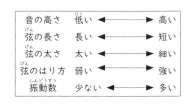

リコーダーなどの楽器も同じで、たくさんの穴をふさぐと長いストローと同じように波長が長くなるため低い音が出ます。

答え　ア

（3） 気温が 15℃高くなると、音速は

340－331＝9m／秒　速くなっています。

つまり 1℃あたり

9÷15＝0.6m／秒　ずつ速くなっています。

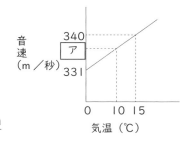

答え　毎秒 0.6m

（4） 気温 1℃につき音速は 0.6m／秒ずつ速くなっています。

アのときの気温は 10℃ですから

0.6m×10＝6m／秒だけ、0℃のときより速くなります。

331＋6＝337

答え　337

（5） 「音の速さが 2 倍、3 倍、…となると、音の振動数も 2 倍、3 倍、…となる」と問題文にあります。

もとの部屋での音は「レ」で振動数は 297、移動した部屋での音は「ミ」で振動数は330 です。

振動数は　$330÷297＝\dfrac{10}{9}$ 倍、つまり音速も $\dfrac{10}{9}$ 倍です。

もとの部屋の温度は 0℃で音速は 331m／秒ですから、移動した部屋での音速は

$331×\dfrac{10}{9}＝\dfrac{3310}{9}$ m／秒です。

$$\frac{3310}{9}-331=\frac{3310}{9}-\frac{2979}{9}=\frac{331}{9} \quad \frac{331}{9}\div\frac{3}{5}=61.2\cdots$$

答え　61℃

(6)　1700m 離(はな)れたところから、音が 340m／秒の速さで立っている人まで進んできます。

1700 ÷ 340 ＝ 5

答え　5 秒後

(7)　音を 10 秒間鳴らしている間にも、自動車は 20m／秒で進み続(つづ)けています。音を鳴らし終わった時点で自動車と人との距離(きょり)は

1700－20×10＝1500m となっています。

1500÷340＝4.41…

これは自動車がクラクションを鳴らし始めてから

10＋4.41＝14.41…秒後 となります。

答え　14.4 秒後

(8)　この人にクラクションが聞こえ始めたのは、クラクションを鳴らし始めた 5 秒後ですから、図のようにこの人にクラクションが聞こえた時間は

14.4－5＝9.4 秒となります。

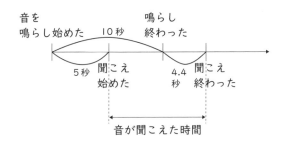

答え　9.4 秒間

Chapter 10

実験器具・その他

20 実験器具・その他

ガスバーナー

1. 上下２つのねじがしまっていることを 　　　　　 する。

2. 　　　　　 、 　　　　　 の順に開く。

3. マッチに火をつけ、ガスバーナーの

   口に 　　　　　 から火を近づけて

   　　　　　 ねじをゆるめて点火する。

4. 　　　　　 ねじをまわしてガスの

   量を調節し、適当な炎の大きさにする。

5. 　　　　　 ねじをゆるめて空気の量を調節し、適正な炎にする。

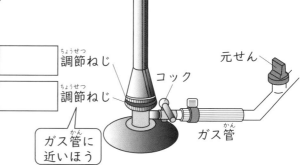

調節ねじ

調節ねじ

ガス管に近いほう

コック

元せん

ガス管

   火を消すときはこの逆の手順

1. 　　　　　 ねじをしめる。

2. 　　　　　 ねじをしめる。

3. コック、元せんをしめる。

アルコールランプ

1. アルコールは 　　　　　 分目くらい入っているか確認。

2. しんは 　　　　　 mm くらいが適切。

3. 火をつけるときは 　　　　　 からマッチの火を近づける。

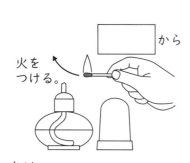

　　　　　 から

火をつける。

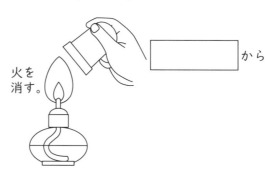

火を消す。

　　　　　 から

   消すときは

1. 　　　　　 からふたをかぶせる。

2. １度ふたを上げて、再度しめる。

上皿てんびん

▼
■準備

1. [　　　　　]な場所に上皿てんびんが置いてあるか確かめる。

2. 左右のうでに[　　　　　]を合わせて皿を置く。

3. 正面から見て、針が左右に同じはばでふれ、

[　　　　　]ことを確かめる。

つり合っていない場合は[　　　　　]を回して調節する。

4. [　　　　　]を両方の皿にのせておく。

■ものの重さをはかるとき（右利きの場合）

1. [　　　　　]の皿に重さをはかりたいものをのせる。

2. [　　　　　]の皿に[　　　　　]分銅からのせる。（[　　　　　]を使って静かにのせる）

3. 分銅が重すぎたら、その次に軽い分銅ととりかえる。

4. のせた分銅が軽い場合は、次に重い分銅を加える。

これをくり返して、つり合ったときの分銅の重さを合計する。

■決まった重さの薬品などをはかりとるとき（右利きの場合）

1. [　　　　　]の皿に決まった重さの分銅を置く。

2. [　　　　　]の皿に薬品を少しずつ置いていき、つり合わせる。

ろ過

▼
[　　　　　]を使って静かに注ぐ。

ろ紙は[　　　　　]つ折りにして使う。

（ろうとより少し小さめのサイズ）

ろうとのとがったほう
を[　　　　　]につける。

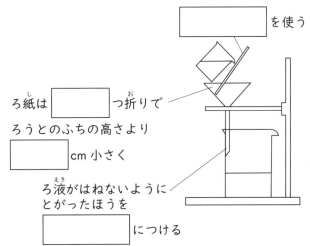

[　　　　　]を使う

ろ紙は[　　　　　]つ折りで
ろうとのふちの高さより

[　　　　　]cm 小さく

ろ液がはねないように
とがったほうを

[　　　　　]につける

メスシリンダー・温度計などの目もりの読み方

最小目もりの 〔　　　　　〕

まで読む。

液面の 〔　　　　　　　〕ところ

を読み取る。

液面の 〔　　　　〕から

読み取る。

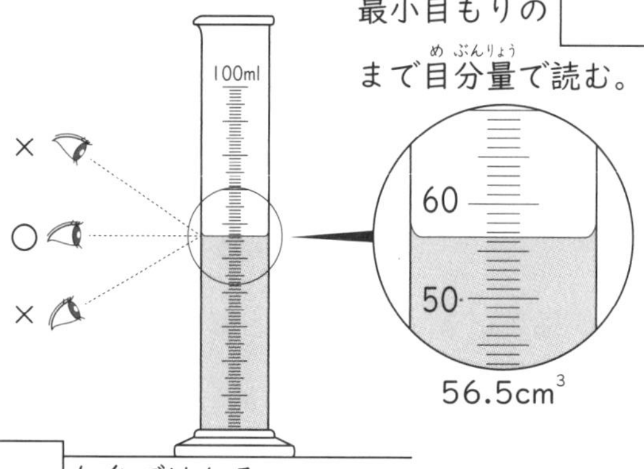

100ml

×〔目〕
○〔目〕
×〔目〕

60

50

56.5cm³

最小目もりの 〔　　　　　〕

まで目分量で読む。

〔　　　　　〕な台ではかる。

顕微鏡

1. 〔　　　　　　〕のあたらない

〔　　　　　　〕なところに置く。

2. 〔　　　〕レンズ、〔　　　　〕レンズ

の順に取り付ける。

（上から取り付けます。鏡筒の中にほこりや

ゴミが入らないようにするためです）

3. のぞきながら、視野が明るくなるように

〔　　　　　　　〕のかたむきを調節する。

4. 〔　　　　　　　〕をステージにのせ、

クリップでとめる。

（最初は低倍率のレンズにしておきます）

5. 〔　　　　〕から見ながら調節ねじをまわし、

レンズの先端をプレパラートの近くまで下げる。

※ステージ上下式の顕微鏡の場合は、ステージを対物レンズぎりぎりまで上げます。

6. のぞきながら 〔　　　　　〕を上げ、ピントを合わせる。

7. 倍率を上げるときは、見たいものが真ん中にくるようにしてからレボルバーをまわし、

高倍率の 〔　　　　　〕レンズにする。

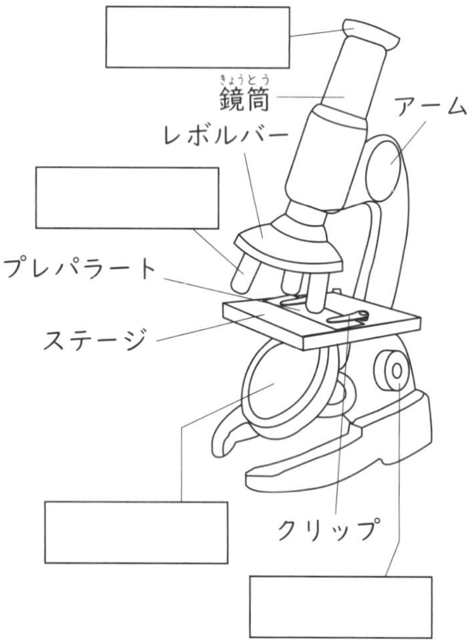

〔　　　　　〕

鏡筒　　　アーム

レボルバー

プレパラート

ステージ

〔　　　　　　〕

クリップ

〔　　　　　　〕

気体の発生

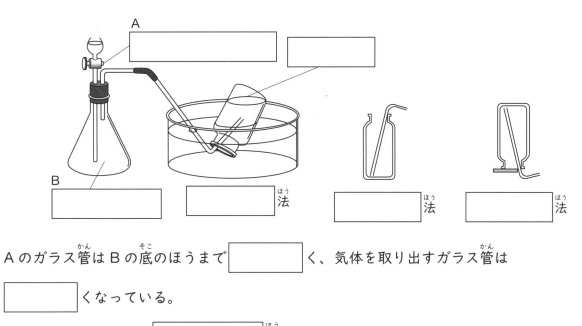

A [   ]

[   ]

B [   ]　　[   ] 法　　[   ] 法　　[   ] 法

A のガラス管は B の底のほうまで [   ] く、気体を取り出すガラス管は

[   ] くなっている。

水にとけにくい気体は [   ] 法で集める。

水にとけやすい気体の場合、空気より重ければ [   ] 法で集め、空気より軽けれ

ば [   ] 法で集める。

発生させる気体	A に入れる薬品（液体）	B に入れる薬品（固体）
水素	[ ]	[ ]
酸素	[ ]	[ ]
二酸化炭素	[ ]	[ ]

木のむし焼き

A…… [   ] が [   ] に変化。

B…… [   ] ・ [   ] がたまる。

試験管の口を下げる理由

[   ] 。

白いけむり……火を近づけると [   ] 。

1 　図のような装置を使って、気体と水溶液の実験をしました。まず、丸底フラスコAの中をある気体で満たし、スポイトとガラス管を差し込んだゴムせんでしっかりふたをします。そしてガラス管を図のように水そうの中のBTB溶液を数滴たらした水につけました。

スポイトから丸底フラスコの中に水を数滴注ぐと、Bの水そうの水が勢いよく吸い上げられフラスコの中に入り、色が青色に変わりました。

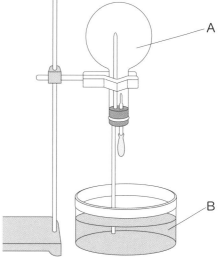

（1）　水そうBの水が吸い上げられ、丸底フラスコの中に入ったのはなぜですか。

答え

（2）　丸底フラスコAに入った水は、どのような性質の溶液に変化したと考えられますか。

答え

（3）　初め、丸底フラスコAを満たしていた気体は、なんという名前の気体だったでしょうか。

答え

（4）　水そうの水にBTB溶液ではなく、フェノールフタレイン溶液を数滴たらして同じ実験を行うと、丸底フラスコに入った水は何色に変化しますか。

答え

丸底フラスコAを別の気体で満たし、水そうの水にBTB溶液を数滴たらして実験すると、同じように水そうの水は勢いよく吸い上げられて丸底フラスコAの中に入り、うすい黄色に変化しました。

（5）　丸底フラスコAを満たしていた気体は、なんという名前の気体と考えられますか。1つ答えなさい。

答え

2 「ふたまた試験管」という実験器具を使い、下記のような実験を行いました。図の器具をよく観察し、あとの問いに答えなさい。

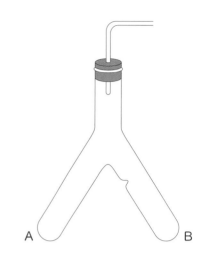

(1) ふたまた試験管の使い方を説明した次の文中の（　）内に適する言葉を答えなさい。

ふたまた試験管は、気体を発生させるのに使います。たとえば二酸化炭素を発生させたい場合、ふたまた試験管のAには（　ア　）、Bには（　イ　）を入れて実験します。その後、ふたまた試験管を（　ウ　）に回転させると、気体の発生が始まります。

答え　ア	イ
ウ	

(2) 気体の発生を止めたい場合、ふたまた試験管をどちら向きに回転させるとよいですか。またそのときに試験管Bの内側の「でっぱり」がどのような役割をするか説明しなさい。

答え

ふたまた試験管と同じ用途で使用する実験器具に「キップの装置」があります。

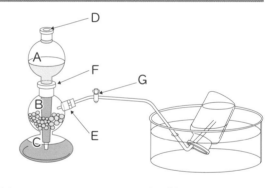

(3) 下の文章は、キップの装置で水素を発生させる実験をする場合の手順について説明したものです。文中の（　）に適する言葉を答えなさい。

水素を発生させるには、（　ア　）という水溶液と（　イ　）という金属を使います。まず、Bに金属の粒を入れ、Gのコックを開いた状態で、Dから水溶液をAに注ぎます。Aに注いだ水溶液は（　ウ　）を満たし、次に金属の粒のあるBも満たします。すると水溶液と金属が反応し、気体が発生して集気びんに集まります。

気体の発生を止めたい場合はGのコックを（　エ　）ます。すると行き場のなくなった気体は（　オ　）の部分の水溶液の液面を押し下げ、図のような状態になり反応は止まります。

答え　ア	イ	
ウ	エ	オ

1

（1）　スポイトによって丸底フラスコの中に入れられた水
　　　滴に、中の気体の大部分がとけて、中に気体がない状
　　　態になったため、水が吸い上げられたのです。つまり
　　　この気体は、非常に水にとけやすいということがわか
　　　りますね。

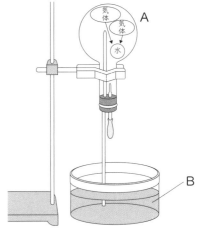

　　　答え　スポイトから注がれた水に中の気体がとけ、丸底
　　　　　　フラスコ内に気体がない状態になったから。

（2）　BTB溶液が青色に変化したということは、アルカリ性です。

	酸性	中性	アルカリ性
青色リトマス紙	赤	青（変化なし）	青
赤色リトマス紙	赤	赤（変化なし）	青
BTB溶液	黄	緑	青
フェノールフタレイン溶液	無色透明	無色透明	赤
ムラサキキャベツ液	赤　ピンク	紫	緑　黄

答え　アルカリ性

（3）　非常に水にとけやすく、水にとけるとアルカリ性の水溶液になる気体です。

答え　アンモニア

（4）　（2）の指示薬の色の変化を参照。

答え　赤色

（5）　この実験は、水に非常にとけやすい気体を使って行います。水にとけてBTB溶液が
　　　黄色ということは、酸性を示す水溶液です。塩酸と考えられます。

答え　塩化水素

2

（1）二酸化炭素を発生させるときに使用するのは塩酸と石灰石（炭酸カルシウム）です。

水溶液をA側に、固体をB側に入れ、図のように時計回りに回転させると、水溶液が固体の側に流れ込んで反応が始まります。

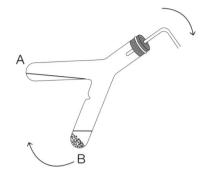

答え　ア　塩酸　　イ　石灰石（炭酸カルシウム）

　　　ウ　時計回り

（2）　反応を止めたい場合は（1）と逆に、ふたまた試験管を反時計回りに回転させると水溶液がAの側に戻りますが、そのときに固体が一緒に流れ込まないよう、Bの側にはでっぱりがあるのです。

答え　反時計回り　固体がAのほうに流れ込むのを防ぐ。

（3）　水素の発生に必要なのは、塩酸とアルミニウム（または亜鉛）ですね。キップの装置の仕組みは、以下のとおりです。

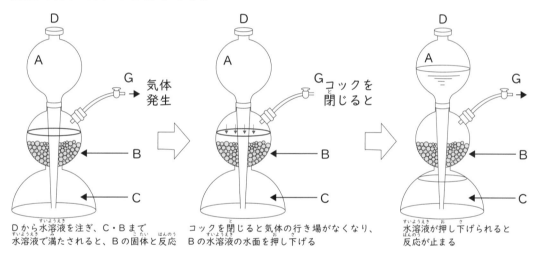

Dから水溶液を注ぎ、C・Bまで水溶液で満たされると、Bの固体と反応

コックを閉じると気体の行き場がなくなり、Bの水溶液の水面を押し下げる

水溶液が押し下げられると反応が止まる

答え　ア　塩酸　　イ　アルミニウム（亜鉛）　　ウ　C　　エ　閉じ　　オ　B

MEMO

MEMO

西村則康（にしむら のりやす）
名門指導会代表 塾ソムリエ
教育・学習指導に35年以上の経験を持つ。現在は難関私立中学・高校受験のカリスマ家庭教師であり、プロ家庭教師集団である名門指導会を主宰。「鉛筆の持ち方で成績が上がる」「勉強は勉強部屋でなくリビングで」「リビングはいつも適度に散らかしておけ」などユニークな教育法を書籍・テレビ・ラジオなどで発信中。フジテレビをはじめ、テレビ出演多数。
著書に、「つまずきをなくす算数 計算」シリーズ（全7冊）、「つまずきをなくす算数 図形」シリーズ（全3冊）、「つまずきをなくす算数 文章題」シリーズ（全6冊）のほか、『自分から勉強する子の育て方』『勉強ができる子になる「1日10分」家庭の習慣』『中学受験の常識 ウソ？ホント？』（以上、実務教育出版）などがある。

「中学受験 魔法ワザくらぶ」のご案内はこちら→

辻義夫（つじ よしお）
1968年生まれ。神戸市出身。
1988年から兵庫県を本拠地とする学習塾での指導を開始、特に理科の授業はわかりやすいと受験生の絶大な支持を得る。
1997年から、最難関中学合格者を毎年数多く輩出している授業と教材のエッセンスを吸収するため浜学園の講師となり、「塾の使い方」を見つめなおす機会を得る。
2000年、生徒一人を徹底的に伸ばす指導を行う中学受験専門プロ個別指導のSS-1設立に尽力し、大阪谷町教室にて最難関中学受験生を指導。現在は副代表を務める。「ワクワク系中学受験」と評されるその指導は、楽しく学べて理科系科目が知らない間に好きになってしまうと好評。
「中学受験情報局 かしこい塾の使い方」主任相談員として執筆、講演活動なども行っている。
著書に『中学受験 すらすら解ける魔法ワザ 理科・計算問題』『中学受験 すらすら解ける魔法ワザ 理科・知識思考問題』『中学受験 すらすら解ける魔法ワザ 理科・表とグラフ問題』（以上、実務教育出版）がある。

装丁／西垂水敦・市川さつき（krran）
カバーイラスト／佐藤おどり
本文デザイン・DTP／明昌堂
本文イラスト／広川達也
制作協力／加藤彩

中学受験
すらすら解ける魔法ワザ
理科・合否を分ける40問と超要点整理
2020年7月10日 初版第1刷発行
2023年1月10日 初版第2刷発行

監修者 西村則康
著 者 辻義夫
発行者 小山隆之
発行所 株式会社 実務教育出版
　　　　163-8671 東京都新宿区新宿1-1-12
　　　　電話 03-3355-1812（編集） 03-3355-1951（販売）
　　　　振替 00160-0-78270

印刷／精興社　製本／東京美術紙工

入試で的中、続出！
中学受験　すらすら解ける魔法ワザ
理科４部作　好評発売中！

シリーズ
10万部
突破！

実務教育出版の本

入試で的中、続出！
中学受験　すらすら解ける魔法ワザ
算数４部作　好評発売中！

実務教育出版の本

中学受験

すらすら解ける

魔法ワザ

理科・合否を分ける40問と超要点整理

別冊解答・解説

とりはずしてご利用ください

赤シートで合格一直線！

01 植物① 発芽と成長

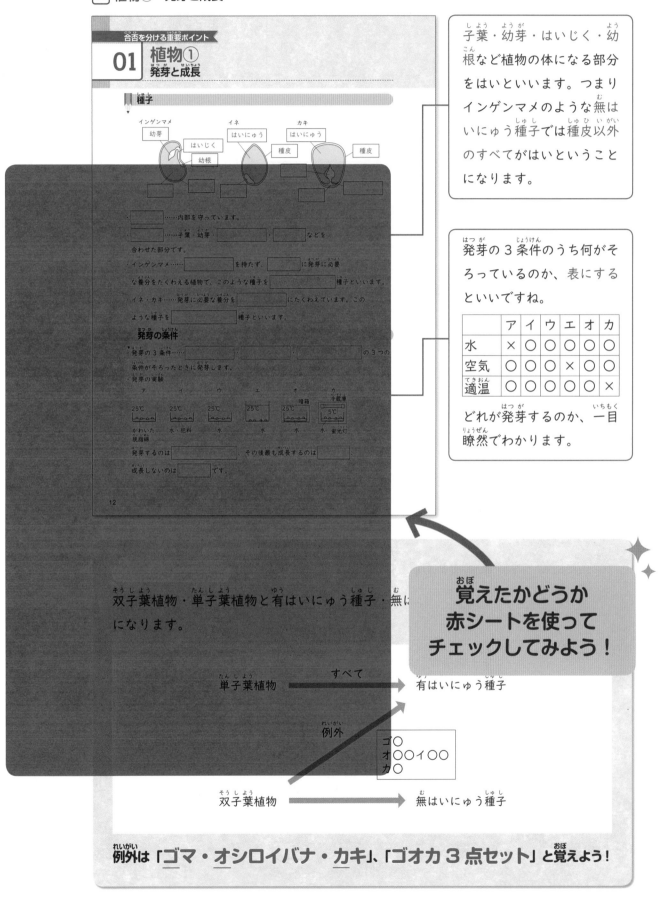

子葉・幼芽・はいじく・幼根など植物の体になる部分をはいといいます。つまりインゲンマメのような無はいにゅう種子では種皮以外のすべてがはいということになります。

発芽の3条件のうち何がそろっているのか、表にするといいですね。

	ア	イ	ウ	エ	オ	カ
水	×	○	○	○	○	○
空気	○	○	○	×	○	○
適温	○	○	○	○	○	×

どれが発芽するのか、一目瞭然でわかります。

覚えたかどうか
赤シートを使って
チェックしてみよう！

双子葉植物・単子葉植物と有はいにゅう種子・無は
になります。

単子葉植物 ──すべて──▶ 有はいにゅう種子

例外

ゴ	○
オ	○○イ○○
カ	○

双子葉植物 ──▶ 無はいにゅう種子

例外は「ゴマ・オシロイバナ・カキ」、「ゴオカ3点セット」と覚えよう！

合否を分ける重要ポイント　空欄に答えを書きこもう

01 植物①
発芽と成長

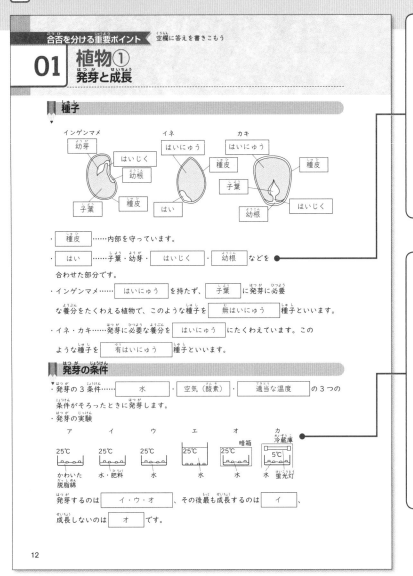

種子

インゲンマメ
幼芽 / はいじく / 幼根 / 子葉 / 種皮

イネ
はいにゅう / 種皮 / はい

カキ
はいにゅう / 種皮 / 子葉 / 幼根 / はいじく

・ 種皮 ……内部を守っています。
・ はい ……子葉・幼芽・ はいじく ・ 幼根 などを
　合わせた部分です。
・インゲンマメ…… はいにゅう を持たず、 子葉 に発芽に必要
　な養分をたくわえる植物で、このような種子を 無はいにゅう 種子といいます。
・イネ・カキ……発芽に必要な養分を はいにゅう にたくわえています。この
　ような種子を 有はいにゅう 種子といいます。

発芽の条件

・発芽の３条件…… 水 ・ 空気（酸素） ・ 適当な温度 の３つの
　条件がそろったときに発芽します。
・発芽の実験

ア（25℃ かわいた脱脂綿）　イ（25℃ 水・肥料）　ウ（25℃ 水）　エ（25℃ 暗箱 水）　オ（25℃ 暗箱 水）　カ（冷蔵庫 5℃ 水 蛍光灯）

発芽するのは イ・ウ・オ 、その後最も成長するのは イ 、
成長しないのは オ です。

12

子葉・幼芽・はいじく・幼根など植物の体になる部分をはいといいます。つまりインゲンマメのような無はいにゅう種子では種皮以外のすべてがはいということになります。

発芽の３条件のうち何がそろっているのか、表にするといいですね。

	ア	イ	ウ	エ	オ	カ
水	×	○	○	○	○	○
空気	○	○	○	×	○	○
適温	○	○	○	○	○	×

どれが発芽するのか、一目瞭然でわかります。

定番暗記法

双子葉植物・単子葉植物と有はいにゅう種子・無はいにゅう種子の関係は、下のようになります。

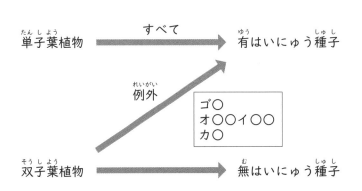

単子葉植物 ──すべて──→ 有はいにゅう種子

例外

ゴ○
オ○○イ○○
カ○

双子葉植物 ──────→ 無はいにゅう種子

例外は「ゴマ・オシロイバナ・カキ」、「ゴオカ３点セット」と覚えよう！

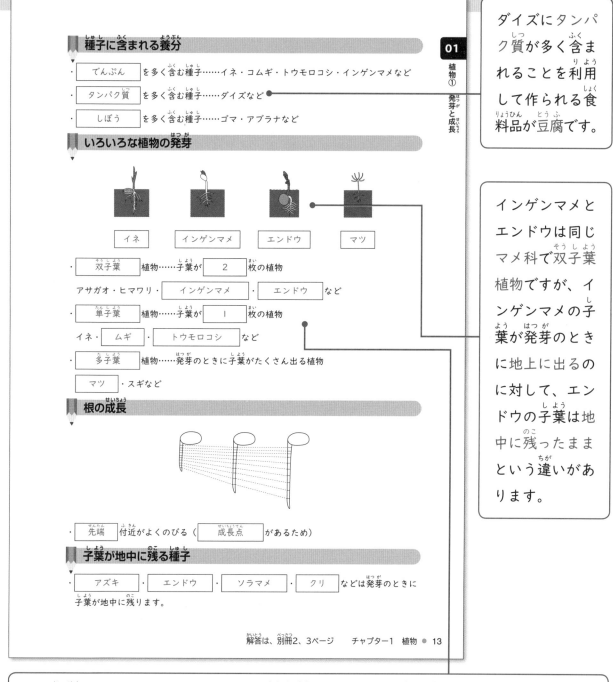

種子に含まれる養分

01
植物①
発芽と成長

・ でんぷん を多く含む種子……イネ・コムギ・トウモロコシ・インゲンマメなど

・ タンパク質 を多く含む種子……ダイズなど

・ しぼう を多く含む種子……ゴマ・アブラナなど

> ダイズにタンパク質が多く含まれることを利用して作られる食料品が豆腐です。

いろいろな植物の発芽

イネ インゲンマメ エンドウ マツ

・ 双子葉 植物……子葉が 2 枚の植物

アサガオ・ヒマワリ・ インゲンマメ ・ エンドウ など

・ 単子葉 植物……子葉が 1 枚の植物

イネ・ ムギ ・ トウモロコシ など

・ 多子葉 植物……発芽のときに子葉がたくさん出る植物

マツ ・スギなど

> インゲンマメとエンドウは同じマメ科で双子葉植物ですが、インゲンマメの子葉が発芽のときに地上に出るのに対して、エンドウの子葉は地中に残ったままという違いがあります。

根の成長

・ 先端 付近がよくのびる（ 成長点 があるため）

子葉が地中に残る種子

・ アズキ ・ エンドウ ・ ソラマメ ・ クリ などは発芽のときに子葉が地中に残ります。

解答は、別冊2、3ページ チャプター1 植物 ● 13

中学受験の勉強で出てくる植物では、単子葉植物のほうが双子葉植物よりも数が少ないので、単子葉植物を中心に覚えましょう（多子葉植物はマツとスギくらいしか出てきません）。特に単子葉植物はイネ科が多いので、イネ・ムギ・トウモロコシ・タケ・ササ・エノコログサ・ススキなどイネ科を多く覚えるといいですね。

定番暗記法

発芽のときに子葉が地中に残る植物

アズキ・エンドウ・ソラマメ・クリ・カシ・ナラ

「明日は 地中に エンソク かしら」

3

植物の成長

・植物の成長の５条件…… [水] ・ [空気] ・ [適当な温度] ・ [日光（光）] ・
[肥料] がそろうと植物は成長します。

土

・植物は土がなくても成長しますが、適度に [水] と [空気] を保つことができる
ので、普通は土を使って育てます。

ジャガイモとサツマイモ

・ジャガイモは [ナス] 科、サツマイモは [ヒルガオ] 科の植物です。

・ジャガイモは [たねいも] を畑に植えて育てます。

・サツマイモは [たねいも] を [なえどこ] に植えて、芽が出たら畑にさし芽をし
て育てます。

・ジャガイモは植物の [くき（地下茎）] の部分に、サツマイモは [根] の部分に養分を
たくわえたものです。

光合成と呼吸

・光合成……空気中の [二酸化炭素]
と根から吸い上げた [水] を原料に、
[日光] のエネルギーを利用して植物が
[でんぷん] と [酸素] をつくるは
たらきを光合成といいます。

[日光] のエネルギー
葉緑体
水＋二酸化炭素→でんぷん＋酸素

・呼吸…… [酸素] を使い、養分である [でんぷん（糖分）] などを分解して生活活動の
[エネルギー] をつくるはたらき。呼吸によって [二酸化炭素] と
[水] ができます。
呼吸は [光合成] の逆のはたらきといえます。

> 発芽の３条件に「日光（光）」と「肥料」を付け加えて覚えるといいですね。

> ナス科にはその他トマト・ピーマン・ナス・ししとうなどが、ヒルガオ科にはアサガオなどがあります。

> サツマイモには表面に「ひげ」のようなものが生えていて、ひと目で根の一部だということがわかりますね。

14

定番暗記法

植物が養分をたくわえる場所は、語呂合わせで覚えよう！

くきに養分をたくわえる植物

「里の畑じゃくき食うわい」

里 の はたけ じゃ くき 食うわい

サトイモ　ハス　タケ　ジャガイモ　クワイ

根に養分をたくわえる植物

ヤマノイモ　ダリア　ダイコン　サツマイモ　ニンジン　カブ
（刑事ドラマ風に）山田！　大殺人か！？

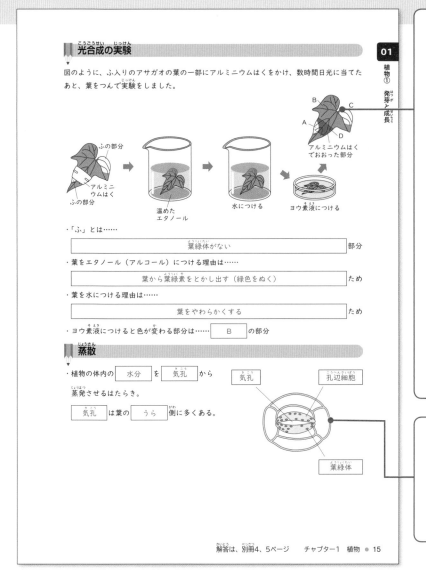

光合成の実験

図のように、ふ入りのアサガオの葉の一部にアルミニウムはくをかけ、数時間日光に当てたあと、葉をつんで実験をしました。

ふの部分
アルミニウムはく
ふの部分

温めたエタノール → 水につける → ヨウ素液につける

B
C
A
D
アルミニウムはくでおおった部分

・「ふ」とは……
| 葉緑体がない |
部分

・葉をエタノール（アルコール）につける理由は……
| 葉から葉緑素をとかし出す（緑色をぬく） |
ため

・葉を水につける理由は……
| 葉をやわらかくする |
ため

・ヨウ素液につけると色が変わる部分は…… B の部分

蒸散

・植物の体内の 水分 を 気孔 から蒸発させるはたらき。

・気孔 は葉の うら 側に多くある。

気孔
孔辺細胞
葉緑体

解答は、別冊4、5ページ　チャプター1　植物 ● 15

この実験は「超定番問題」です。熱したアルコール、水に葉をつける理由はしっかり覚えておこう！
またアルコールの熱し方もよく出題されます。
アルコールは直接火にかけると危険（燃える）なので、湯せんで温めます。

湯
アルコール

植物体内に水分が多くなると、孔辺細胞が水を吸って膨らみ、すき間（気孔）が開く仕組みとなっています。

定番問題

4本の同じ大きさの植物の枝に、下のようにワセリン（ぬると水分が蒸発しない）をぬって、1時間後の水の減少量を調べると、表のようになりました。
葉の裏からの蒸散量はいくらですか。

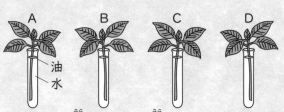

A　B　C　D
油
水
表にワセリン　裏にワセリン　表裏にワセリン　何もしない

実験	A	B	C	D
水の減少量 (mL)	8	4	1	11

解説 それぞれの実験で、どこから水が蒸散したかを表にまとめます。

葉の裏からの蒸散量＝D－B

11－4＝7　　　　　　答え　7mL

	葉の表	葉の裏	くき	蒸散量
A	×	○	○	8mL
B	○	×	○	4mL
C	×	×	○	1mL
D	○	○	○	11mL

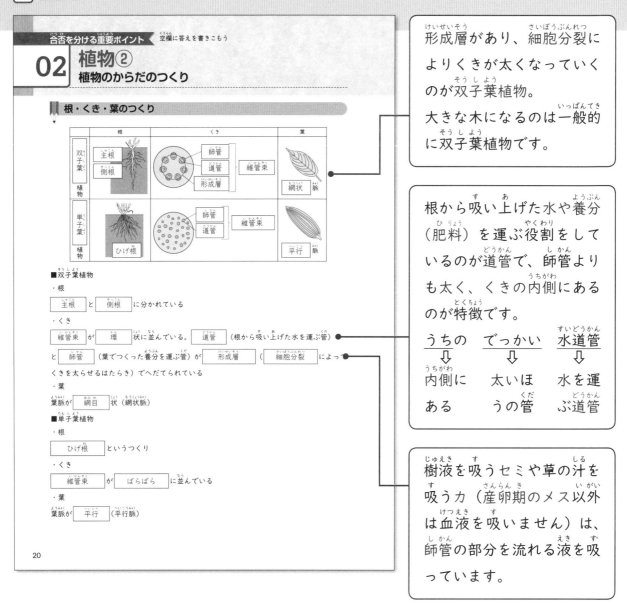

合否を分ける重要ポイント　空欄に答えを書きこもう

02 植物②
植物のからだのつくり

根・くき・葉のつくり

	根	くき	葉
双子葉植物	主根 側根	師管 道管 維管束 形成層	網状脈
単子葉植物	ひげ根	師管 道管 維管束	平行脈

■双子葉植物
・根
　 主根 と 側根 に分かれている
・くき
　 維管束 が 環 状に並んでいる。 道管 （根から吸い上げた水を運ぶ管）
　と 師管 （葉でつくった養分を運ぶ管）が 形成層 （ 細胞分裂 によっ
　くきを太らせるはたらき）でへだてられている
・葉
　葉脈が 網目 状（網状脈）
■単子葉植物
・根
　 ひげ根 というつくり
・くき
　 維管束 が ばらばら に並んでいる
・葉
　葉脈が 平行 （平行脈）

20

形成層があり、細胞分裂によりくきが太くなっていくのが双子葉植物。
大きな木になるのは一般的に双子葉植物です。

根から吸い上げた水や養分（肥料）を運ぶ役割をしているのが道管で、師管よりも太く、くきの内側にあるのが特徴です。

うちの → うちがわにある
でっかい → 太いほうの管
水道管 → 水を運ぶ道管

樹液を吸うセミや草の汁を吸う力（産卵期のメス以外は血液を吸いません）は、師管の部分を流れる液を吸っています。

定番問題

葉のついたホウセンカのくきを食紅で着色した水につけ、数時間後にくきの断面を観察しました。食紅の色がついている部分として正しいものはどれですか。

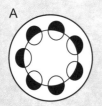
A

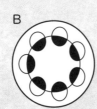
B

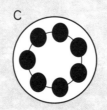
C

解説 水はくきの内側にある道管を流れるから、内側に色がつきます。　　答え　B

各部のはたらき

■根のはたらき
・体の上部を支える
・根（根毛）から地中の 水 や 養分（肥料） を吸収する
・根に養分をたくわえる植物

| ヤマノイモ | ・ | ダリア | ・ | ダイコン | ・ | サツマイモ | ・ |

| ニンジン | ・ | カブ | など |

■くきのはたらき
・水や養分を運ぶ
・くきに養分をたくわえる植物

| サトイモ | ・ | ハス | ・ | タケ | ・ | ジャガイモ | ・ | クワイ | など |

■葉のはたらき
・日光を受けて 光合成 を行う
・おもに 裏 側にたくさんある 気孔 から水分を 蒸散 させる
・葉に養分をたくわえる植物

| サフラン | ・ | ユリ | ・ | タマネギ | ・ | ヒヤシンス | ・ |

| チューリップ | など |

花のつくり

・花の四要素…　花びら ・ がく ・ おしべ ・ めしべ
・がく…花の内部を守る
・花びら…色や形で こん虫（や鳥） をおびきよせる
・おしべ…やくの部分で 花粉 をつくる
・めしべ… 子房 が成長して果実に、その中の はいしゅ が 種子 となる
・上記の四要素がそろっている花を 完全花 、そうでないものを 不完全花 という
・ お花 と め花 に分かれている花を単性花、花に おしべ と めしべ がそろっている花を両性花という

02
植物②　植物のからだのつくり

根に養分をたくわえる植物は、できれば掘りたての状態を見ておけばよいでしょう。表面に生える根毛の様子から、根の一部であることが実感できます。

葉に養分をたくわえる植物は
さゆりの　タマネギ
　ユリ　タマネギ
冷やして　チュー
ヒヤシンス　チューリップ
と覚えよう！

思考系問題

植物を、次のA〜Cの条件で仲間分けしました。キにあてはまるのは1〜6のどれですか。

条件A　花びらが1枚ずつ取り外せない
条件B　花の色が黄色
条件C　花がお花、め花に分かれている

1 サクラ　　2 タンポポ
3 ヘチマ　　4 マツ
5 トウモロコシ　6 アサガオ

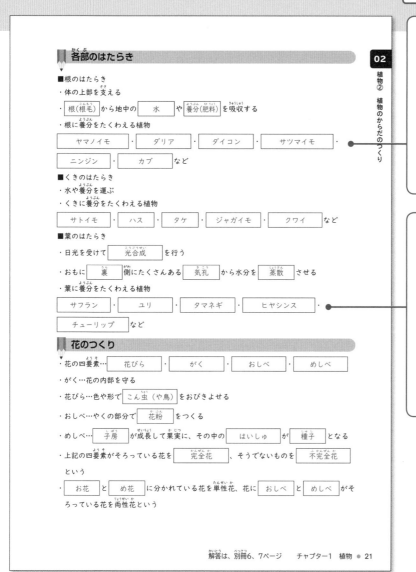

解説 それぞれの特徴にあてはまる植物は
A　2・3・6
B　2・3
C　3・4・5
すべてにあてはまるのは3です。

答え　3

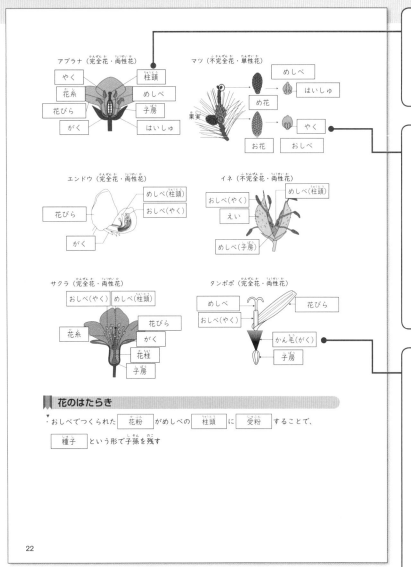

アブラナ（完全花・両性花）
やく
花糸
花びら
がく
柱頭
めしべ
子房
はいしゅ

マツ（不完全花・単性花）
果実
め花
お花
めしべ
はいしゅ
やく
おしべ

エンドウ（完全花・両性花）
花びら
がく
めしべ（柱頭）
おしべ（やく）

イネ（不完全花・両性花）
おしべ（やく）
えい
めしべ（柱頭）
めしべ（子房）

サクラ（完全花・両性花）
おしべ（やく）
めしべ（柱頭）
花糸
花びら
がく
花柱
子房

タンポポ（完全花・両性花）
めしべ
おしべ（やく）
花びら
かん毛（がく）
子房

アブラナのおしべは6本、うち4本が長く2本が短い。「4長2短」と覚えよう。

マツの花粉は、風で飛ばされやすい（風媒花）ように空気袋がついています。

マツの花粉

空気袋

外で見かけるタンポポの花は「頭花」といい、小さな花が80～200くらい集まったもの。1つの花は5枚の花びらがつながったもの。キク科の花（ヒマワリやコスモスなど）の特徴です。

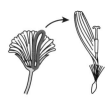

花のはたらき

・おしべでつくられた 花粉 がめしべの 柱頭 に 受粉 することで、 種子 という形で子孫を残す

22

定番問題

次の条件にあてはまる植物を、それぞれ下のア～キよりすべて選びなさい。

A. 1つの果実に種子が1つだけできる

B. 花びらが5枚

ア アブラナ　イ エンドウ　ウ イネ　エ タンポポ　オ アサガオ

カ サクラ　　キ ヘチマ

答え A. ウ・エ・カ

B. イ・エ・オ・カ・キ

季節と植物

02
植物②
植物のからだのつくり

■春の花
右の図の7つを春の七草といいます。

・スズナは [カブ] 、スズシロは [ダイコン] 、ゴギョウは [ハハコグサ] のことです。

・ホトケノザは [コオニタビラコ] のことで、「ホトケノザ」という名前の別の植物があります。

・春に開花するサクラ（ソメイヨシノ）は、例年その [開花前線(開花予報)] がニュースになります。春に花になる冬芽は [丸] いもの、葉になる冬芽は [細長] いものです。

■夏の花
・アサガオやヒマワリ、ヘチマなどの他、夜に開花する [オオマツヨイグサ] 、種がはじけて飛ぶ [ホウセンカ] 、青色で花びらが3枚の花を咲かせる [ツユクサ] などがあります。

■秋の花
右の図の7つを秋の七草といいます。

・キキョウは「万葉集」の中で [アサガオ] とよまれていますが、同じ仲間ではありません。

・その他の秋の花には「秋桜」と書く [コスモス] や、特に鱗茎と呼ばれる球根部分に毒を多く含む [ヒガンバナ] などがあります。

■開花の条件
アサガオやキクのように、夏至を過ぎたらつぼみをつけ開花する植物は、ある時間以上 [暗期] が続くと花芽をつけます。このような植物を短日植物といいます。

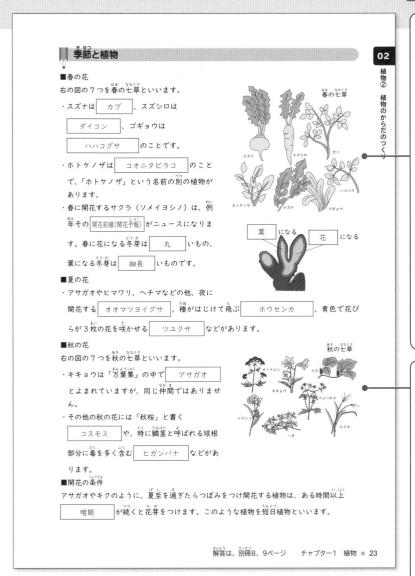

春の七草

[葉] になる　　[花] になる

秋の七草

春の七草は

ハ　　　ハハコグサ
ハ　　　ハコベ
ノ
セ　　　セリ
ナ　　　ナズナ
カ　　　カブ
ニ
ダ　　　ダイコン
ッ
コ　　　コオニタビラコ

と覚えよう！

秋の七草は

お前は　　　バカで
オミナエシ　フジバカマ
クズで　　　ハゲなので
クズ　　　　ハギ
今日も　　　ナデナデ
キキョウ　　ナデシコ
だ〜いすき
　　　　　　ススキ

と覚えよう！

思考系問題

1日のうち光をあてる時間と暗闇に置く時間を調節し、アサガオを育てました。つぼみがつき花が咲いたものが○、つぼみがつかなかったものが×です。Eの？には○と×のどちらが入りますか。

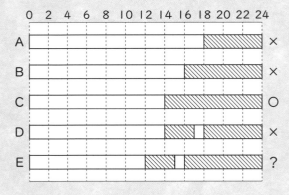

解説 グラフから、アサガオがつぼみをつけるには暗闇に置く時間が連続して10時間以上必要とわかります。Eは暗闇に連続して置く時間が最大8時間しかありません。

答え　×

9

合否を分ける重要ポイント　空欄に答えを書きこもう

03 天体①
星と星座　📺動画あります

星の種類

① 恒星 …自ら光を出して輝いている星（例：太陽・シリウス・アンタレスなど）

② 惑星 …①の星のまわりを公転している星（例：地球・火星・金星など）

③ 衛星 …②の星のまわりを公転している星（例：月・エウロパ・タイタンなど）

恒星の色

色	赤	だいだい	黄	白	青白
表面温度	3000℃	4500℃	6000℃	10000℃	15000℃

地球の自転

1日(24時間)に1回転の速さで、北極の真上から見て 反時計 回りに自転

日本（北半球）から見た夜空

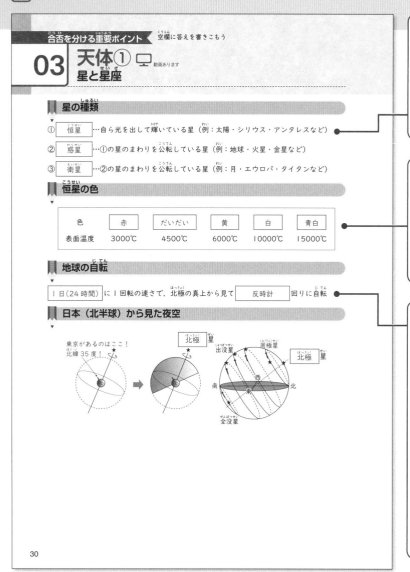

太陽を除いて、全天で最も明るい恒星はおおいぬ座の一等星であるシリウスです。

太陽の表面温度は約6000℃。黄色い色の恒星ということになります。

地球の自転によって、太陽が1日に1回天球上を東から西に動いているように見えます。ある地点（日本では標準時子午線がある東経135度の経線上）で太陽が南中してから、次の日に南中するまでの時間を1日としています。

30

新傾向問題

地球が太陽のまわりを公転するのにかかる日数が360日、ある地点で太陽が南中してから次の日に南中するまでにかかる時間が1日だとすると、地球は1日に角度にして何度自転しているでしょうか？

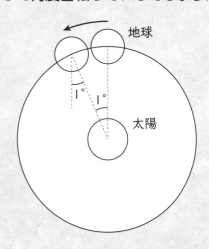

解説 1回公転するのに360日かかるということは、1日あたり1度公転しているということです。地球の位置が1度ずれるため、360度自転するだけでは、太陽が次の日に南中しないことがわかります。

答え　361度

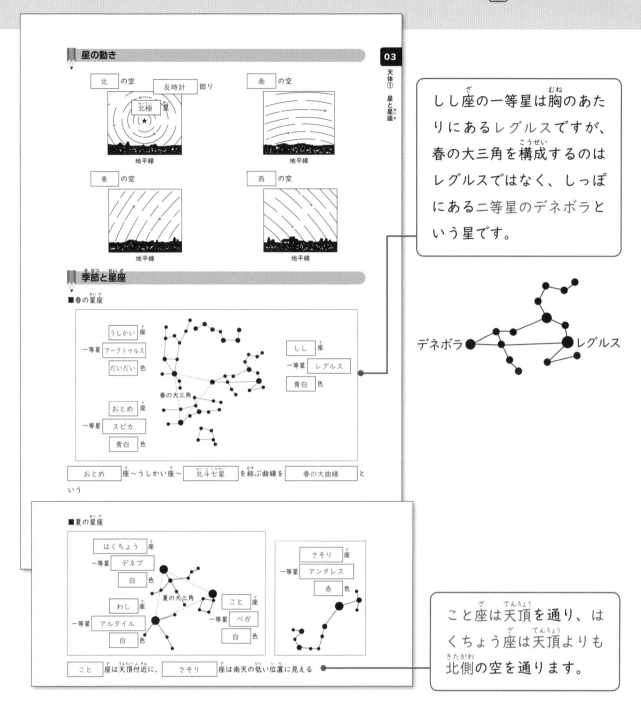

星の動き

北 の空　　反時計 回り　　南 の空
北極星
★
地平線　　　　　　　　地平線

東 の空　　　　　　　西 の空
地平線　　　　　　　地平線

季節と星座

■春の星座

うしかい 座
一等星 アークトゥルス
だいだい 色

しし 座
一等星 レグルス
青白 色

春の大三角

おとめ 座
一等星 スピカ
青白 色

おとめ 座〜うしかい座〜 北斗七星 を結ぶ曲線を 春の大曲線 という

■夏の星座

はくちょう 座
一等星 デネブ
白 色

わし 座
一等星 アルタイル
白 色

夏の大三角

こと 座
一等星 ベガ
白 色

さそり 座
一等星 アンタレス
赤 色

こと 座は天頂付近に、 さそり 座は南天の低い位置に見える

しし座の一等星は胸のあたりにあるレグルスですが、春の大三角を構成するのはレグルスではなく、しっぽにある二等星のデネボラという星です。

デネボラ　レグルス

こと座は天頂を通り、はくちょう座は天頂よりも北側の空を通ります。

ワンポイント

夏の大三角と天の川の位置関係はとてもよく出題されます。
ポイントは、ひこ星（アルタイル）と織姫星（ベガ）が天の川の対岸にいることです。
白鳥は天の川で泳いでいるようですね。

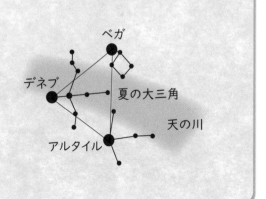

ベガ
デネブ
夏の大三角
天の川
アルタイル

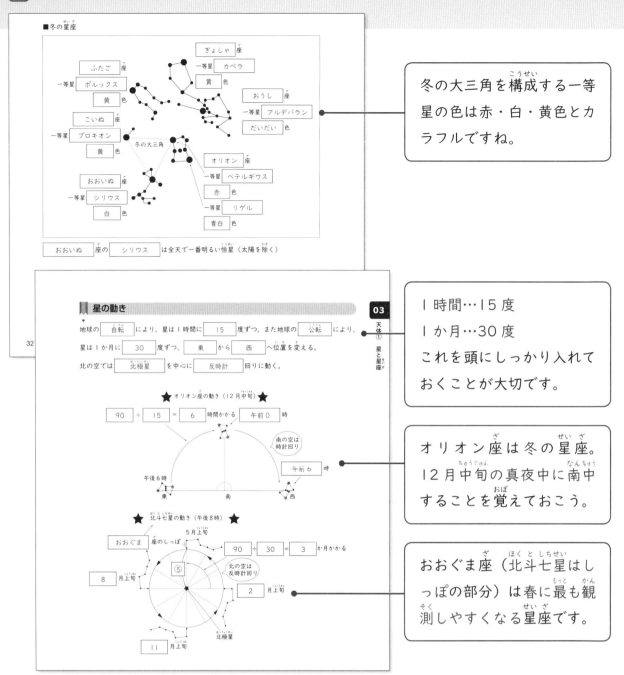

計算問題

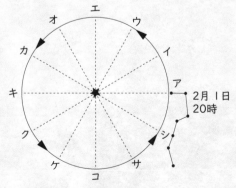

12月1日4時にはどこに見える？

解説 2か月前だから

30 × 2 = 60度　戻って…

8時間後だから

15 × 8 = 120度　進むと…

120 − 60 = 60度　進むことになります。

答え　ウ

黄道12星座

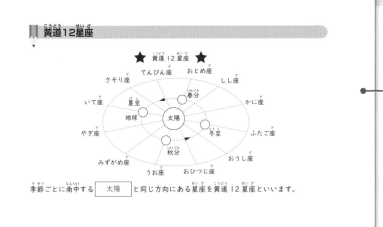

季節ごとに南中する │太陽│ と同じ方向にある星座を黄道12星座といいます。

黄道12星座は星占い（占星術）に使われる星座です。その日に南中している太陽と同じ方向にある星座ですから、実際には見ることができません。
星座の観測時期と星占いの星座がずれているのはこのためです。

星座早見

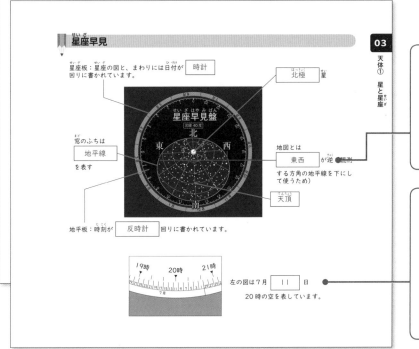

星座板：星座の図と、まわりには日付が時計回りに書かれています。　時計

北極星

窓のふちは　地平線　を表す

地図とは　東西　が逆（する方角の地平線を下にして使うため）

天頂

地平板：時刻が　反時計　回りに書かれています。

左の図は7月 │11│ 日20時の空を表しています。

星座早見盤は観測する方角の地平線を下にして使うため、地図とは東西が逆になっています。

日付は1日おきに書かれています。書かれていない日付は、前後の日の間を指すことで対応します。

新傾向問題

上の星座早見盤で1か月後の同じ時刻の空を観測したい場合、星座板、地平板それぞれをどの向きに何度まわせばよいですか。
星座板、地平板それぞれについて考えましょう。

解説 1か月たつと、星は反時計回りに30度位置を変えます。星座板なら星座が動く通りに、地平板はその逆に30度回転させればいいですね。

答え
星座板：反時計回りに30度まわす。

地平板：時計回りに30度まわす。

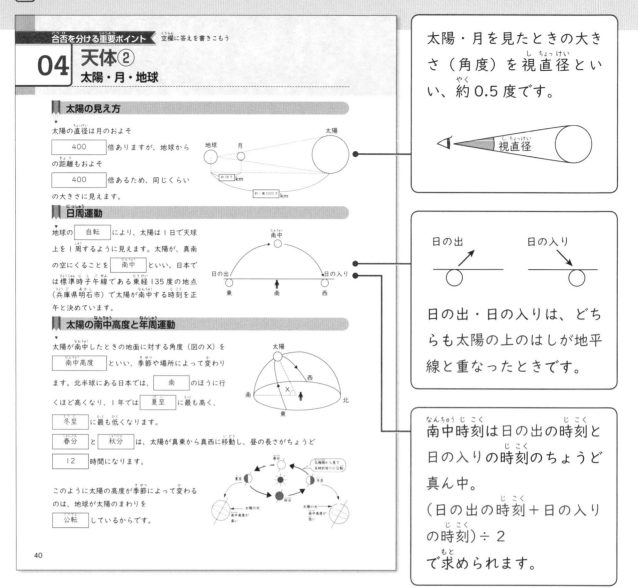

04 天体②
太陽・月・地球

太陽の見え方

太陽の直径は月のおよそ [400] 倍ありますが、地球からの距離もおよそ [400] 倍あるため、同じくらいの大きさに見えます。

太陽・月を見たときの大きさ（角度）を視直径といい、約0.5度です。

視直径

日周運動

地球の [自転] により、太陽は1日で天球上を1周するように見えます。太陽が、真南の空にくることを [南中] といい、日本では標準時子午線である東経135度の地点（兵庫県明石市）で太陽が南中する時刻を正午と決めています。

日の出　日の入り

日の出・日の入りは、どちらも太陽の上のはしが地平線と重なったときです。

太陽の南中高度と年周運動

太陽が南中したときの地面に対する角度（図のX）を [南中高度] といい、季節や場所によって変わります。北半球にある日本では、[南] のほうに行くほど高くなり、1年では [夏至] に最も高く、[冬至] に最も低くなります。

[春分] と [秋分] は、太陽が真東から真西に移動し、昼の長さがちょうど [12] 時間になります。

このように太陽の高度が季節によって変わるのは、地球が太陽のまわりを [公転] しているからです。

南中時刻は日の出の時刻と日の入りの時刻のちょうど真ん中。
（日の出の時刻＋日の入りの時刻）÷2
で求められます。

40

計算問題

次の表は、日本の東京、大阪、福岡での日の出、日の入りの時刻です。どの結果がどの都市のものでしょうか。

	日の出	日の入り
A	6：49	16：55
B	7：21	17：37
C	7：03	17：15

解説 一番東にある東京が最も南中時刻が早く、福岡が最も遅いと考えられます。
それぞれの南中時刻を計算します。

A （6：49 ＋ 16：55）÷ 2 ＝ 11：52

B （7：21 ＋ 17：37）÷ 2 ＝ 12：29

C （7：03 ＋ 17：15）÷ 2 ＝ 12：09

答え A 東京　B 福岡　C 大阪

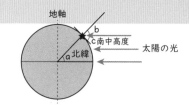

太陽の南中高度を求める式

04

春分（3月20日ごろ）

> 南中高度＝90－その土地の緯度（北緯）

夏至（6月21日ごろ）

> 南中高度＝90－その土地の緯度（北緯）＋23.4

秋分（9月23日ごろ）

> 南中高度＝90－その土地の緯度（北緯）

冬至（12月22日ごろ）

> 南中高度＝90－その土地の緯度（北緯）－23.4

日かげ曲線

図のような装置で太陽の影を観測し、影の先端の位置につけた印を結ぶと、季節によってできる線の形が違います。これを日かげ曲線といいます。

太陽は ［東］ から ［西］ に動いていくので、影の先端は ［西］ から ［東］ へ動きます。

春分・秋分…② 夏至…③ 冬至…①

世界各地での太陽の動き

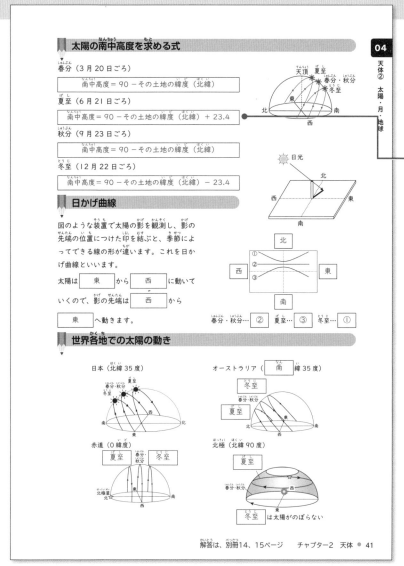

日本（北緯35度）

オーストラリア（［南］緯35度）
冬至 / 春分・秋分 / 夏至

赤道（0緯度）
夏至 / 春分・秋分 / 冬至

北極（北緯90度）
夏至 / 春分・秋分 / 冬至 は太陽がのぼらない

解答は、別冊14、15ページ チャプター2 天体 ● 41

春分、秋分の日の場合、太陽の南中高度は上の図のように90からその土地の北緯をひいた角度（c）と等しくなります。

夏至の日

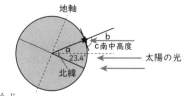

冬至の日

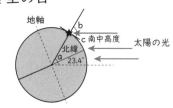

夏至の日、冬至の日の場合は、地球の地軸のかたむき（23.4度）の分だけ春分、秋分の日の南中高度よりも高くなったり低くなったりします。

新傾向問題

夏至の日、南緯18度の地点の太陽の最大高度は何度ですか。ただし地球の地軸は公転面に垂直な直線に対して23.4度かたむいているものとします。

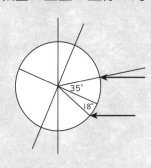

解説 夏至の日ですから、日本の北緯を35度とすると太陽の南中高度は

90 － 35 ＋ 23.4

で求められますが、南緯18度ですから

90 － 18 － 23.4 ＝ 48.6

答え　48.6度

月の満ち欠け

月は地球のまわりを公転する $\boxed{衛星}$ です。

$\boxed{太陽}$ の光のあたっている側が光って見え、満ち欠けします。

月が1回地球のまわりを公転するのにかかる日数
= $\boxed{27.3}$ 日
（ツナサンドと覚えよう）

月が1回満ち欠けするのにかかる日数
= $\boxed{29.5}$ 日
（ニクゴゴハンと覚えよう）

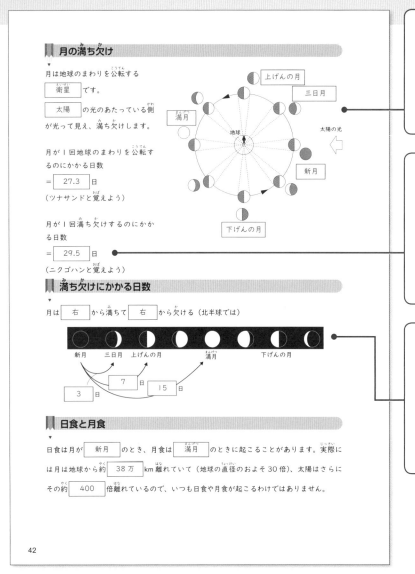

> 丸覚えではなく、この図を自分でかいて月の形と見える時刻がわかるようになるのが大切ですね。

> 月が1回公転すれば満ち欠けが1回終わるはず…と考えた人は、下の「新傾向問題」で地球の公転について考えてみましょう。

満ち欠けにかかる日数

月は $\boxed{右}$ から満ちて $\boxed{右}$ から欠ける（北半球では）

新月　三日月　上げんの月　　満月　　　下げんの月

$\boxed{3}$ 日　$\boxed{7}$ 日　$\boxed{15}$ 日

> 満月は「十五夜の月」と呼ばれますね。月の満ち欠け周期が約30日ですから、新月～満月にかかる日数は15日です。

日食と月食

日食は月が $\boxed{新月}$ のとき、月食は $\boxed{満月}$ のときに起こることがあります。実際には月は地球から約 $\boxed{38万}$ km離れていて（地球の直径のおよそ30倍）、太陽はさらにその約 $\boxed{400}$ 倍離れているので、いつも日食や月食が起こるわけではありません。

新傾向問題

月の公転周期が30日、地球の公転周期が360日のとき、月の満ち欠け周期は何日ですか。答えは、小数第1位まで求めなさい。

解説 地球の公転周期は1日あたり $360 \div 360 = 1$ 度太陽のまわりを公転し、月は

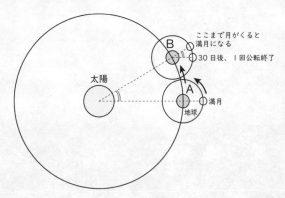

1日あたり $360 \div 30 = 12$ 度地球のまわりを公転します。月が1回公転を終えたときに地球も太陽のまわりを30度まわってしまっていて、まだ満月になりません。満月～次の満月までには、図から月が地球よりも360度多くまわる必要があります。

$$360 \div (12 - 1) = \frac{360}{11} = 32.72\cdots$$

答え　32.7 日

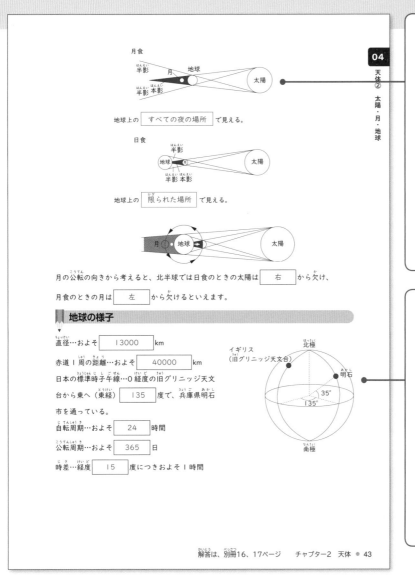

月食

地球上の すべての夜の場所 で見える。

日食

地球上の 限られた場所 で見える。

月の公転の向きから考えると、北半球では日食のときの太陽は 右 から欠け、

月食のときの月は 左 から欠けるといえます。

地球の様子

直径…およそ 13000 km

赤道1周の距離…およそ 40000 km

日本の標準時子午線…0経度の旧グリニッジ天文台から東へ（東経） 135 度で、兵庫県明石市を通っている。

自転周期…およそ 24 時間

公転周期…およそ 365 日

時差…経度 15 度につきおよそ1時間

イギリス
（旧グリニッジ天文台）

北極

明石

35°

135°

南極

模式図では、満月のときには必ず月食に、新月のときには必ず日食になるように見えますが、実際には月は地球の直径の30倍ほど離れた場所にあります。

太陽・地球・月が一直線に重なるのは、とてもめずらしいことなんですね。

世界の標準時は0経度のイギリスの旧グリニッジ天文台です。日本の標準時子午線は東経135度ですから、世界標準時とは135÷15＝9時間ずれています。日本はイギリスよりも9時間早く1日が始まることになります。

解答は、別冊16、17ページ　チャプター2 天体 ● 43

計算問題

東京（東経135度）が2019年11月20日午後7時のとき、ハワイ（西経150度）では何月何日何時でしょうか。

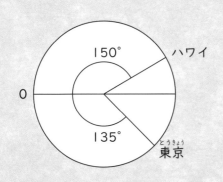

150°　ハワイ

0

135°
東京

解説 東京とハワイは経度にして

150 ＋ 135 ＝ 285 度

離れています。時差は

285 ÷ 15 ＝ 19 時間

となります。

ハワイのほうが西にあるため、東京のほうが先に1日が始まっています。つまりハワイはまだ

11月20日19時 － 19時間 ＝ 11月20日0時

ですね。

答え　11月20日0時

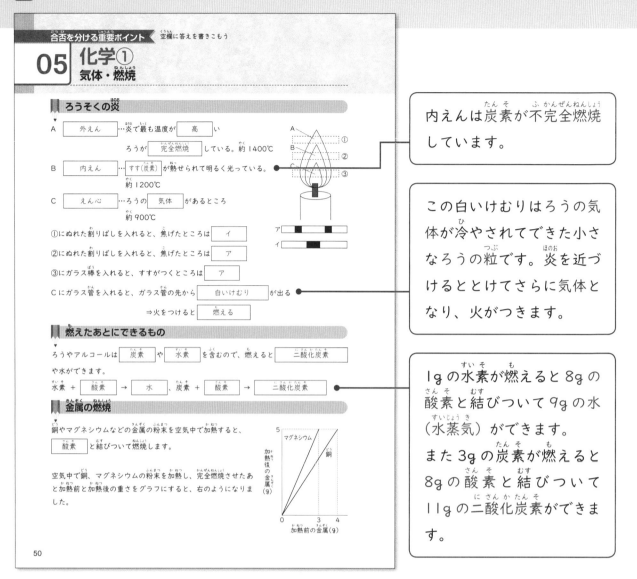

合否を分ける重要ポイント　空欄に答えを書きこもう

05 化学①
気体・燃焼

ろうそくの炎

A 　外えん　 …炎で最も温度が 　高　 い

　　　　　ろうが 　完全燃焼 している。約1400℃

B 　内えん　 …すす（炭素） が熱せられて明るく光っている。
　　　　　約1200℃

C 　えん心　 …ろうの 　気体　 があるところ
　　　　　約900℃

①にぬれた割りばしを入れると、焦げたところは 　イ

②にぬれた割りばしを入れると、焦げたところは 　ア

③にガラス棒を入れると、すすがつくところは 　ア

Cにガラス管を入れると、ガラス管の先から 　白いけむり　 が出る

　　　　　　⇒火をつけると 　燃える

燃えたあとにできるもの

ろうやアルコールは 　炭素　 や 　水素　 を含むので、燃えると 　二酸化炭素
や水ができます。

水素 ＋ 酸素 → 　水　 、炭素 ＋ 酸素 → 　二酸化炭素

金属の燃焼

銅やマグネシウムなどの金属の粉末を空気中で加熱すると、
　酸素　 と結びついて燃焼します。

空気中で銅、マグネシウムの粉末を加熱し、完全燃焼させたあと加熱前と加熱後の重さをグラフにすると、右のようになりました。

内えんは炭素が不完全燃焼しています。

この白いけむりはろうの気体が冷やされてできた小さなろうの粒です。炎を近づけるととけてさらに気体となり、火がつきます。

1gの水素が燃えると8gの酸素と結びついて9gの水（水蒸気）ができます。
また3gの炭素が燃えると8gの酸素と結びついて11gの二酸化炭素ができます。

計算問題

アルコール4gを燃やすと、二酸化炭素5.5gと水4.5gができました。アルコール4gには成分として炭素何gと水素何gが含まれていますか。ただし、1gの水素が燃えると9gの水ができ、3gの炭素が燃えると11gの二酸化炭素ができるものとします。

解説 炭素、水素の燃焼によって二酸化炭素、水ができるときの重さの割合は、次のとおりです。

炭素 ＋ 酸素 → 二酸化炭素
③ 　 ⑧ 　 ⑪

水素 ＋ 酸素 → 水
① 　 ⑧ 　 ⑨

問題では二酸化炭素5.5g、水4.5gができているので

⑪＝5.5g 　①＝0.5g 　③＝1.5g

⑨＝4.5g 　①＝0.5g

答え　炭素1.5g　水素0.5g

12gのマグネシウムの粉末を完全燃焼させると何gになるかを考えてみましょう。

グラフより、マグネシウム3gを完全燃焼させると $\boxed{5}$ gになることがわかります。

これは、3gのマグネシウムが $\boxed{2}$ gの酸素と結びついて、酸化マグネシウムという別の物質になったからです。

言葉で式を書いて、何倍になっているかを計算します。

マグネシウム ＋ 酸素 → 酸化マグネシウム

3g　　　　$\boxed{2}$ 　　　　$\boxed{5}$ g

となります。

問題では12gのマグネシウムを完全燃焼させているので

マグネシウム ＋ 酸素 → 酸化マグネシウム

3g　　　　$\boxed{2}$ g　　　　$\boxed{5}$ g

↓×$\boxed{4}$　↓×$\boxed{4}$　↓×$\boxed{4}$

12g　　　$\boxed{8}$ g　　　$\boxed{20}$ g

と計算できますね。

もちろん、マグネシウム：$\boxed{酸素}$ ＝ 3：$\boxed{2}$ で結びつくことを利用し、

マグネシウム ＋ 酸素 → 酸化マグネシウム

③ 12g　　② $\boxed{8}$ g　　⑤ $\boxed{20}$ g

① ＝ $\boxed{4}$ g

② ＝ $\boxed{8}$ g

⑤ ＝ $\boxed{20}$ g

と、比の考え方を使って解いてもかまいません。

> マグネシウムは酸素と結びついて $\frac{5}{3}$ 倍の重さの酸化マグネシウムになり、銅は $\frac{5}{4}$ 倍の重さの酸化銅になります。酸化マグネシウムは白色、酸化銅は黒色の物質で、もとの金属とは全く違う物質です。

> マグネシウム③＋酸素②→酸化マグネシウム⑤
> これは決まった数字なので覚えておくとよいですね。

計算問題

3gのマグネシウムを空気中で完全燃焼させると5gの酸化マグネシウムになり、4gの銅を空気中で完全燃焼させると5gの酸化銅になります。

いま、マグネシウムと銅の混合粉末8.4gを空気中で完全燃焼させると、その重さは12gになりました。混合粉末中の銅の粉末の重さは何gですか。

解説 8.4g すべてがマグネシウムだったら、その重さは燃焼によって $\frac{5}{3}$ 倍になります。

$8.4 \times \frac{5}{3} = 14g$

しかし実際には12gになったので、2g大きな数字になってしまいました。

もとの混合粉末のマグネシウム1gを銅に交換すると、燃焼後の重さを

$\frac{5}{3} - \frac{5}{4} = \frac{5}{12}$ g小さくすることができます。つるかめ算の考え方ですね。

$2 \div \frac{5}{12} = 4.8$

答え　4.8g

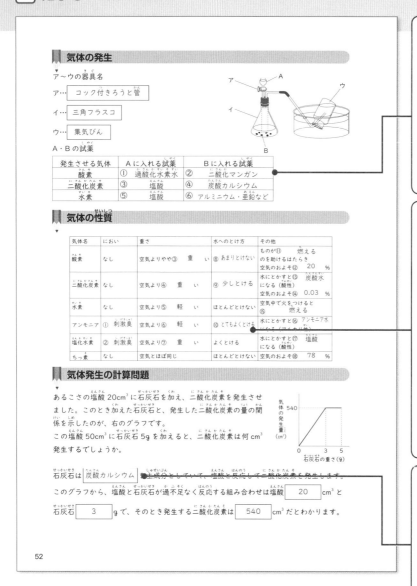

気体の発生

ア～ウの器具名

ア… コック付きろうと管

イ… 三角フラスコ

ウ… 集気びん

A・Bの試薬

発生させる気体	Aに入れる試薬	Bに入れる試薬
酸素	① 過酸化水素水	② 二酸化マンガン
二酸化炭素	③ 塩酸	④ 炭酸カルシウム
水素	⑤ 塩酸	⑥ アルミニウム・亜鉛など

気体の性質

気体名	におい	重さ	水へのとけ方	その他
酸素	なし	空気よりやや③ 重 い	⑧ あまりとけない	ものが⑪ 燃える のを助けるはたらき 空気のおよそ⑫ 20 %
二酸化炭素	なし	空気より④ 重 い	⑨ 少しとける	水にとかすと⑬ 炭酸水 になる（酸性） 空気のおよそ⑭ 0.03 %
水素	なし	空気より⑤ 軽 い	ほとんどとけない	空気中で火をつけると ⑮ 燃える
アンモニア	① 刺激臭	空気より⑥ 軽 い	⑩ とてもよくとける	水にとかすと⑯ アンモニア水 になる（アルカリ性）
塩化水素	② 刺激臭	空気より⑦ 重 い	よくとける	水にとかすと⑰ 塩酸 になる（酸性）
ちっ素	なし	空気とほぼ同じ	ほとんどとけない	空気のおよそ⑱ 78 %

気体発生の計算問題

あるこさの塩酸20cm³に石灰石を加え、二酸化炭素を発生させました。このとき加えた石灰石と、発生した二酸化炭素の量の関係を示したのが、右のグラフです。

この塩酸50cm³に石灰石5gを加えると、二酸化炭素は何cm³発生するでしょうか。

石灰石は 炭酸カルシウム を主成分としていて、塩酸と反応して二酸化炭素を発生します。

このグラフから、塩酸と石灰石が過不足なく反応する組み合わせは塩酸 20 cm³ と

石灰石 3 gで、そのとき発生する二酸化炭素は 540 cm³ だとわかります。

（右上のグラフ）
気体の発生量（cm³） 540
石灰石の重さ（g） 0 3 5

（右側メモ1）
二酸化マンガンは反応によって変化せず、過酸化水素水が分解するのを助けるだけです。
このような物質を「しょくばい」といいます。

（右側メモ2）
二酸化炭素の「少しとける」、アンモニアの「とてもよくとける」、塩化水素の「よくとける」を0℃の水1cm³にとける量で比べると、二酸化炭素は1.71cm³、アンモニアは1176cm³、塩化水素は507cm³となります。

（右側メモ3）
石灰石は炭酸カルシウムを主成分としているため、二酸化炭素を発生させる実験に使うことができます。ほかに貝がらや卵のからなども同じように使えます。

52

定番問題

ある気体がつめられたスプレー容器の重さをはかると、141.25gでした。このスプレーから気体を400mL噴射し、ふたたび重さをはかると、140.75gでした。この気体1Lの重さは何gですか。

解説 問題文から、この気体400mLの重さが

141.25 － 140.75 ＝ 0.5g とわかります。

この気体1Lの重さは

400mL …0.5g

1L（1000mL）…■ g

0.5 × 2.5 ＝ 1.25g です。

答え 1.25g

化学の計算問題でも、ポイントは他の理科の計算問題同様「基準となる実験」をもとに、与えられた問題がその何倍になっているかを計算することです。
先ほどの組み合わせを基準として考えてみましょう。

塩酸 ＋ 石灰石 → 二酸化炭素
20cm³　　3g　　　540cm³
50cm³　　5g　　　[?]cm³

塩酸、石灰石のそれぞれが基準となる実験の何倍になっているかを、書き込みましょう。

塩酸 ＋ 石灰石 → 二酸化炭素
20cm³　　3g　　　540cm³
↓×$\frac{5}{2}$　↓×$\frac{5}{3}$　↓×[?]
50cm³　　5g　　　[?]cm³

塩酸の量は基準となる実験の $\frac{5}{2}$ 倍、石灰石の重さは $\frac{5}{3}$ 倍となっていますが、発生する二酸化炭素の量は基準となる実験の何倍になるでしょうか。
ここで思い出したいのが「カレーライスの法則」です。
カレーライスは、ご飯とカレールーがそろってはじめてできます。ご飯が 3 人前あっても、カレールーが 2 人前しかなければカレーライスは [2] 人前しかできません。
同じように二酸化炭素も、塩酸と石灰石がそろってはじめてできるので、どちらかが不足すると、量の少ないほうに合わせてしかできないのです。

塩酸 ＋ 石灰石 → 二酸化炭素
20cm³　　3g　　　540cm³
↓×$\frac{5}{2}$　↓×$\frac{5}{3}$　↓×$\frac{5}{3}$
50cm³　　5g　　　[900]cm³

つまり発生する二酸化炭素の量は、量の少ない [石灰石] に合わせて基準となる実験の [$\frac{5}{3}$] 倍、[900]cm³ です。

それぞれの条件が、基準となる実験の何倍になっているか。
理科の計算問題の定番ともいえる考え方です。このようにそろえて書くようにしましょう。

「カレーライスの法則」も化学計算では必須の考え方ですね。
一方の条件がそろっても、もう一方の条件がそろわなければ化学反応は起こりません。必ず「少ないほうに合わせて計算する」という習慣をつけましょう。

定番問題

グラフ1は、ある量の塩酸に石灰石を加えたときの、加えた石灰石の重さと発生した二酸化炭素の量の関係を示しています。グラフ2は、ある重さの石灰石にグラフ1と同じこさの塩酸を注いだときの、注いだ塩酸の体積と発生した二酸化炭素の量の関係を示しています。石灰石 3g と過不足なく反応する塩酸の体積は何 cm³ ですか。

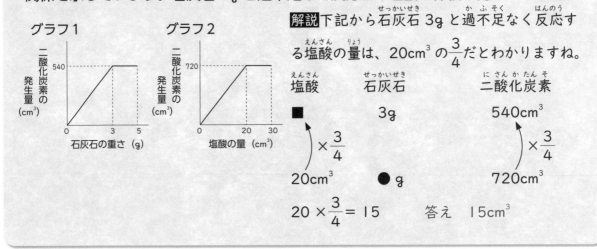

解説 下記から石灰石 3g と過不足なく反応する塩酸の量は、20cm³ の $\frac{3}{4}$ だとわかりますね。

塩酸　　石灰石　　二酸化炭素
■　　　3g　　　540cm³
×$\frac{3}{4}$　　　　　×$\frac{3}{4}$
20cm³　●g　　　720cm³

$20 × \frac{3}{4} = 15$　　答え 15cm³

合否を分ける重要ポイント　空欄に答えを書きこもう

06 化学② 水溶液の性質・中和

水溶液

ある物質を水にとかしたとき、とかした物質を 溶質 、とかす液体を 溶媒 、

そして全体を 溶液 といいます。

水溶液は、こさがどこも 同じで 、（色がついている溶液であっても）

透明 といった特徴があります。

水溶液のこさは、次の式で計算することができます。

$$水溶液のこさ（\%）＝\frac{とけているもの（溶質）の重さ（g）}{水溶液全体の重さ（g）}×100$$

溶解度

一定量の水に物質がどれくらいとけるかを、溶解度といい、もうとけきれなくなるまで物質
をとかした水溶液を 飽和水溶液 といいます。
固体の溶解度は、水100gにとける量で表します。食塩、ホウ酸の溶解度は、次の表のよ
うになります。

温度（℃）	0	20	40	60	80	100
食塩（g）	35.6	35.8	36.3	37.1	38.0	39.3
ホウ酸（g）	2.8	4.9	8.9	14.9	23.5	38.0

上の表をもとに、20℃の水250gに食塩が何gとけるかを考えてみます。

20℃では、水100gに食塩は35.8gとけます。これを書いて整理します。

水温　　　水量　　　とける量
20℃　　　100g　　　35.8g

これと比べて、水250gのときはどうか、縦に並べて整理します。

水溶液中にとけきれなくなって出てくる物質の粒を「結晶」といいます。主なものの結晶の形は覚えておきましょう。

ホウ酸　食塩　ミョウバン

グラフにすると、食塩のとけ方は温度によってあまり変わらないことがよくわかりますね。

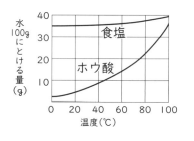

定番問題

表から、20℃のときの食塩の飽和水溶液のこさを四捨五入で小数第一位まで求めなさい。

温度（℃）	0	20	40	60	80	100
食塩（g）	35.6	35.8	36.3	37.1	38.0	39.3
ホウ酸（g）	2.8	4.9	8.9	14.9	23.5	38.0

解説 水の量が与えられなければ計算できないと感じるかもしれませんが、水量がいくらであっても、飽和水溶液のこさはどこをとっても変わりません。水量＝100gで計算しましょう。

$$\frac{35.8}{100＋35.8}×100＝26.36…$$

答え　26.4%

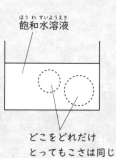

飽和水溶液

どこをどれだけとってもこさは同じ

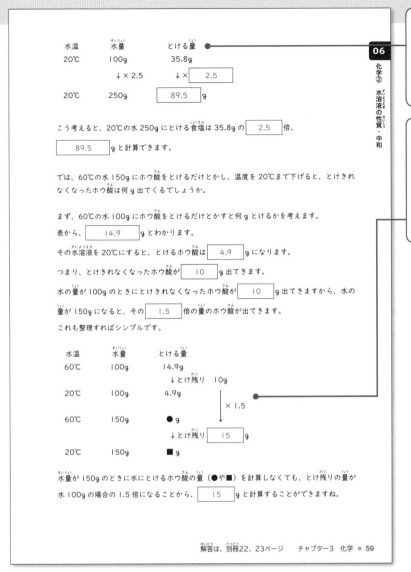

水温	水量	とける量
20℃	100g	35.8g
	↓× 2.5	↓× 2.5
20℃	250g	89.5 g

「水温・水量・とける量」の順に書き出して比べるのが、「鉄則」です！

こう考えると、20℃の水 250g にとける食塩は 35.8g の 2.5 倍、

89.5 g と計算できます。

同じ温度であれば、とける量は水の量に比例します。つまりとけ残りの量も水の量に比例します。

では、60℃の水 150g にホウ酸をとけるだけとかし、温度を 20℃ まで下げると、とけきれなくなったホウ酸は何 g 出てくるでしょうか。

まず、60℃の水 100g にホウ酸をとけるだけとかすと何 g とけるかを考えます。

表から、 14.9 g とわかります。

その水溶液を 20℃ にすると、とけるホウ酸は 4.9 g になります。

つまり、とけきれなくなったホウ酸が 10 g 出てきます。

水の量が 100g のときにとけきれなくなったホウ酸が 10 g 出てきますから、水の量が 150g になると、その 1.5 倍の量のホウ酸が出てきます。

これも整理すればシンプルです。

水温	水量	とける量
60℃	100g	14.9g
		↓とけ残り 10g
20℃	100g	4.9g
		×1.5
60℃	150g	●g
		↓とけ残り 15 g
20℃	150g	■g

水量が 150g のときに水にとけるホウ酸の量（●や■）を計算しなくても、とけ残りの量が水 100g の場合の 1.5 倍になることから、 15 g と計算することができますね。

定番問題

水溶液を図のように仲間分けしました。

ア　酸性の水溶液

イ　とけているものが気体

ウ　においがある

⑦に入るものはどれですか。

A　石灰水　　B　塩酸　　C　水酸化ナトリウム水溶液
D　食塩水　　E　ホウ酸水　　F　炭酸水
G　アンモニア水

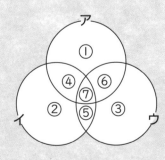

解説 ア　酸性の水溶液…B・E・F

イ　とけているものが気体…B・F・G

ウ　においがある…B・G　　　　答え　B

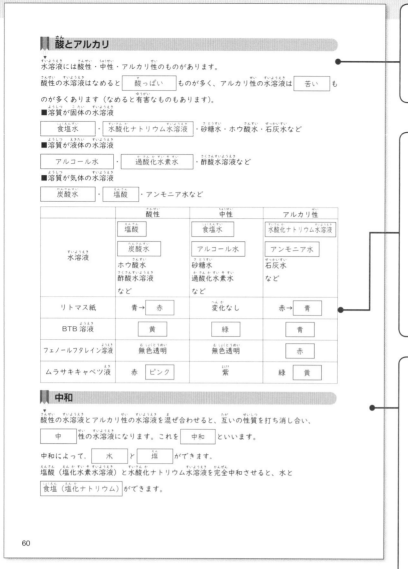

酸とアルカリ

水溶液には酸性・中性・アルカリ性のものがあります。

酸の水溶液はなめると 酸っぱい ものが多く、アルカリ性の水溶液は 苦い ものが多くあります（なめると有害なものもあります）。

■溶質が固体の水溶液

食塩水 ・ 水酸化ナトリウム水溶液 ・砂糖水・ホウ酸水・石灰水など

■溶質が液体の水溶液

アルコール水 ・ 過酸化水素水 ・酢酸水溶液など

■溶質が気体の水溶液

炭酸水 ・ 塩酸 ・アンモニア水など

	酸性	中性	アルカリ性
水溶液	塩酸 炭酸水 ホウ酸水 酢酸水溶液 など	食塩水 アルコール水 砂糖水 過酸化水素水 など	水酸化ナトリウム水溶液 アンモニア水 石灰水 など
リトマス紙	青→ 赤	変化なし	赤→ 青
BTB溶液	黄	緑	青
フェノールフタレイン溶液	無色透明	無色透明	赤
ムラサキキャベツ液	赤 ピンク	紫	緑 黄

中和

酸性の水溶液とアルカリ性の水溶液を混ぜ合わせると、互いの性質を打ち消し合い、 中 性の水溶液になります。これを 中和 といいます。

中和によって, 水 と 塩 ができます。

塩酸（塩化水素水溶液）と水酸化ナトリウム水溶液を完全中和させると、水と 食塩（塩化ナトリウム） ができます。

60

酸性、アルカリ性の水溶液、中性の食塩水は電気を通します。

BTB溶液は左から
黄　緑　青
「き　みド　アホ」
ムラサキキャベツ液は
赤　ピンク　紫　緑　黄
「赤　ピン　村の　緑の　木」
と覚えます。

石灰水に二酸化炭素を吹き込んだら白くにごるのも一種の中和反応です。アルカリ性の石灰水と酸性の炭酸水が中和し、塩として炭酸カルシウムができますが、水にとけない物質なので白くにごります。

新傾向問題

塩酸に2本の電極を差し込み、電源装置につなぐと、電流が流れ電流計の針がふれました。この塩酸に少しずつ水酸化ナトリウム水溶液を注いでいくと、流れる電流の量はどのように変化すると考えられますか。ア〜エから選びなさい。

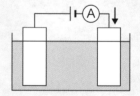

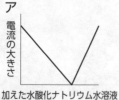

ア

電流の大きさ

加えた水酸化ナトリウム水溶液

イ

電流の大きさ

加えた水酸化ナトリウム水溶液

ウ

電流の大きさ

加えた水酸化ナトリウム水溶液

エ

電流の大きさ

加えた水酸化ナトリウム水溶液

解説 中和反応が進むにつれて電流は流れにくくなりますが、完全中和したときの水溶液（食塩水）も電気を通すため、完全にゼロにはなりません。

答え イ

塩化水素と水酸化ナトリウムの中和

塩化水素 ＋ 水酸化ナトリウム →水 ＋ 塩化ナトリウム （食塩）

中和計算

中和計算も他の化学計算と同じで「基準となる実験」（過不足なく中和反応が起こる組み合わせ）と比べて与えられた条件が何倍になっているかを書き出して計算します。

あるこさの水酸化ナトリウム水溶液 A50cm³ に、いろいろな量の塩酸 B を混ぜ合わせ、混合液から水分を蒸発させたあとに残った固体の重さをはかると、グラフのような結果となりました。

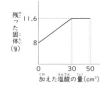

シンプルなグラフですが、このグラフからいろいろなことがわかります。

まず、塩酸 B を加える前の固体の重さから、この水酸化ナトリウム水溶液 A50cm³ には水酸化ナトリウムの固体が 8 gとけていることがわかります。

また、固体の重さが8gから11.6gまで一定の調子で増えていますが、これは中和によって水溶液中に 食塩（塩化ナトリウム） ができていること、また同時に 水酸化ナトリウム が減っていることを表しています。

たとえば塩酸 B を 20cm³ 加えた場合、右の図の（a）は 食塩 の量で（b）は 水酸化ナトリウム の量です。

もちろん、この実験に使った水酸化ナトリウム水溶液 50cm³ と完全中和する塩酸の量はグラフから 30 cm³ とわかりますね。

この実験で使った水酸化ナトリウム水溶液 A150cm³ に、塩酸 B60cm³ を混ぜ合わせると、水分を蒸発させたあとに残る固体の重さは何gかを考えてみましょう。

解答は、別冊24、25ページ　チャプター3　化学 ● 61

この1本の線を必ずかき加えるようにしましょう。水溶液中から中和によってなくなっていく、水酸化ナトリウムの固体の重さです。実際に重さを計算することもできますね（下記「計算問題」参照）。

グラフではつねに「変化が起こっている点」に注目しましょう。このグラフでは「グラフが水平になった点＝完全中和点」です。

計算問題

上の問題で、グラフの（b）は何gですか。四捨五入により小数第二位まで求めなさい。

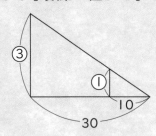

解説 三角形の相似により求められます。

$$8 \times \frac{1}{3} = \frac{8}{3} = 2.666\cdots$$

答え　2.67g

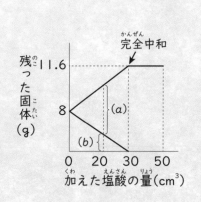

この問題も「水酸化ナトリウム水溶液 A、塩酸 B がそろって、はじめて食塩ができる」ですから、ご飯とカレールーの関係と同じですね。

基準となる実験と比べて何倍になっているか考えてみましょう。

$$\begin{array}{ccccc}
塩酸 & + & 水酸化ナトリウム & \rightarrow & 食塩 \\
30cm^3 & & 50cm^3 & & 11.6g \\
\downarrow \times \boxed{\times 2} & & \downarrow \times \boxed{\times 3} & & \times \boxed{?} \\
60cm^3 & & 150cm^3 & & \boxed{?} \ g
\end{array}$$

できる食塩の重さは、量の少ない $\boxed{塩酸}$ に合わせて、

$11.6 \times \boxed{2} = \boxed{23.2}$ g です。

中和に使われた水酸化ナトリウム水溶液は

$50 \times \boxed{2} = \boxed{100}$ cm^3 ですから、$\boxed{50}$ cm^3 は中和せずに余っていることがわかります。

この水酸化ナトリウム水溶液 50cm^3 にとけている水酸化ナトリウムの固体は $\boxed{8}$ g ですから、固体は全部で $\boxed{23.2}$ + $\boxed{8}$ = $\boxed{31.2}$ g です。

MEMO

07 力学①
てこ

合否を分ける重要ポイント　空欄に答えを書きこもう

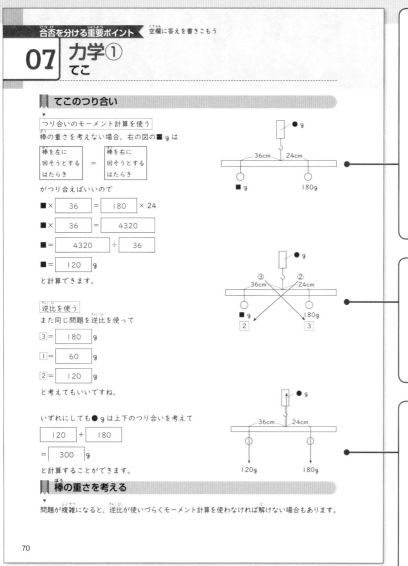

てこのつり合い

つり合いのモーメント計算を使う
棒の重さを考えない場合、右の図の■gは

| 棒を左に回そうとするはたらき | = | 棒を右に回そうとするはたらき |

がつり合えばいいので

■× 36 = 180 ×24

■× 36 = 4320

■= 4320 ÷ 36

■= 120 g

と計算できます。

逆比を使う
また同じ問題を逆比を使って

③ = 180 g

① = 60 g

② = 120 g

と考えてもいいですね。

いずれにしても●gは上下のつり合いを考えて

120 + 180

= 300 g

と計算することができます。

棒の重さを考える

問題が複雑になると、逆比が使いづらくモーメント計算を使わなければ解けない場合もあります。

すべてのつり合いの計算の基本！
逆比だけでは解けない問題も多く、難問ほどモーメント計算を正しくしなければできない傾向があります！
しっかり身につけておきましょう！

左右におもりが1つずつ、といった単純な図ではどんどん逆比を使って速く楽に解こう。

たとえば手にのせた100gの木片が落ちないのは、手が上向きに木片にかかる重力（100g）と同じ大きさの力で支えているから。
つねに上向きの力と下向きの力はつり合っています。

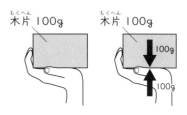

木片100g　　木片100g

70

定番問題

どれが支点・力点・作用点？

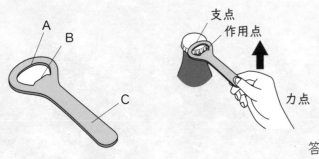

支点
作用点
力点

解説 もちろん手で持つところが力点ですが、ビンのフタに引っかける（フタを持ち上げて開ける）ところが作用点ですね。実際に使ってみよう！

答え　支点 A　力点 C　作用点 B

（棒の重さを考えなければならない場合もそうです）

たとえば右の図の場合、つり合いのモーメントを使って計算するのですが、その前に大切なことがありますね。

それは

[棒の重さ] を図に書き込むこと。

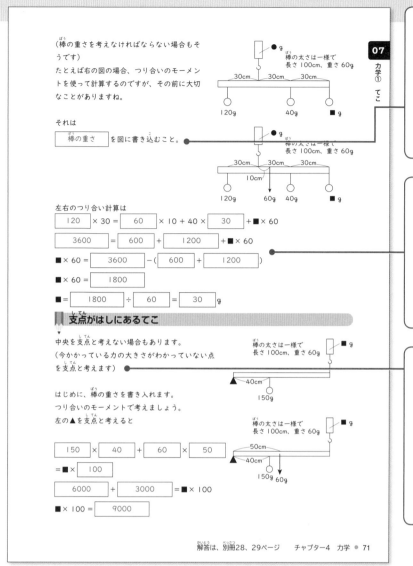

左右のつり合い計算は

$[120] \times 30 = [60] \times 10 + 40 \times [30] + ■ \times 60$

$[3600] = [600] + [1200] + ■ \times 60$

$■ \times 60 = [3600] - ([600] + [1200])$

$■ \times 60 = [1800]$

$■ = [1800] \div [60] = [30]$ g

支点がはしにあるてこ

中央を支点と考えない場合もあります。
（今かかっている力の大きさがわかっていない点を支点と考えます）

はじめに、棒の重さを書き入れます。
つり合いのモーメントで考えましょう。
左の▲を支点と考えると

$[150] \times [40] + [60] \times [50]$

$= ■ \times [100]$

$[6000] + [3000] = ■ \times 100$

$■ \times 100 = [9000]$

棒の重さを書くのを忘れたために、テストで間違ってしまうのはもったいないですね。しっかり書き込むクセをつけよう！

式さえ立てば、あとは計算あるのみ！
正確な計算力のスタートは、面倒がらずに計算することです。

このことさえわかっていれば、どんな問題でも絶対に正解できるはずです。
「今かかっている力の大きさがわからない点」を見つけよう！

解答は、別冊28、29ページ　チャプター4　力学 ● 71

定番問題

重さを考えなくてよい棒に、左端から10cmおきにおもりをつるしました。この棒を1点で支えてつり合わせるとき、?は何cmですか。

解説 左端を支点と考えてモーメント計算してみましょう。

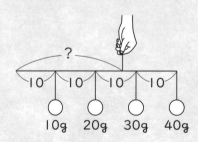

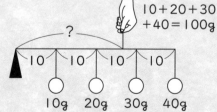

$10 \times 10 + 20 \times 20 + 30 \times 30 + 40 \times 40 = 100 \times ?$

$? = 3000 \div 100 = 30cm$

答え　30cm

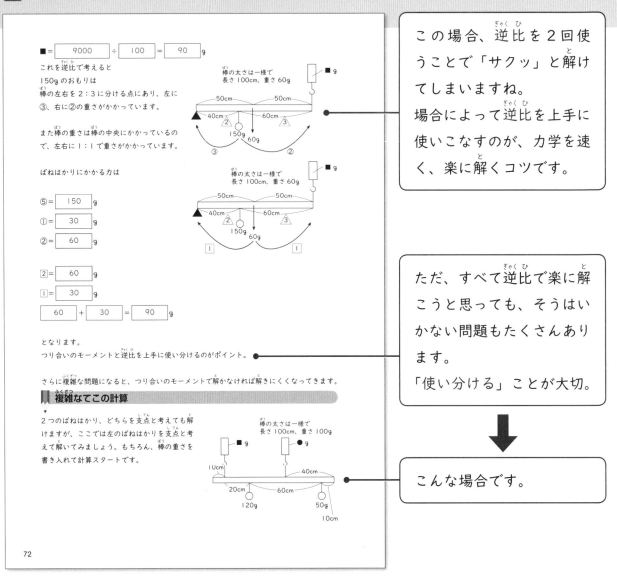

■ = [9000] ÷ [100] = [90] g

これを逆比で考えると

150g のおもりは
棒の左右を 2：3 に分ける点にあり、左に
③、右に②の重さがかかっています。

また棒の重さは棒の中央にかかっているの
で、左右に 1：1 で重さがかかっています。

ばねはかりにかかる力は

⑤ = [150] g

① = [30] g

② = [60] g

② = [60] g

① = [30] g

[60] + [30] = [90] g

となります。
つり合いのモーメントと逆比を上手に使い分けるのがポイント。

さらに複雑な問題になると、つり合いのモーメントで解かなければ解きにくくなってきます。

複雑なてこの計算

2 つのばねはかり、どちらを支点と考えても解
けますが、ここでは左のばねはかりを支点と考
えて解いてみましょう。もちろん、棒の重さを
書き入れて計算スタートです。

> この場合、逆比を 2 回使
> うことで「サクッ」と解け
> てしまいますね。
> 場合によって逆比を上手に
> 使いこなすのが、力学を速
> く、楽に解くコツです。

> ただ、すべて逆比で楽に解
> こうと思っても、そうはい
> かない問題もたくさんあり
> ます。
> 「使い分ける」ことが大切。

> こんな場合です。

定番問題

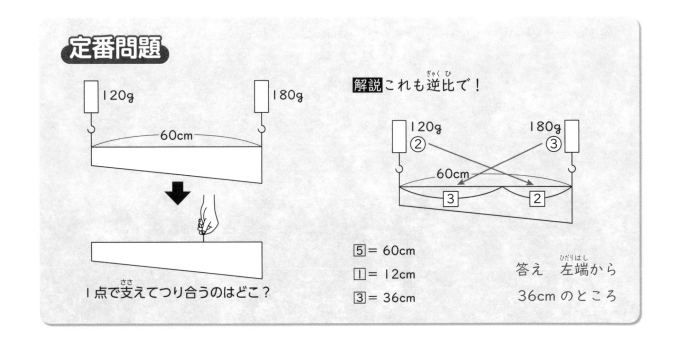

解説 これも逆比で！

⑤ = 60cm

① = 12cm

③ = 36cm

答え 左端から
36cm のところ

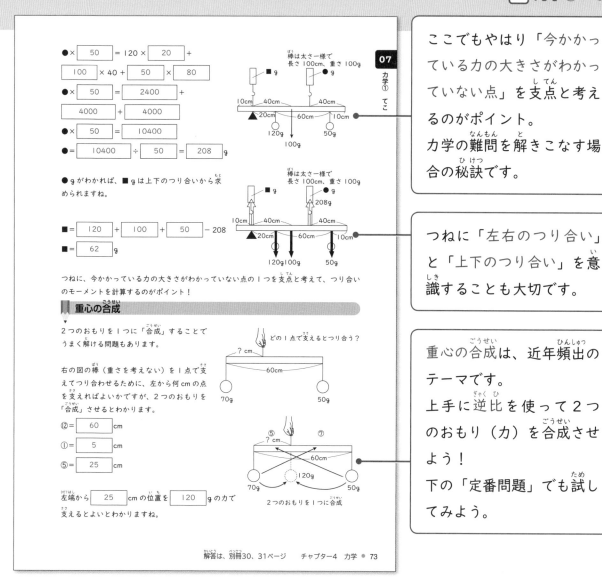

●× 50 ＝120× 20 ＋ 100 ×40＋ 50 × 80

●× 50 ＝ 2400 ＋ 4000 ＋ 4000

●× 50 ＝ 10400

●＝ 10400 ÷ 50 ＝ 208 g

●gがわかれば、■gは上下のつり合いから求められますね。

■＝ 120 ＋ 100 ＋ 50 － 208

■＝ 62 g

つねに、今かかっている力の大きさがわかっていない点の１つを支点と考えて、つり合いのモーメントを計算するのがポイント！

棒は太さ一様で長さ100cm、重さ100g

10cm 40cm 40cm
20cm 60cm 10cm
120g 100g 50g

■g ●g 208g
10cm 40cm 40cm
20cm 60cm 10cm
120g 100g 50g

ここでもやはり「今かかっている力の大きさがわかっていない点」を支点と考えるのがポイント。
力学の難問を解きこなす場合の秘訣です。

つねに「左右のつり合い」と「上下のつり合い」を意識することも大切です。

重心の合成

２つのおもりを１つに「合成」することでうまく解ける問題もあります。

右の図の棒（重さを考えない）を１点で支えてつり合わせるために、左から何cmの点を支えればよいかですが、２つのおもりを「合成」させるとわかります。

⑫＝ 60 cm

①＝ 5 cm

⑤＝ 25 cm

左端から 25 cmの位置を 120 gの力で支えるとよいとわかりますね。

どの１点で支えるとつり合う？
? cm
60cm
70g 50g

⑤ ? cm ⑦
60cm
120g
70g 50g
２つのおもりを１つに合成

重心の合成は、近年頻出のテーマです。
上手に逆比を使って２つのおもり（力）を合成させよう！
下の「定番問題」でも試してみよう。

定番問題

どちらも長さが 30cm で太さが一様な棒 A（80g）と B（40g）を接着しました。この棒を１点で支えてつり合わせるには、？の長さは何 cm にしたらよいですか。

解説 それぞれの棒の中心（重心）にかかる力を合成します。

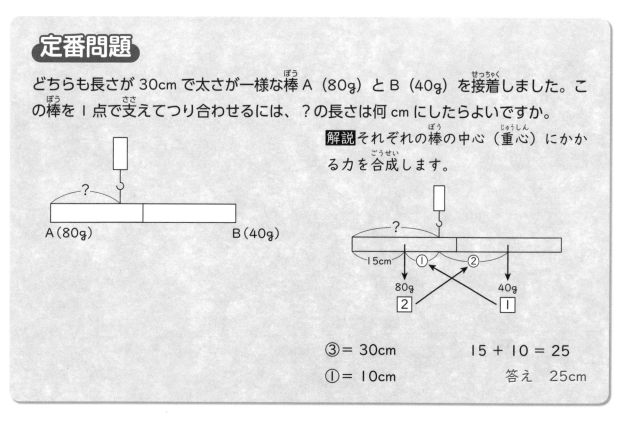

A（80g）　　　　　　　B（40g）

?
15cm ① ②
80g 40g
2 1

③＝ 30cm 　　　　15 ＋ 10 ＝ 25

①＝ 10cm 　　　　答え　25cm

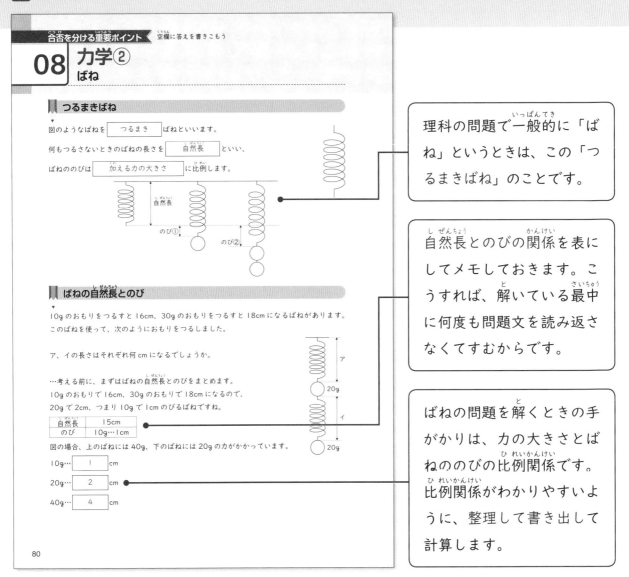

08 力学②
ばね

つるまきばね

図のようなばねを ｜ つるまき ｜ ばねといいます。

何もつるさないときのばねの長さを ｜ 自然長 ｜ といい、

ばねののびは ｜ 加える力の大きさ ｜ に比例します。

自然長

のび①

のび②

> 理科の問題で一般的に「ばね」というときは、この「つるまきばね」のことです。

ばねの自然長とのび

10gのおもりをつるすと16cm、30gのおもりをつるすと18cmになるばねがあります。このばねを使って、次のようにおもりをつるしました。

ア、イの長さはそれぞれ何cmになるでしょうか。

…考える前に、まずはばねの自然長とのびをまとめます。
10gのおもりで16cm、30gのおもりで18cmになるので、
20gで2cm、つまり10gで1cmのびるばねですね。

自然長	15cm
のび	10g…1cm

図の場合、上のばねには40g、下のばねには20gの力がかかっています。

10g… ｜ 1 ｜ cm

20g… ｜ 2 ｜ cm

40g… ｜ 4 ｜ cm

ア

20g

イ

20g

> 自然長とのびの関係を表にしてメモしておきます。こうすれば、解いている最中に何度も問題文を読み返さなくてすむからです。

> ばねの問題を解くときの手がかりは、力の大きさとばねののびの比例関係です。比例関係がわかりやすいように、整理して書き出して計算します。

80

定番問題

自然長が20cmで、20gのおもりをつるすと24cmになるばねがあります。
このばねに65gのおもりをつるすと、全長は何cmになりますか。

整理しましょう。

自然長	のび
20cm	10g…2cm

解説 比例関係を整理します。

10g…2cm　　65 ÷ 5 = 13

5g…1cm　　■ = 13cm ですね。

65g…■ cm　　20 + 13 = 33cm

答え　33cm

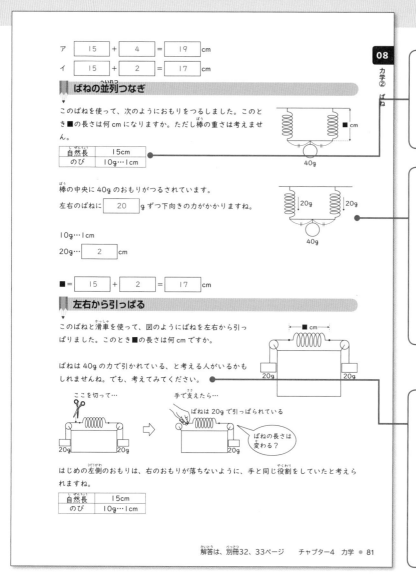

| ア | 15 | + | 4 | = | 19 | cm |
| イ | 15 | + | 2 | = | 17 | cm |

ばねの並列つなぎ

このばねを使って、次のようにおもりをつるしました。このとき■の長さは何cmになりますか。ただし棒の重さは考えません。

| 自然長 | 15cm |
| のび | 10g…1cm |

棒の中央に40gのおもりがつるされています。

左右のばねに **20** gずつ下向きの力がかかりますね。

10g…1cm

20g … **2** cm

■ = 15 + 2 = 17 cm

左右から引っぱる

このばねと滑車を使って、図のようにばねを左右から引っぱりました。このとき■の長さは何cmですか。

ばねは40gの力で引かれている、と考える人がいるかもしれませんね。でも、考えてみてください。

ここを切って…　手で支えたら…

ばねは20gで引っぱられている

ばねの長さは変わる？

はじめの左側のおもりは、右のおもりが落ちないように、手と同じ役割をしていたと考えられますね。

| 自然長 | 15cm |
| のび | 10g…1cm |

どんな問題でもつねにこの表を書き出して整理して考えるのが「鉄則」です。

ばねの並列つなぎでは、ばね1本あたりにかかる力の大きさが小さくなります。もちろんばねが3本なら3分の1、4本なら4分の1になります。

ばねの分野の代表的な引っかけ問題です。「ばねにかかる力＝40g」と考えてはいけません。20gのおもり2つがつり合っているんですね。

定番問題

表のようなばねを図のようにつるしました。■は何cmですか。
ただし棒の重さは考えません。

| 自然長 | 20cm |
| のび | 10g…2cm |

■cm

60g

解説 上のばね1本には　60 ÷ 3 = 20g
下のばねには60gがかかっています。

10g…2cm

20g…4cm

60g…12cm

20 × 2 + 4 + 12 = 56

答え　56cm

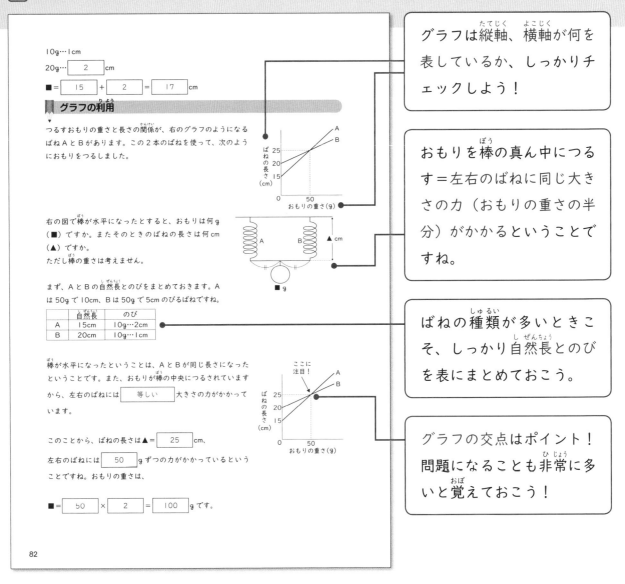

10g…1cm

20g… [2] cm

■ = [15] + [2] = [17] cm

グラフの利用

つるすおもりの重さと長さの関係が、右のグラフのようになるばねAとBがあります。この2本のばねを使って、次のようにおもりをつるしました。

> グラフは縦軸、横軸が何を表しているか、しっかりチェックしよう！

右の図で棒が水平になったとすると、おもりは何g（■）ですか。またそのときのばねの長さは何cm（▲）ですか。
ただし棒の重さは考えません。

> おもりを棒の真ん中につるす＝左右のばねに同じ大きさの力（おもりの重さの半分）がかかるということですね。

まず、AとBの自然長とのびをまとめておきます。Aは50gで10cm、Bは50gで5cmのびるばねですね。

	自然長	のび
A	15cm	10g…2cm
B	20cm	10g…1cm

> ばねの種類が多いときこそ、しっかり自然長とのびを表にまとめておこう。

棒が水平になったということは、AとBが同じ長さになったということです。また、おもりが棒の中央につるされていますから、左右のばねには [等しい] 大きさの力がかかっています。

このことから、ばねの長さは▲= [25] cm、
左右のばねには [50] gずつの力がかかっているということですね。おもりの重さは、

■ = [50] × [2] = [100] gです。

> グラフの交点はポイント！問題になることも非常に多いと覚えておこう！

82

応用問題

表のような性質のばね2本をつなぎ、箱の中で固定しました。
このときAの長さは何cmになっていますか。

	A	B
自然長	20cm	15cm
のび	10g…2cm	10g…3cm

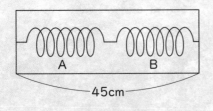

━45cm━

解説 2本のばねの自然長は合計

20 + 15 = 35cm

45 − 35 = 10cm　合わせてのびています。

同じ大きさの力を加えたときのAとBののびの長さの比は　②：③

つまり

⑤ = 10cm

① = 2cm

② = 4cm　　20 + 4 = 24cm

答え　24cm

34

逆比の利用

自然長18cm、10gのおもりをつるすと20cmになるばねAと、自然長24cm、10gのおもりをつるすと25cmになるばねBがあります。この2本のばねを使って、次のように長さ60cmの棒の両端をばねAとBで支え、おもりをつるしました。

右の図で棒が水平になったとすると、図の■の長さは何cmですか。ただし棒の重さは考えません。

	自然長	のび
A	18cm	10g…2cm
B	24cm	10g…1cm

② ①

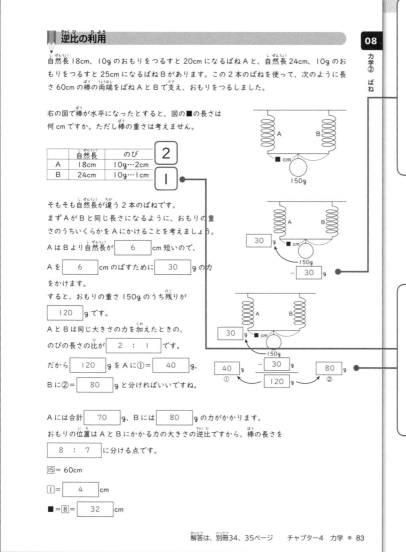

そもそも自然長が違う2本のばねです。
まずAがBと同じ長さになるように、おもりの重さのうちいくらかをAにかけることを考えましょう。
AはBより自然長が 6 cm短いので、
Aを 6 cmのばすために 30 gの力
をかけます。
すると、おもりの重さ150gのうち残りが
120 gです。
AとBは同じ大きさの力を加えたときの、
のびの長さの比が 2 ： 1 です。
だから 120 gをAに①＝ 40 g、
Bに②＝ 80 gと分ければいいですね。

Aには合計 70 g、Bには 80 gの力がかかります。
おもりの位置はAとBにかかる力の大きさの逆比ですから、棒の長さを
8 ： 7 に分ける点です。
15 ＝ 60cm
1 ＝ 4 cm
■＝8＝ 32 cm

まずは自然長の短いAのばねをBと同じ長さになるまでのばしておき、その後残りの重さで2本のばねを同じ長さだけのばす、という考え方です。

AとBを同じ長さだけのばすには、同じ大きさの力を加えたときののびの長さの逆比（1：2）になるように力をかければよいです。

応用問題

	A	B
自然長	20cm	15cm
のび	10g…2cm	10g…3cm

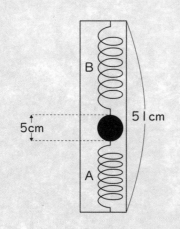

表のような性質のばね2本と20gのおもりをつなぎ、箱の中で両端を固定しました。このときAの長さは何cmになっていますか。

解説 箱がなければ20gはBのみにかかって
Bは10g…3cm
20g…6cmのびて
15＋6＝21cm　となります。
このとき全体の長さは
20＋21＋5＝46cm
これを5cmのばし51cmにしたと考えます。
⑤＝5cm　　①＝1cm　　②＝2cm
20＋2＝22cm　　　　　答え　22cm

09 力学③ 滑車と輪軸

定滑車と動滑車

滑車には、力の 向き を変える定滑車と、力の 大きさ を変える動滑車があります。

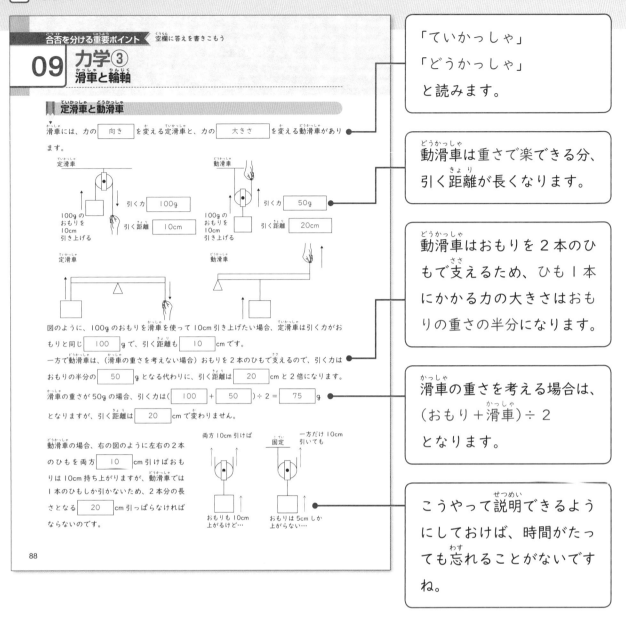

図のように、100gのおもりを滑車を使って10cm引き上げたい場合、定滑車は引く力がおもりと同じ 100 gで、引く距離も 10 cmです。

一方で動滑車は、(滑車の重さを考えない場合)おもりを2本のひもで支えるので、引く力はおもりの半分の 50 gとなる代わりに、引く距離は 20 cmと2倍になります。

滑車の重さが50gの場合、引く力は(100 + 50)÷2＝ 75 gとなりますが、引く距離は 20 cmで変わりません。

動滑車の場合、右の図のように左右の2本のひもを両方 10 cm引けばおもりは10cm持ち上がりますが、動滑車では1本のひもしか引かないため、2本分の長さとなる 20 cm引っぱらなければならないのです。

「ていかっしゃ」「どうかっしゃ」と読みます。

動滑車は重さで楽できる分、引く距離が長くなります。

動滑車はおもりを2本のひもで支えるため、ひも1本にかかる力の大きさはおもりの重さの半分になります。

滑車の重さを考える場合は、(おもり＋滑車)÷2となります。

こうやって説明できるようにしておけば、時間がたっても忘れることがないですね。

定番問題

図のように、滑車とおもりを組み合わせました。おもりAの重さは何gですか。ただし滑車の重さは考えません。

解説 滑車の「鉄則」を思い出して、図に書き込みましょう。

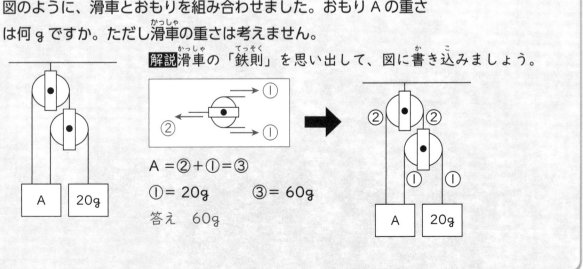

A＝②＋①＝③

①＝20g   ③＝60g

答え　60g

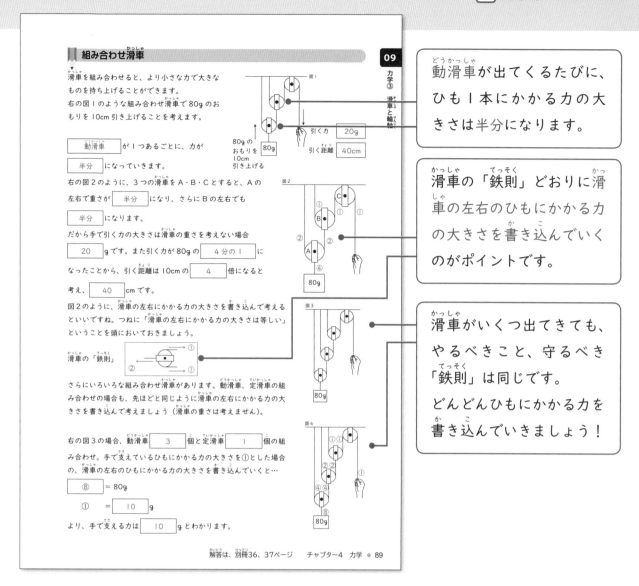

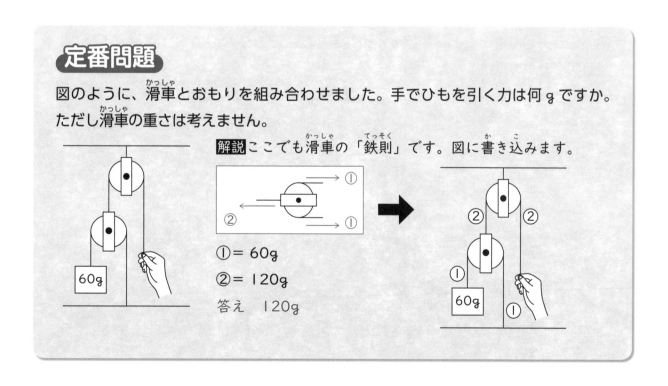

組み合わせ滑車

09
力学③
滑車と輪軸

滑車を組み合わせると、より小さな力で大きなものを持ち上げることができます。
右の図1のような組み合わせ滑車で80gのおもりを10cm引き上げることを考えます。

[動滑車] が1つあるごとに、力が [半分] になっていきます。

右の図2のように、3つの滑車をA・B・Cとすると、Aの左右で重さが [半分] になり、さらにBの左右でも [半分] になります。

だから手で引く力の大きさは滑車の重さを考えない場合 [20] gです。また引く力が80gの [4分の1] になったことから、引く距離は10cmの [4] 倍になると考え、[40] cmです。

図2のように、滑車の左右にかかる力の大きさを書き込んで考えるといいですね。つねに「滑車の左右にかかる力の大きさは等しい」ということを頭においておきましょう。

滑車の「鉄則」

さらにいろいろな組み合わせ滑車があります。動滑車、定滑車の組み合わせの場合も、先ほどと同じように滑車の左右にかかる力の大きさを書き込んで考えましょう（滑車の重さは考えません）。

右の図3の場合、動滑車 [3] 個と定滑車 [1] 個の組み合わせ。手で支えているひもにかかる力の大きさを①とした場合の、滑車の左右のひもにかかる力の大きさを書き込んでいくと…

⑧ = 80g
① = [10] g

より、手で支える力は [10] gとわかります。

80gのおもりを10cm引き上げる
引く力 20g
引く距離 40cm

動滑車が出てくるたびに、ひも1本にかかる力の大きさは半分になります。

滑車の「鉄則」どおりに滑車の左右のひもにかかる力の大きさを書き込んでいくのがポイントです。

滑車がいくつ出てきても、やるべきこと、守るべき「鉄則」は同じです。
どんどんひもにかかる力を書き込んでいきましょう！

定番問題

図のように、滑車とおもりを組み合わせました。手でひもを引く力は何gですか。ただし滑車の重さは考えません。

解説 ここでも滑車の「鉄則」です。図に書き込みます。

①= 60g
②= 120g
答え　120g

60g

37

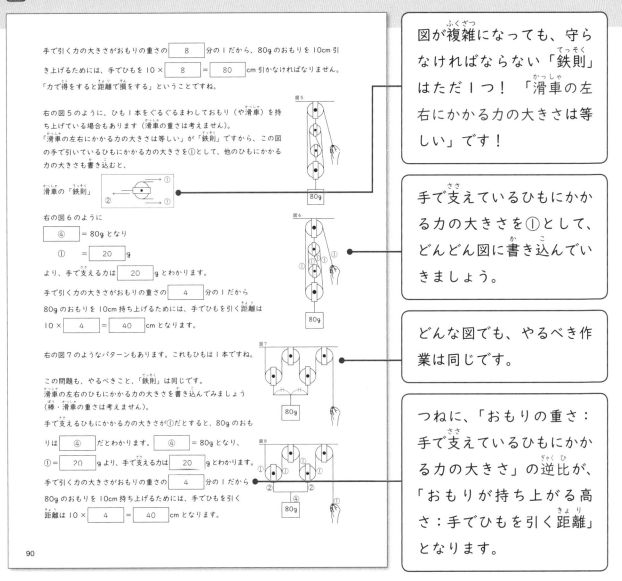

手で引く力の大きさがおもりの重さの　8　分の１だから、80gのおもりを10cm引き上げるためには、手ひもを10×　8　＝　80　cm引かなければなりません。「力で得をすると距離で損をする」ということですね。

右の図5のように、ひも１本をぐるぐるまわしておもり（や滑車）を持ち上げている場合もあります（滑車の重さは考えません）。
「滑車の左右にかかる力の大きさは等しい」が「鉄則」ですから、この図の手で引いているひもにかかる力の大きさを①として、他のひもにかかる力の大きさも書き込むと、

滑車の「鉄則」

右の図6のように
　④　＝ 80g となり
　①　＝　20　g
より、手で支える力は　20　gとわかります。
手で引く力の大きさがおもりの重さの　4　分の１だから
80gのおもりを10cm持ち上げるためには、手ひもを引く距離は
10×　4　＝　40　cmとなります。

右の図7のようなパターンもあります。これもひもは１本ですね。

この問題も、やるべきこと、「鉄則」は同じです。
滑車の左右のひもにかかる力の大きさを書き込んでみましょう
（棒・滑車の重さは考えません）。
手で支えるひもにかかる力の大きさが①だとすると、80gのおもりは　④　だとわかります。　④　＝ 80g となり、
①＝　20　g より、手で支える力は　20　gとわかります。
手で引く力の大きさがおもりの重さの　4　分の１だから
80gのおもりを10cm持ち上げるためには、手ひもを引く
距離は 10×　4　＝　40　cmとなります。

90

図が複雑になっても、守らなければならない「鉄則」はただ１つ！「滑車の左右にかかる力の大きさは等しい」です！

手で支えているひもにかかる力の大きさを①として、どんどん図に書き込んでいきましょう。

どんな図でも、やるべき作業は同じです。

つねに、「おもりの重さ：手で支えているひもにかかる力の大きさ」の逆比が、「おもりが持ち上がる高さ：手でひもを引く距離」となります。

応用問題

図のように、滑車とおもりを組み合わせました。おもりＡの重さは何gですか。ただし棒や滑車の重さは考えません。

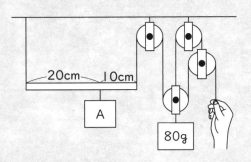

解説「鉄則」どおりに書き込みます。おもりＡの重さは棒の左右に１：２の比でかかります。

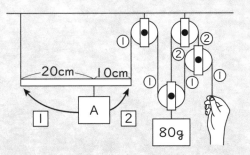

80g ＝④　　①＝ 20g

②＝ 20g　①＝ 10g　③＝ 30g　　答え　30g

38

輪軸

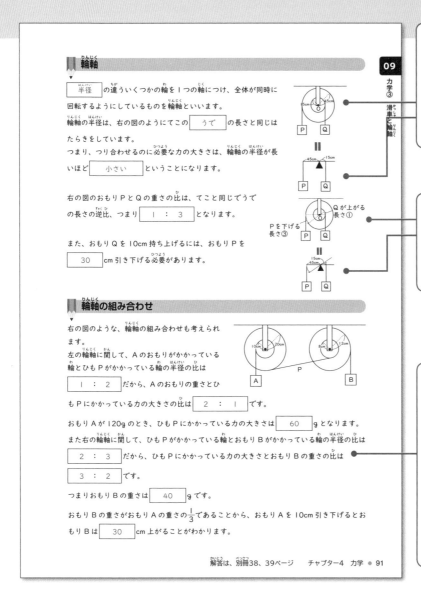

半径 の違ういくつかの輪を１つの軸につけ、全体が同時に回転するようにしているものを輪軸といいます。
輪軸の半径は、右の図のようにてこの うで の長さと同じはたらきをしています。
つまり、つり合わせるのに必要な力の大きさは、輪軸の半径が長いほど 小さい ということになります。

右の図のおもりＰとＱの重さの比は、てこと同じでうでの長さの逆比、つまり １ ： ３ となります。

また、おもりＱを10cm持ち上げるには、おもりＰを 30 cm引き下げる必要があります。

輪軸の組み合わせ

右の図のような、輪軸の組み合わせも考えられます。
左の輪軸に関して、Ａのおもりがかかっている輪とひもＰがかかっている輪の半径の比は １ ： ２ だから、Ａのおもりの重さとひもＰにかかっている力の大きさの比は ２ ： １ です。
おもりＡが120gのとき、ひもＰにかかっている力の大きさは 60 ｇとなります。
また右の輪軸に関して、ひもＰがかかっている輪とおもりＢがかかっている輪の半径の比は ２ ： ３ だから、ひもＰにかかっている力の大きさとおもりＢの重さの比は ３ ： ２ です。
つまりおもりＢの重さは 40 ｇです。
おもりＢの重さがおもりＡの重さの$\frac{1}{3}$であることから、おもりＡを10cm引き下げるとおもりＢは 30 cm上がることがわかります。

輪軸の支点はつねに輪の真ん中。つまり中央に支点があるてこと考え方は同じです。

左右のおもりの動く長さの比は、半径の比に等しくなります。

まずはひもＰにかかっている力の大きさを求め、次におもりＢの重さを求めましょう。おもりＡとおもりＢの重さの比がわかれば、動く距離は重さの逆比となります。

定番問題

図のような状態で輪軸がつり合っています。おもりＡの重さは何ｇですか。

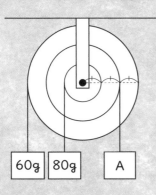

解説 中央に支点があるてこと同じ考え方です。
つり合いのモーメントを使って計算しましょう。

$$60 × 3 + 80 × 1 = A × 2$$
$$180 + 80 = A × 2$$
$$260 = A × 2$$
$$A = 260 ÷ 2 = 130$$

答え　130g

39

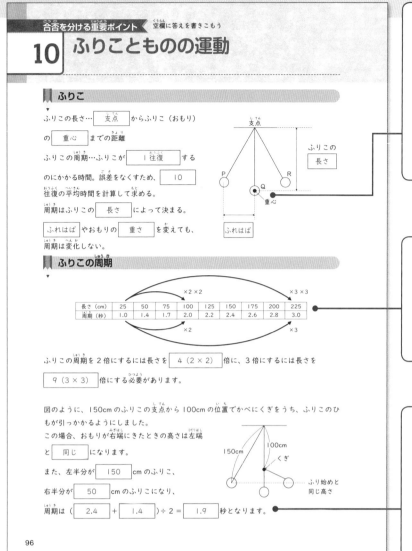

合否を分ける重要ポイント ◀ 空欄に答えを書きこもう

10 ふりことものの運動

ふりこ

ふりこの長さ… 支点 からふりこ（おもり）

の 重心 までの距離

ふりこの周期…ふりこが 1往復 する

のにかかる時間。誤差をなくすため、 10
往復の平均時間を計算して求める。

周期はふりこの 長さ によって決まる。

ふれはば やおもりの 重さ を変えても、
周期は変化しない。

本来は、ひもの重さも含めた全体の重心がふりこの重心ですが、おもりに比べてとても軽いので、ひもの重さは考えない問題がほとんどです。

ふりこの周期

長さ (cm)	25	50	75	100	125	150	175	200	225
周期（秒）	1.0	1.4	1.7	2.0	2.2	2.4	2.6	2.8	3.0

×2×2　　×3×3
×2　　×3

ふりこの周期を2倍にするには長さを 4（2×2） 倍に、3倍にするには長さを

9（3×3） 倍にする必要があります。

この表を覚える必要はありませんが、長さと周期の関係はしっかり理解して覚えておきましょう。

図のように、150cmのふりこの支点から100cmの位置でかべにくぎをうち、ふりこのひもが引っかかるようにしました。

この場合、おもりが右端にきたときの高さは左端

と 同じ になります。

また、左半分が 150 cmのふりこ、

右半分が 50 cmのふりこになり、

周期は（ 2.4 ＋ 1.4 ）÷2＝ 1.9 秒となります。

150cm　100cm
くぎ
ふり始めと同じ高さ

2つのふりこの半分ずつなので、周期もそれぞれを半分にしてたし算してもいいのですが、平均を求める計算でOKです。

96

新傾向問題

何回かの実験で、ある長さのふりこの周期を調べると、次のような結果になりました。
このふりこの周期を求める計算式はどうなると考えられますか。

1回目：2.74秒

2回目：2.72秒

3回目：2.79秒

4回目：1.64秒

5回目：2.69秒

解説 4回目のように、他の結果からかけ離れているものは、実験の失敗と考えられます。

答え（2.74 ＋ 2.72 ＋ 2.79 ＋ 2.69）÷4 ＝ 2.735

ふりこのエネルギー

ふりこのおもりは、持ち上げられたことによって生じた位置エネルギーを運動エネルギーに変えながら運動しています。ですから 最下 点（図のQ点）にきたとき最も速くなり、 P 点と R 点では静止します。ふりこは持ち上げられた高さによって生じる位置エネルギーによって運動するので、端までふれたときの高さ（図のP点とR点の高さ）は 等し くなります。

ふれているふりこの糸を切ると、図の Q 点では横に移動しながら落下し、 R（P） 点では真下に落下します。

ふりこは最下点にきたときに速さが最も 速 くなり、両端にきたときに最も 遅 くなるので、ふれているふりこの一定時間ごとの連続写真を撮ると、図のように写ります。

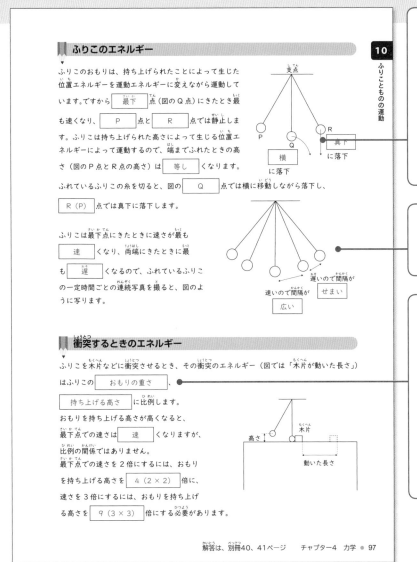

支点

P　R
Q

横 に落下

真下 に落下

速いので間隔が せまい

遅いので間隔が 広い

衝突するときのエネルギー

ふりこを木片などに衝突させるとき、その衝突のエネルギー（図では「木片が動いた長さ」）はふりこの おもりの重さ 、 持ち上げる高さ に比例します。

おもりを持ち上げる高さが高くなると、最下点での速さは 速 くなりますが、比例の関係ではありません。

最下点での速さを2倍にするには、おもりを持ち上げる高さを 4（2×2） 倍に、速さを3倍にするには、おもりを持ち上げる高さを 9（3×3） 倍にする必要があります。

高さ　木片
動いた長さ

中学受験では頻出の問題です。動いているときに糸を切れば動いている方向に進みながら落下します。静止したときに糸を切れば、真下に落下します。

この間隔を答えさせる（選ばせる）問題も頻出です！

衝突のエネルギーは、おもりの重さとおもりの高さ、両方に比例します。つまりおもりの重さを2倍に、離す高さを3倍にすると、衝突のエネルギーは2×3＝6倍になります。

解答は、別冊40、41ページ　チャプター4　力学 ● 97

定番問題

ふりこのおもりを木片に衝突させ、動いた長さを記録しました。？に入る数字は？

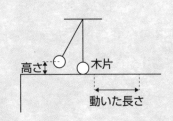

高さ　木片
動いた長さ

	おもり（g）	高さ（cm）	木片の移動距離（cm）
A	100	10	5
B	200	10	10
C	100	20	10
D	300	40	？

解説 Aを基準にすると

	おもり（g）	高さ（cm）	木片の移動距離（cm）
A	100	10	5
	↓×3	↓×4	↓×3×4＝×12
D	300	40	？＝5×12＝60　答え　60cm

おもりの運動

斜面からおもりを転がす場合も、考え方はふりこと同じです。図のようにおもりを転がして木片にぶつける場合、木片が動く長さはおもりの ┃ 重さ ┃ とおもりを転がし始めた ┃ 高さ ┃ に比例します。

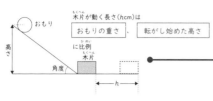

木片が動く長さ（hcm）は

┃ おもりの重さ ┃ 、 ┃ 転がし始めた高さ ┃

に比例

最下点まで転がったときのおもりの速さは、ふりこと同じでおもりを転がし始めた高さが高くなると速くなりますが、比例はしません。最下点での速さを2倍にするには、おもりを転がし始めた高さを ┃ 4（2×2） ┃ 倍に、速さを3倍にするには、おもりを転がし始めた高さを ┃ 9（3×3） ┃ 倍にする必要があります。

おもりを斜面から転がし、最下点に置いた木片にぶつけて、木片の動いた長さを計測しました。表はその結果を示しています。

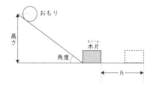

実験＼条件	おもりを離した高さ（cm）	おもりの重さ（g）	斜面の角度（度）	木片が動いた長さ（cm）
A	10	100	30	6
B	10	200	30	12
C	20	100	45	あ
D	20	200	15	24
E	40	200	30	い

まずは、木片が動いた長さが何に比例しているか、確認しましょう。表のAとBを比べると、おもりを離した高さが同じで、おもりの重さが2倍になると、木片の動いた長さが

転がるおもりの速さに関する問題も近年頻出です。速さを2倍にするには、おもりを離す高さを2×2＝4倍にする必要があります。速さが2倍になると、衝突のエネルギーは4倍になるということです。

斜面の角度をいろいろ変えていますが、おもりの持つエネルギーには関係なく、高さとおもりの重さだけによって決まります。角度が大きいと、おもりの速さが最大になるまでの時間が短くなります。

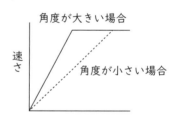

角度が大きい場合

速さ

角度が小さい場合

定番問題

図のような装置でふりこのおもりをボールにあてて、ボールが飛んだ距離を調べると、表のような結果になりました。4cmの高さから手を離すと、飛んだ距離は何cmになりますか。

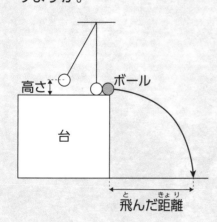

高さ
ボール
台
飛んだ距離

	高さ（cm）	距離（cm）
A	4.5	4.8
B	2.0	3.2
C	1.0	2.1
D	0.5	1.6

（Bの1.0 ×4、距離2.1 ×2 の矢印）

解説 4cmは1cmの4倍ですから、距離は2.1cmの2倍ですね。

2.1 × 2 ＝ 4.2

答え　4.2cm

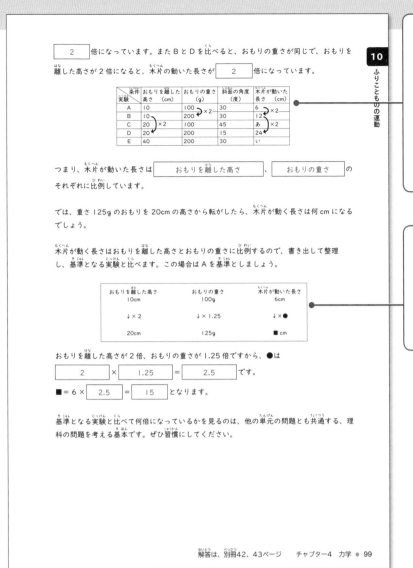

| 2 | 倍になっています。またＢとＤを比べると、おもりの重さが同じで、おもりを離した高さが 2 倍になると、木片の動いた長さが | 2 | 倍になっています。

実験＼条件	おもりを離した高さ（cm）	おもりの重さ（g）	斜面の角度（度）	木片が動いた長さ（cm）
A	10	100	30	6
B	10	200	30	12
C	20	100	45	あ
D	20	200	15	24
E	40	200	30	い

つまり、木片が動いた長さは | おもりを離した高さ | 、| おもりの重さ | のそれぞれに比例しています。

では、重さ 125g のおもりを 20cm の高さから転がしたら、木片が動く長さは何 cm になるでしょう。

木片が動く長さはおもりを離した高さとおもりの重さに比例するので、書き出して整理し、基準となる実験と比べます。この場合は A を基準としましょう。

おもりを離した高さ 10cm	おもりの重さ 100g	木片が動いた長さ 6cm
↓×2	↓×1.25	↓×●
20cm	125g	■ cm

おもりを離した高さが 2 倍、おもりの重さが 1.25 倍ですから、●は

| 2 | × | 1.25 | = | 2.5 | です。

■＝6× | 2.5 | ＝ | 15 | となります。

基準となる実験と比べて何倍になっているかを見るのは、他の単元の問題とも共通する、理科の問題を考える基本です。ぜひ習慣にしてください。

表やグラフといった実験の結果から、おもりが持つエネルギーが高さと重さに比例することを読み取る問題が多いのですが、そもそも覚えてしまっても OK です。

化学計算の問題と同じように、基準となる実験を決めて、その実験の何倍になっているかを確かめよう！

解答は、別冊42、43ページ　チャプター4　力学 ● 99

定番問題

Ａの斜面を転がした場合と、Ｂの斜面を転がした場合とで、どちらが速くゴールに到達しますか。

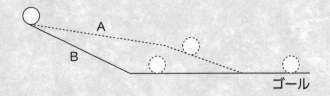

解説 低い位置にくるほど速度が速くなります。Ｂのほうが先に速度が速くなり、先に着きます。

答え　Ｂ

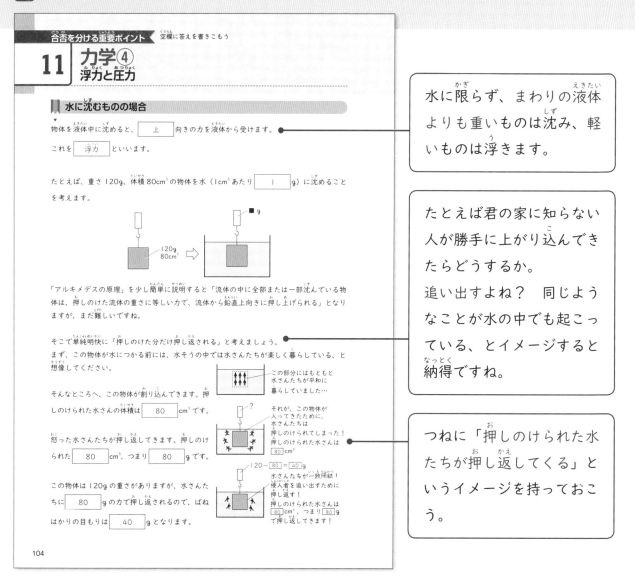

11 力学④ 浮力と圧力

水に沈むものの場合

物体を液体中に沈めると、 上 向きの力を液体から受けます。

これを 浮力 といいます。

> 水に限らず、まわりの液体よりも重いものは沈み、軽いものは浮きます。

たとえば、重さ120g、体積80cm³の物体を水（1cm³あたり 1 g）に沈めることを考えます。

120g 80cm³

「アルキメデスの原理」を少し簡単に説明すると「流体の中に全部または一部沈んでいる物体は、押しのけた流体の重さに等しい力で、流体から鉛直上向きに押し上げられる」となりますが、まだ難しいですね。

> たとえば君の家に知らない人が勝手に上がり込んできたらどうするか。
> 追い出すよね？　同じようなことが水の中でも起こっている、とイメージすると納得ですね。

そこで単純明快に「押しのけた分だけ押し返される」と考えましょう。

まず、この物体が水につかる前には、水そうの中では水さんたちが楽しく暮らしている、と想像してください。

この部分にはもともと水さんたちが平和に暮らしていました…

そんなところへ、この物体が割り込んできます。押しのけられた水さんの体積は 80 cm³ です。

それが、この物体が入ってきたために、水さんたちは押しのけられてしまった！
押しのけられた水さんは 80cm³

怒った水さんたちが押し返してきます。押しのけられた 80 cm³、つまり 80 g です。

120 − 80 = 40
水さんたちが一致団結！ 侵入者を追い出すために押し返す！
押しのけられた水さんは 80cm³、つまり 80g で押し返してきます！

この物体は120gの重さがありますが、水さんたちに 80 gの力で押し返されるので、ばねはかりの目もりは 40 gとなります。

> つねに「押しのけられた水たちが押し返してくる」というイメージを持っておこう。

104

定番問題

水そうに水を入れて重さをはかったら500gでした。そこに重さ200g、体積150cm³の物体を図のように入れると、ばねはかり、台はかりはそれぞれ何gを指しますか。

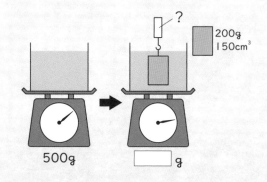

? ／ 200g 150cm³ ／ 500g ／ g

解説 おもりは150cm³の水を押しのけ、150gの浮力を受けています。ばねはかりは

200 − 150 = 50g

ばねはかりが軽くなった浮力の分は、下の台はかりにかかります。

500 + 150 = 650g

答え　ばねはかり　50g
　　　台はかり　　650g

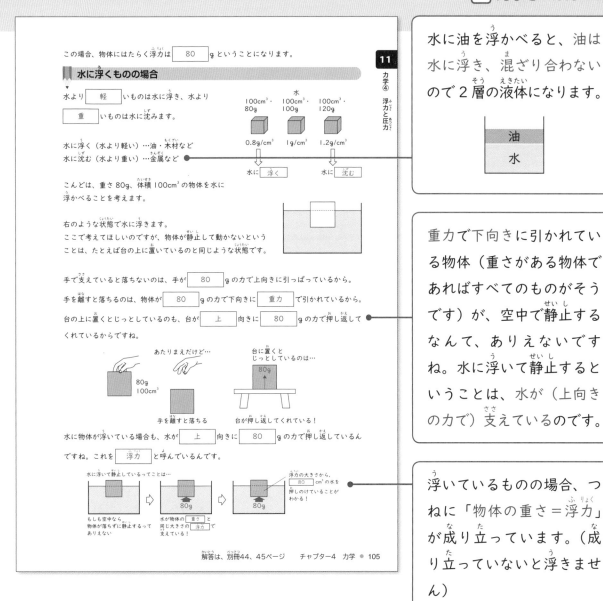

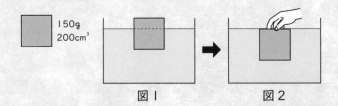

この場合、物体にはたらく浮力は 80 g ということになります。

水に浮くものの場合

水より 軽 いものは水に浮き、水より 重 いものは水に沈みます。

水に浮く（水より軽い）…油・木材など
水に沈む（水より重い）…金属など

水 100cm³・80g　100cm³・100g　100cm³・120g
0.8g/cm³　1g/cm³　1.2g/cm³
水に 浮く　水に 沈む

11
力学④
浮力と圧力

こんどは、重さ80g、体積100cm³の物体を水に浮かべることを考えます。

右のような状態で水に浮きます。
ここで考えてほしいのですが、物体が静止して動かないということは、たとえば台の上に置いているのと同じような状態です。

手で支えていると落ちないのは、手が 80 g の力で上向きに引っぱっているから。
手を離すと落ちるのは、物体が 80 g の力で下向きに 重力 で引かれているから。
台の上に置くとじっとしているのも、台が 上 向きに 80 g の力で押し返してくれているからですね。

あたりまえだけど…
80g 100cm³
手を離すと落ちる

台に置くとじっとしているのは…
80g
台が押し返してくれている！

水に物体が浮いている場合も、水が 上 向きに 80 g の力で押し返しているんですね。これを 浮力 と呼んでいるんです。

水に浮いて静止しているってことは…
80g
もしも空中なら、物体が落ちずに静止するってありえない
水が物体の 重さ と同じ大きさの 浮力 で支えている！
浮力の大きさから、80 cm³の水を押しのけていることがわかる！

解答は、別冊44、45ページ　チャプター4 力学 ● 105

水に油を浮かべると、油は水に浮き、混ざり合わないので2層の液体になります。

油
水

重力で下向きに引かれている物体（重さがある物体であればすべてのものがそうです）が、空中で静止するなんて、ありえないですね。水に浮いて静止するということは、水が（上向きの力で）支えているのです。

浮いているものの場合、つねに「物体の重さ＝浮力」が成り立っています。（成り立っていないと浮きません）

定番問題

重さ150g、体積200cm³の木片を水に浮かべました。図1のときに水面上に出ている部分の体積と、図2のようにその部分を水中に沈めるのに必要な力の大きさを答えなさい。

150g
200cm³

図1　→　図2

解説 150gの木片が浮くとき、受ける浮力は150gです。つまり水を150cm³押しのけていて、水面上の体積は 200 − 150 = 50cm³ です。
また、水面上の50cm³を沈めるには50cm³分だけ水を押しのける必要があるため、必要な力の大きさは50gです。

答え　50cm³　　50g

つまり水に浮いている物体の場合、物体にはたらく浮力の大きさは物体の 重さ に等しく、その浮力と物体が押しのけた水の重さが 等しい ことになります。

油や食塩水の浮力（しょくえんすい）（ふりょく）

水以外の液体に物体を浮かべたり沈めたりしたときも、浮力ははたらきます。
たとえば1cm³あたりの重さが0.8gの油に、重さ100g、体積60cm³の物体を沈めます。

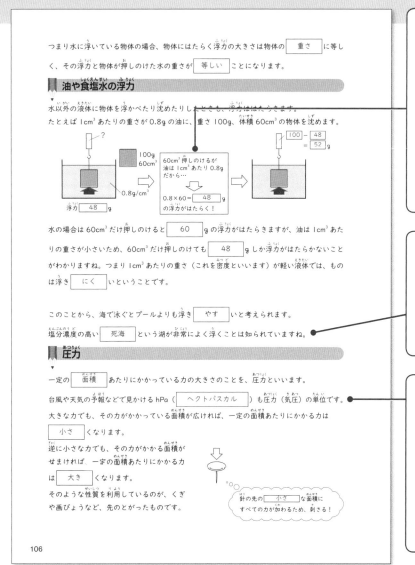

? 100g 60cm³ 0.8g/cm³ 浮力 48 g

60cm²押しのけるが油は1cm³あたり0.8gだから… 0.8×60= 48 の浮力がはたらく！

100 − 48 = 52 g

水の場合は60cm³だけ押しのけると 60 gの浮力がはたらきますが、油は1cm³あたりの重さが小さいため、60cm³だけ押しのけても 48 gしか浮力がはたらかないことがわかりますね。つまり1cm³あたりの重さ（これを密度といいます）が軽い液体では、ものは浮き にく いということです。

このことから、海で泳ぐとプールよりも浮き やす いと考えられます。
塩分濃度の高い（えんぶんのうど） 死海 という湖が非常によく浮くことは知られていますね。

圧力（あつりょく）

一定の 面積 あたりにかかっている力の大きさのことを、圧力といいます。
台風や天気の予報などで見かけるhPa（ ヘクトパスカル ）も圧力（気圧）の単位です。
大きな力でも、その力がかかっている面積が広ければ、一定の面積あたりにかかる力は 小さ くなります。
逆に小さな力でも、その力がかかる面積がせまければ、一定の面積あたりにかかる力は 大き くなります。
そのような性質を利用しているのが、くぎや画びょうなど、先のとがったものです。

針の先の 小さ な面積にすべての力が加わるため、刺さる！

106

液体が水以外のものでも「押しのけた分だけ押し返される」は成り立っています。ただし油は水より密度が小さく「押しのけた分」の重さが軽いので、浮力も小さくなります。

湖に浮いたまま新聞を読んだり音楽を聴いている写真を見たことがあるかもしれませんね。

国際的な圧力の単位はPa（パスカル）ですが、中学受験の勉強では、1cm²あたりにかかる力（gかkg）を比べて解くことが多いです。

定番問題

図のような直方体の形の木片（もくへん）があります。この木片を面Cを下にして床（ゆか）に置いた場合に床にかかる圧力は、面Bを下にして床に置いた場合に床にかかる圧力の何倍ですか。

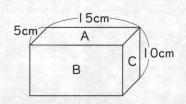

5cm 15cm A B C 10cm

解説 面Bの面積（めんせき）は

$10 × 15 = 150cm^2$

面Cの面積（めんせき）は

$5 × 10 = 50cm^2$ です。

面Cの面積は面Bの面積の3分の1ですから、同じ面積あたりにかかる力の大きさ（圧力）は3倍となります。

答え 3倍

U字管

図のように、底でつながった管（水そう）をU字管といい、左右の水面は 同じ 高さになっています。これは、左右の水面には目に見えない空気の圧力（ 気圧 ）がかかっていて、それが左右とも同じ大きさだからです。

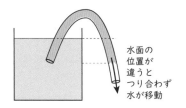

> 左右の水面に加わる 気圧 がつり合っている

左右の水面に水が漏れ出さないようなふたを浮かべ、Aのふたに150gのおもりをのせると、Aの水面が 下 がり、Bの水面は 上 がりました。
このとき、Aの水面の面積が10cm²、Bの水面の面積が20cm²だとすると、もとの水面よりAのふたが下がった長さ（図のx）：Bのふたが上がった長さ（図のy）= 2:1 となります。

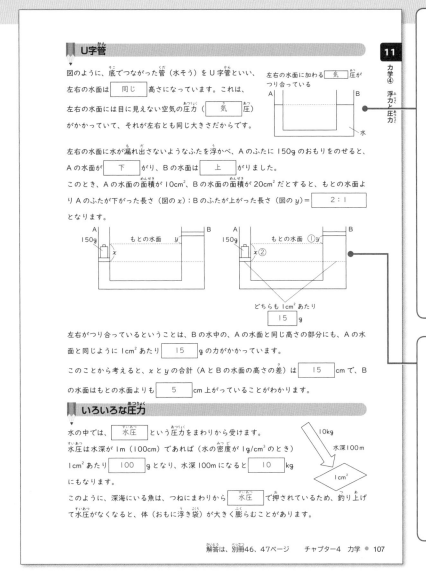

> どちらも 1cm² あたり 15 g

左右がつり合っているということは、Bの水中の、Aの水面と同じ高さの部分にも、Aの水面と同じように1cm²あたり 15 gの力がかかっています。
このことから考えると、xとyの合計（AとBの水面の高さの差）は 15 cmで、Bの水面はもとの水面よりも 5 cm上がっていることがわかります。

いろいろな圧力

水の中では、 水圧 という圧力をまわりから受けます。
水圧は水深が1m（100cm）であれば（水の密度が1g/cm³のとき）1cm²あたり 100 gとなり、水深100mになると 10 kgにもなります。
このように、深海にいる魚は、つねにまわりから 水圧 で押されているため、釣り上げて水圧がなくなると、体（おもに浮き袋）が大きく膨らむことがあります。

> 10kg
> 水深100m
> 1cm²

同じ高さで水面がつり合う、ということを利用し、ホースなどで水を吸い出すことができます。

> 水面の位置が違うとつり合わず水が移動

これをサイフォンの原理といいます。

U字管の問題は、圧力の問題としては定番です。「水面の高さの変化＝底面積の逆比」を上手に使いこなしましょう。
正確に図に書き込むこともポイントです。

応用問題

図のように、コックで水が止められるU字管で、左右の水面の高さが20cm、30cmになるようにしています。コックを開けると、左右の水面は同じ高さになります。そのときの高さは何cmですか。

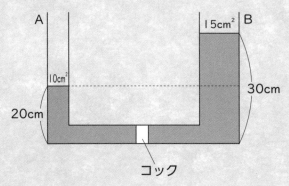

> A
> 10cm²
> 20cm
> コック
> 15cm² B
> 30cm

解説 Aの水面が上がる長さ：Bの水面が下がる長さが、底面積の逆比の3:2となります。
⑤ = 30 - 20 = 10cm
① = 2cm　② = 4cm
30 - 4 = 26cm

答え　26cm

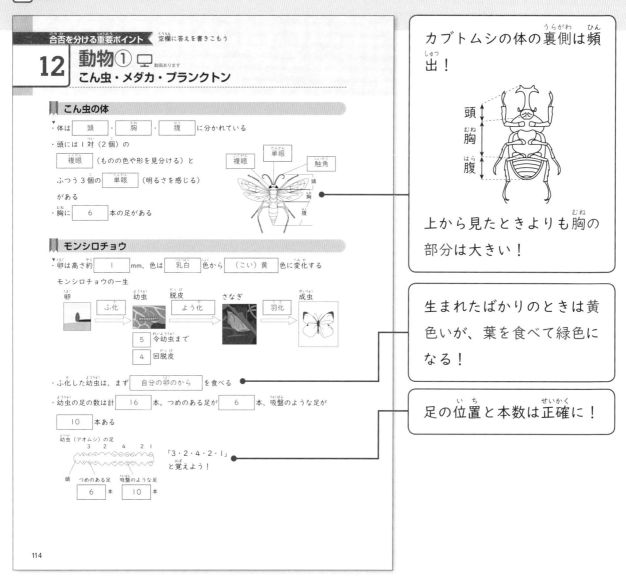

動物①
こん虫・メダカ・プランクトン

合否を分ける重要ポイント　空欄に答えを書きこもう

動画あります

こん虫の体

・体は 頭 ・ 胸 ・ 腹 に分かれている

・頭には | 対（2個）の

　複眼 （ものの色や形を見分ける）と

　ふつう 3個の 単眼 （明るさを感じる）

　がある

・胸に 6 本の足がある

単眼　複眼　触角　頭　胸　腹

モンシロチョウ

・卵は高さ約 | mm、色は 乳白 色から （こい）黄 色に変化する

モンシロチョウの一生

卵　→ ふ化 → 幼虫 脱皮 → よう化 → さなぎ 羽化 → 成虫

5 令幼虫まで

4 回脱皮

・ふ化した幼虫は、まず 自分の卵のから を食べる

・幼虫の足の数は計 16 本。つめのある足が 6 本、吸盤のような足が

　10 本ある

幼虫（アオムシ）の足　3　2　4　2　1

頭　つめのある足　吸盤のような足

6 本　10 本

「3・2・4・2・1」と覚えよう！

カブトムシの体の裏側は頻出！

頭　胸　腹

上から見たときよりも胸の部分は大きい！

生まれたばかりのときは黄色いが、葉を食べて緑色になる！

足の位置と本数は正確に！

114

定番問題

モンシロチョウの幼虫を裏側から見て、足のつき方をスケッチしました。
正しいスケッチはどれですか。

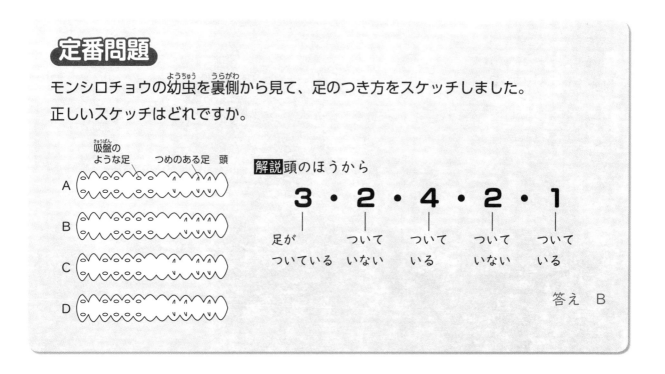

吸盤のような足　つめのある足　頭

A

B

C

D

解説 頭のほうから

3・2・4・2・1

足が　　　ついて　　ついて　　ついて　　ついて
ついている　いない　　いる　　　いない　　いる

答え　B

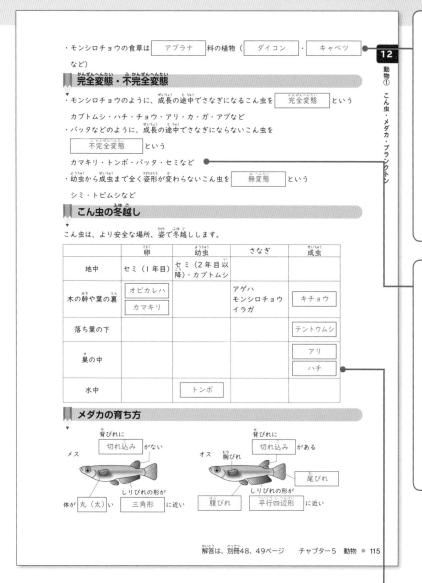

・モンシロチョウの食草は [アブラナ] 科の植物（[ダイコン]・[キャベツ] など）

完全変態・不完全変態

・モンシロチョウのように、成長の途中でさなぎになるこん虫を [完全変態] という

カブトムシ・ハチ・チョウ・アリ・カ・ガ・アブなど

・バッタなどのように、成長の途中でさなぎにならないこん虫を [不完全変態] という

カマキリ・トンボ・バッタ・セミなど

・幼虫から成虫まで全く姿形が変わらないこん虫を [無変態] という

シミ・トビムシなど

こん虫の冬越し

こん虫は、より安全な場所、姿で冬越しします。

	卵	幼虫	さなぎ	成虫
地中	セミ（1年目）	セミ（2年目以降）・カブトムシ		
木の幹や葉の裏	オビカレハ / カマキリ		アゲハ モンシロチョウ イラガ	キチョウ
落ち葉の下				テントウムシ
巣の中				アリ / ハチ
水中		トンボ		

メダカの育ち方

メス 背びれに [切れ込み] がない
胸びれ
しりびれの形が 腹びれ
体が 丸（太）い [三角形] に近い

オス 背びれに [切れ込み] がある
尾びれ
しりびれの形が [平行四辺形] に近い

解答は、別冊48、49ページ　チャプター5 動物 ● 115

モンシロチョウの幼虫（アオムシ）はキャベツなどをエサにして育てられます。その際は、天敵のハチ（アオムシコマユバチ）に卵を産みつけられないように、飼育ケースに網などをかぶせましょう。

不完全変態のこん虫は
「かっ　　　カマキリ
　と　　　　トンボ
　ば　　　　バッタ
　せ　　　　セミ
　ぶりっ　　ゴキブリ
　子」　　　コオロギ
と覚えよう！

アリ・ハチは立派な巣があるので成虫のまま冬越しできると覚えておくといいですね。
「アリの～　ままで～♪」
と歌っておけば、成虫のままで冬越しするイメージが湧くと思います。(^^)

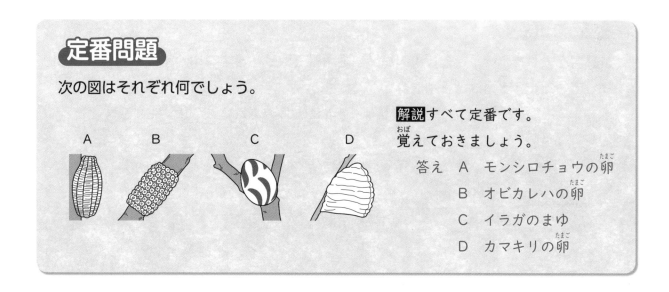

定番問題

次の図はそれぞれ何でしょう。

A　B　C　D

解説 すべて定番です。覚えておきましょう。

答え　A　モンシロチョウの卵
　　　B　オビカレハの卵
　　　C　イラガのまゆ
　　　D　カマキリの卵

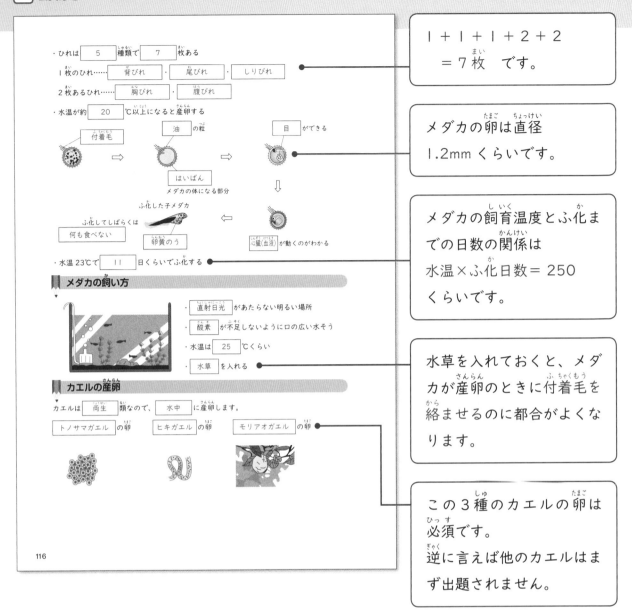

· ひれは 5 種類で 7 枚ある

1枚のひれ…… 背びれ ・ 尾びれ ・ しりびれ

2枚あるひれ…… 胸びれ ・ 腹びれ

· 水温が約 20 ℃以上になると産卵する

付着毛

油 の粒

はいばん
メダカの体になる部分

目 ができる

ふ化した子メダカ

ふ化してしばらくは
何も食べない

卵黄のう

心臓(血液) が動くのがわかる

· 水温23℃で 11 日くらいでふ化する

> 1+1+1+2+2
> ＝7枚 です。

> メダカの卵は直径
> 1.2mm くらいです。

> メダカの飼育温度とふ化までの日数の関係は
> 水温×ふ化日数＝250
> くらいです。

メダカの飼い方

· 直射日光 があたらない明るい場所
· 酸素 が不足しないように口の広い水そう
· 水温は 25 ℃くらい
· 水草 を入れる

> 水草を入れておくと、メダカが産卵のときに付着毛を絡ませるのに都合がよくなります。

カエルの産卵

カエルは 両生 類なので、 水中 に産卵します。

トノサマガエル の卵 ヒキガエル の卵 モリアオガエル の卵

> この3種のカエルの卵は必須です。
> 逆に言えば他のカエルはまず出題されません。

116

定番問題

メダカを入れた水そうを縦じまをかいた画用紙で取り巻き、矢印の方向に画用紙を動かしました。メダカはどう動きますか。

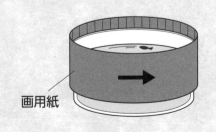

画用紙

解説 メダカは流れのあるところにすんでいて、流れに逆らうように泳ぐ性質があります。それは、流れに逆らって泳ぐことで、その場（縄張り）を離れないようにするためです。画用紙の模様が動くと、その模様が動かないように泳ぎます。

答え　画用紙と同じ方向に泳ぐ。

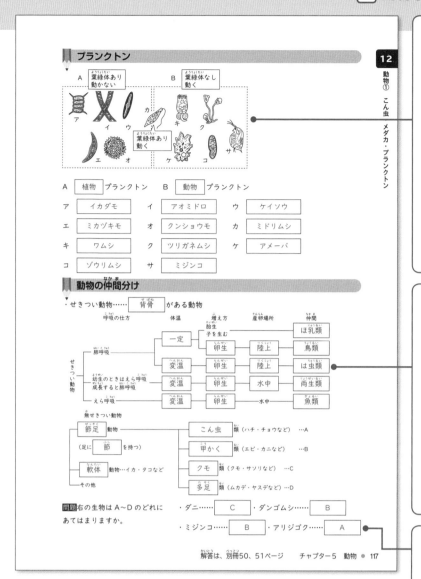

プランクトン

A	B
植物 プランクトン	動物 プランクトン

ア	イ	ウ
イカダモ	アオミドロ	ケイソウ

エ	オ	カ
ミカヅキモ	クンショウモ	ミドリムシ

キ	ク	ケ
ワムシ	ツリガネムシ	アメーバ

コ	サ
ゾウリムシ	ミジンコ

動物の仲間分け

・せきつい動物……… 背骨 がある動物

	呼吸の仕方	体温	増え方	産卵場所	仲間
せきつい動物	肺呼吸	一定	胎生 子を生む		ほ乳類
		一定	卵生	陸上	鳥類
		変温	卵生	陸上	は虫類
	幼生のときはえら呼吸 成長すると肺呼吸	変温	卵生	水中	両生類
	えら呼吸	変温	卵生	水中	魚類

無せきつい動物

節足 動物 (足に 節 を持つ)	こん虫 類 (ハチ・チョウなど) …A
	甲かく 類 (エビ・カニなど) …B
軟体 動物…イカ・タコなど	クモ 類 (クモ・サソリなど) …C
その他	多足 類 (ムカデ・ヤスデなど) …D

問題 右の生物はA〜Dのどれに
あてはまりますか。

・ダニ…… C ・ダンゴムシ…… B
・ミジンコ…… B ・アリジゴク…… A

光合成のための葉緑体を持つのが植物プランクトン、自分で動きまわるのが動物プランクトンですね。ミドリムシのように葉緑体を持ち、なおかつ動くプランクトン（図のカの毛をべん毛といいます）には、ボルボックスなどがいます。

間違いやすいものに、
ペンギン…飛ばないが鳥類
コウモリ…飛ぶがほ乳類
ウミガメ…は虫類
サメ…魚類
タツノオトシゴ…魚類
イルカ・クジラ…ほ乳類
などがあります。

アリジゴクはウスバカゲロウというこん虫の幼虫です。

定番問題

図は、ある池の中の生物どうしのつながりを示しています。生物Aがケイソウ、生物Bがミジンコだとすると、生物C・Dはそれぞれどれにあたりますか。

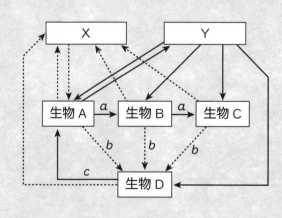

ア ヒキガエル　イ ヤゴ
ウ メダカ　　　エ バクテリア
オ タニシ　　　カ ミドリムシ

解説 Cはミジンコを食べる小型の魚、Dは他の生物のふんや死がいを分解するバクテリアですね。

答え C ウ　D エ

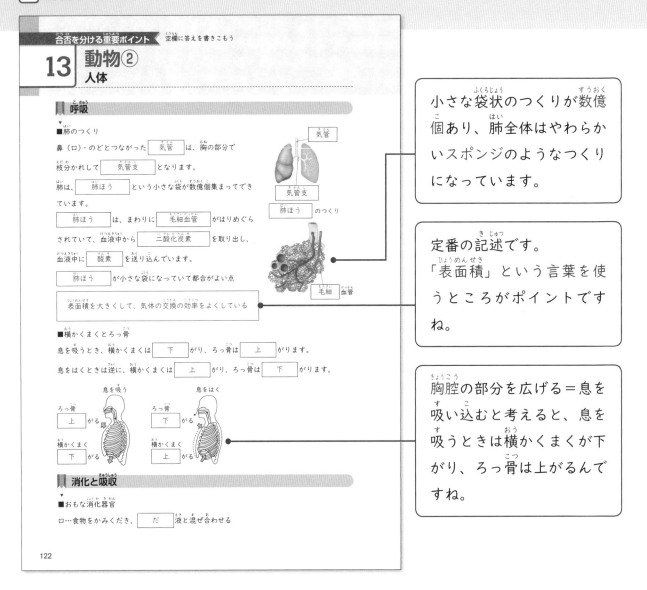

13 動物②
人体

呼吸

■肺のつくり

鼻（口）・のどとつながった 気管 は、胸の部分で枝分かれして 気管支 となります。

肺は、 肺ほう という小さな袋が数億個集まってできています。

肺ほう は、まわりに 毛細血管 がはりめぐらされていて、血液中から 二酸化炭素 を取り出し、血液中に 酸素 を送り込んでいます。

肺ほう が小さな袋になっていて都合がよい点

表面積を大きくして、気体の交換の効率をよくしている

■横かくまくとろっ骨

息を吸うとき、横かくまくは 下 がり、ろっ骨は 上 がります。

息をはくときは逆に、横かくまくは 上 がり、ろっ骨は 下 がります。

息を吸う　　　息をはく

ろっ骨 上 がる　　　ろっ骨 下 がる

横かくまく 下 がる　　　横かくまく 上 がる

消化と吸収

■おもな消化器官

ロ…食物をかみくだき、 だ 液と混ぜ合わせる

122

小さな袋状のつくりが数億個あり、肺全体はやわらかいスポンジのようなつくりになっています。

定番の記述です。
「表面積」という言葉を使うところがポイントですね。

胸腔の部分を広げる＝息を吸い込むと考えると、息を吸うときは横かくまくが下がり、ろっ骨は上がるんですね。

定番問題

ヒトが1回の呼吸で肺に出し入れする空気が500cm³、吸う息、はく息に含まれる気体の割合が表のようだとすると、ヒトが1回の呼吸で体内に取り入れる酸素の体積は何cm³ですか。

	酸素	二酸化炭素	ちっ素
吸う息	21%	0.04%	78%
はく息	17%	4%	78%

解説 1回の呼吸で肺に出し入れする500cm³の空気のうち、21－17＝4%分を体内に取り入れています。

500 × 0.04 = 20

答え　20cm³

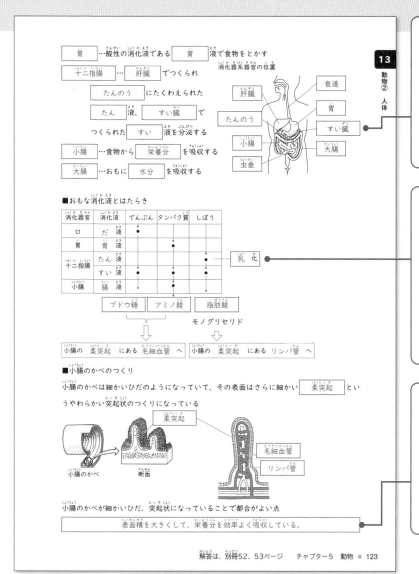

肝臓、たんのう、すい臓は食物は通しませんが、消化液をつくるなど消化には関わっているので、消化器官に含まれます。

それぞれの消化液がはたらく相手は決まっています。たん液は消化はせずしぼうを「乳化」するだけ。すい液は3種類すべての栄養素にはたらきます。

これも定番の記述問題です。やはり吸収の効率を上げるために、表面積を大きくするつくりになっています。

解答は、別冊52、53ページ　チャプター5 動物 ● 123

定番問題

6本の試験管にご飯粒をつぶしたものを入れ、それぞれを表のようにして、最後にヨウ素液を入れ、色の変化を観察しました。色が変化しなかったものはどれですか。

	A	B	C	D	E	F
入れるもの	水 1cm³	だ液 1cm³	水 1cm³	だ液 1cm³	水 1cm³	だ液 1cm³
温度	40℃	40℃	0℃	0℃	80℃	80℃

解説 だ液に含まれるだ液アミラーゼという消化酵素は、ヒトの体温付近の温度でよくはたらき、でんぷんを分解して麦芽糖にします。消化酵素は高温にするとはたらきませんが、低温では休眠しているだけなので、Dも40℃くらいにするとでんぷんが分解されます。

答え　B

血液の循環

■心臓のつくり

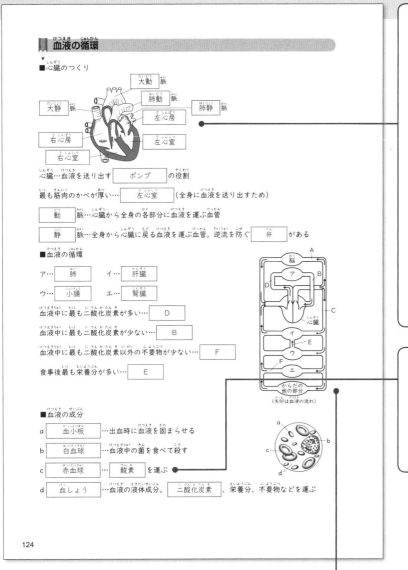

		大動脈
大静脈	肺動脈	肺静脈
右心房	左心房	
右心室	左心室	

心臓…血液を送り出す　ポンプ　の役割

最も筋肉のかべが厚い…　左心室　（全身に血液を送り出すため）

動　脈…心臓から全身の各部分に血液を運ぶ血管

静　脈…全身から心臓に戻る血液を運ぶ血管。逆流を防ぐ　弁　がある

■血液の循環

ア…　肺　　イ…　肝臓

ウ…　小腸　　エ…　腎臓

血液中に最も二酸化炭素が多い…　D

血液中に最も二酸化炭素が少ない…　B

血液中に最も二酸化炭素以外の不要物が少ない…　F

食事後最も栄養分が多い…　E

■血液の成分

a　血小板　…出血時に血液を固まらせる

b　白血球　…血液中の菌を食べて殺す

c　赤血球　→　酸素　を運ぶ

d　血しょう　…血液の液体成分。二酸化炭素、栄養分、不要物などを運ぶ

124

せきつい動物の心臓は、以下のようなつくりになっています。

	心臓のつくり	例
魚類	１心房１心室	サメ・メダカ
両生類	２心房１心室	カエル・サンショウウオ・イモリ
は虫類	２心房２心室（心室の左右の壁が不完全）	カメ・ヘビ・ヤモリ
鳥類	２心房２心室	ペンギン・ニワトリ
ほ乳類	２心房２心室	コウモリ・ヒト・イルカ

人の血液が赤いのは、赤血球に含まれるヘモグロビンという赤い色素によるものです。

小腸で吸収した養分であるブドウ糖を、肝臓でグリコーゲン（お菓子の「グリコ」はこの物質名が由来）としてたくわえるため、小腸と肝臓はＥの血管（肝門脈）でつながっています。

計算問題

あるヒトの血液の量は全部で 6L です。このヒトの心臓が１回の拍動で送り出す血液の量が 60mL で、１分間の拍動数が 50 回だとすると、このヒトの血液すべてが体を一巡するのに何分間かかりますか。

解説 １分間にこのヒトの心臓が送り出す血液は全部で

60 × 50 ＝ 3000mL ＝ 3L　　です。

6L の血液を一巡させるのにかかる時間は

6 ÷ 3 ＝ 2分

答え　2分間

骨格と筋肉

13
動物②
人体

ヒトの骨格…約 [200] の骨でできている

■骨のつながり

[縫合]…頭骨のつながり方。ガッチリと合わさっていて動かない

[軟骨接合]…背骨のつながり方。軟骨ののび縮みで前後左右に少し動かせる

[関節]…うでや足などの骨のつながり方。1方向に大きく動く場合が多い。

[肩] などいろいろな方向に動く場所もある

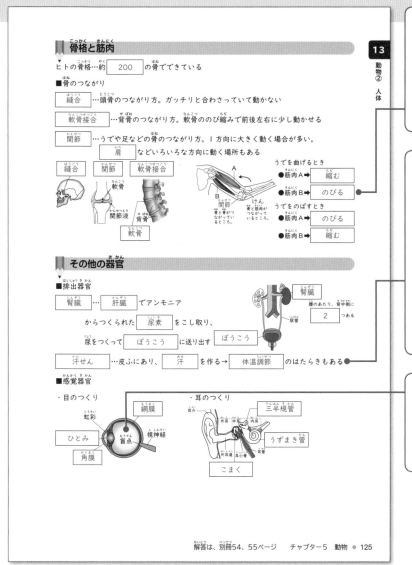

[縫合] [関節] [軟骨接合]
軟骨
関節液 背骨 軟骨

うでを曲げるとき
●筋肉A→[縮む]
●筋肉B→[のびる]

うでをのばすとき
●筋肉A→[のびる]
●筋肉B→[縮む]

その他の器官

■排出器官

[腎臓]…[肝臓] でアンモニア

からつくられた [尿素] をこし取り、

尿をつくって [ぼうこう] に送り出す

腎臓
腰のあたり、背中側に
[2] つある
尿管
ぼうこう

[汗せん]…皮ふにあり、[汗] を作る→[体温調節] のはたらきもある

■感覚器官

・目のつくり
虹彩 [網膜]
ひとみ [視神経]
[角膜] 盲点

・耳のつくり
耳介 [三半規管]
外耳 中耳 内耳
[うずまき管]
外耳道 耳小骨 耳管
[こまく]

> 自分のうででも試してみましょう。うでを曲げると、Aの筋肉が縮んで膨らむはずです。

> 汗の水分が蒸発するときに「気化熱」（別冊56ページ参照）を奪うため温度が下がり、体温を上げすぎないように調節しています。だから夏の暑い日には汗が出るんですね。

> 盲点の部分には光を感じる細胞がなく、ここに映った像は見えません。

新傾向問題

ヒトが生まれるとき、いつから息をし始めますか。

ア　受精の瞬間から

イ　受精の2週間後

ウ　生まれる直前

エ　生まれた直後

解説 ヒトは受精後約40週で生まれますが、生まれるまでは必要な酸素や栄養分は母親の体からたいばんをとおして、へその緒で送ってもらっています。自分で息をし始めるのは、母親の体の外に出たときからです。

答え　エ

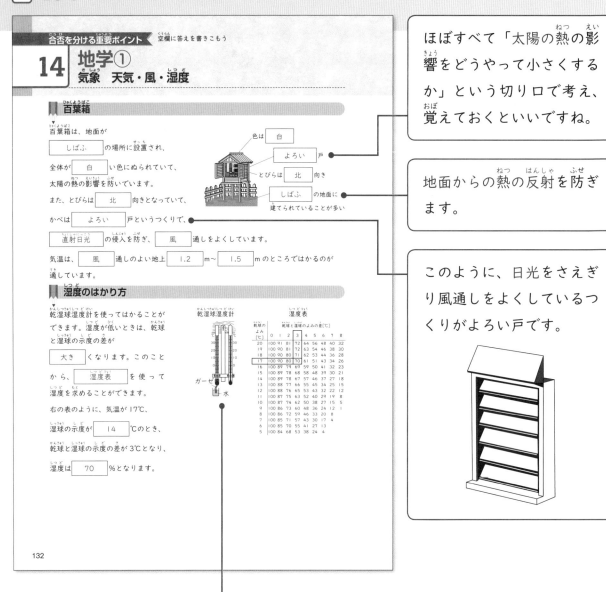

14 地学①
気象 天気・風・湿度

百葉箱

百葉箱は、地面が しばふ の場所に設置され、

全体が 白 い色にぬられていて、
太陽の熱の影響を防いでいます。

また、とびらは 北 向きとなっていて、

かべは よろい 戸というつくりで、

直射日光 の侵入を防ぎ、風 通しをよくしています。

気温は、風 通しのよい地上 1.2 m～ 1.5 m のところではかるのが適しています。

色は 白
よろい 戸
とびらは 北 向き
しばふ の地面に
建てられていることが多い

湿度のはかり方

乾湿球湿度計を使ってはかることができます。湿度が低いときは、乾球と湿球の示度の差が

大き くなります。このことから、湿度表 を使って湿度を求めることができます。

右の表のように、気温が17℃、

湿球の示度が 14 ℃のとき、

乾球と湿球の示度の差が3℃となり、

湿度は 70 ％となります。

乾湿球湿度計

湿度表

乾球の よみ [℃]	乾球と湿球のよみの差[℃]								
	0	1	2	3	4	5	6	7	8
20	100	91	81	72	64	56	48	40	32
19	100	90	81	72	63	54	46	38	30
18	100	90	80	71	62	53	44	36	28
17	100	90	80	70	61	51	43	34	26
16	100	89	79	69	59	50	41	32	23
15	100	89	78	68	58	48	39	30	21
14	100	89	78	67	57	46	37	27	18
13	100	88	77	66	55	45	34	25	15
12	100	88	76	65	53	43	32	22	12
11	100	87	75	63	52	40	29	19	8
10	100	87	74	62	50	38	27	15	5
9	100	86	73	60	48	36	24	12	1
8	100	86	72	59	46	33	20	8	
7	100	85	71	57	43	30	17	4	
6	100	85	70	55	41	27	13		
5	100	84	68	53	38	24	4		

ガーゼ
水

132

ほぼすべて「太陽の熱の影響をどうやって小さくするか」という切り口で考え、覚えておくといいですね。

地面からの熱の反射を防ぎます。

このように、日光をさえぎり風通しをよくしているつくりがよろい戸です。

注射のとき、アルコールをひたしたガーゼで肌を消毒すると、ひんやりしますね。あれは、アルコールが蒸発するときに「気化熱」という熱を奪うからです。同じように湿球のガーゼから水が蒸発することで、湿球の示度が下がります。つまり空気が乾いているほど水がよく蒸発し、乾球と湿球の示度の差が大きくなるのです。

計算問題

午前8時50分から午前9時の間の風の移動距離が1.5kmの場合、午前9時の風速は毎秒何mですか。

解説 その時刻の直前10分間の風の移動距離を600でわったものが風速です。

1500(m) ÷ 600 = 2.5m／秒

答え　毎秒 2.5m

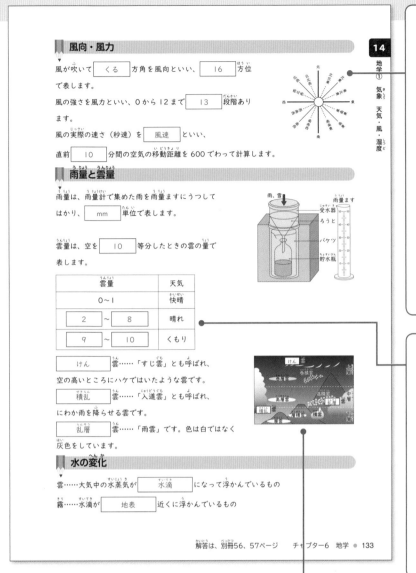

風向・風力

風が吹いて │ くる │ 方角を風向といい、│ 16 │ 方位で表します。

風の強さを風力といい、0から12まで │ 13 │ 段階あります。

風の実際の速さ（秒速）を │ 風速 │ といい、

直前 │ 10 │ 分間の空気の移動距離を 600 でわって計算します。

雨量と雲量

雨量は、雨量計で集めた雨を雨量ますにうつしてはかり、│ mm │ 単位で表します。

雲量は、空を │ 10 │ 等分したときの雲の量で表します。

雲量		天気
0～1		快晴
2 ～ 8		晴れ
9 ～ 10		くもり

│ けん │ 雲……「すじ雲」とも呼ばれ、空の高いところにハケではいたような雲です。

│ 積乱 │ 雲……「入道雲」とも呼ばれ、にわか雨を降らせる雲です。

│ 乱層 │ 雲……「雨雲」です。色は白ではなく灰色をしています。

水の変化

雲……大気中の水蒸気が │ 水滴 │ になって浮かんでいるもの

霧……水滴が │ 地表 │ 近くに浮かんでいるもの

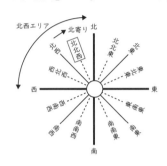

16 方位は覚えづらいかもしれませんね。たとえば北と西の間は北西ですが北西でも北寄りが「北寄りの北西＝北北西」と考えましょう。

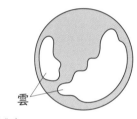

雲量 2～8 が晴れなので、図のようにかなり雲が多くても、空全体の 2 割～8 割なら天気は「晴れ」です。

巻積雲は「うろこ雲」、高積雲は「ひつじ雲」、積雲は「わた雲」とも呼ばれます。

新傾向問題

面積 15km² の東京都渋谷区全域に、1 時間に 40mm の降水がありました。渋谷区全体に降った雨は何 m³ になるでしょうか。

解説 渋谷区に降った雨が直方体だと考えると、その底面積が 15km²、高さが 40mm となります。

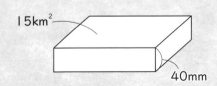

$15km^2 = 15000000m^2$

$40mm = 4cm = 0.04m$

$15000000 × 0.04 = 600000$

答え　600000m³

57

露……大気中の水蒸気が | 水滴 | になって木の葉などについたもの

霜……大気中の水蒸気が | 氷 | になって木の葉などについたもの ●

霜柱……| 地中 | の水が凍って体積が増し、地上に現れたもの

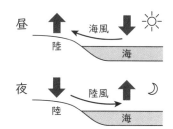

「霜」は大気中の水蒸気が氷になったもの、「霜柱」は地中の水分が凍ったもので、全く違うものです。

風の吹き方

風は気圧の | 高 | いほうから | 低 | いほうに向かって吹きます。

高気圧には | 下降 | 気流が、低気圧には | 上昇 | 気流があります。

低気圧には風が | 反時計 | 回りに吹き込み、高気圧から | 時計 | 回りに風が吹き出しています。

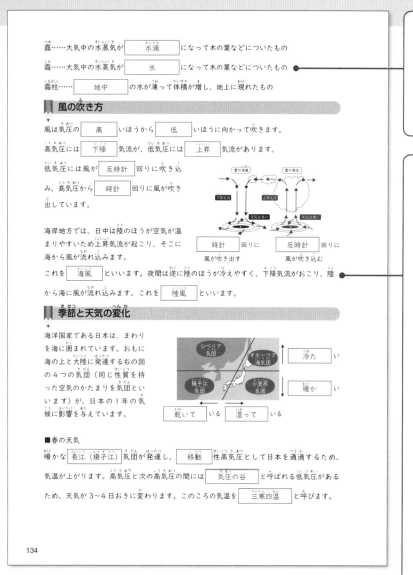

| 時計 | 回りに 風が吹き出す

| 反時計 | 回りに 風が吹き込む

海岸地方では、日中は陸のほうが空気が温まりやすいため上昇気流が起こり、そこに海から風が流れ込みます。

これを | 海風 | といいます。夜間は逆に陸のほうが冷えやすく、下降気流がおこり、陸から海に風が流れ込みます。これを | 陸風 | といいます。

季節と天気の変化

海洋国家である日本は、まわりを海に囲まれています。おもに海の上と大陸に発達する右の図の4つの気団（同じ性質を持った空気のかたまりを気団といいます）が、日本の1年の気候に影響を与えています。

シベリア気団
オホーツク海気団
揚子江気団
小笠原気団

| 冷た | い
| 暖か | い
| 乾いて | いる
| 湿って | いる

■春の天気

暖かな | 長江（揚子江） | 気団が発達し、| 移動 | 性高気圧として日本を通過するため、気温が上がります。高気圧と次の高気圧の間には | 気圧の谷 | と呼ばれる低気圧があるため、天気が3〜4日おきに変わります。このころの気温を | 三寒四温 | と呼びます。

134

陸は海よりも温まりやすく冷えやすいため、昼は陸の温度が高くなり上昇気流ができます。そこに海から風が流れ込みます。これが海風です。夜は逆に「陸風」が吹きます。また1日2回、海風と陸風の入れ替わり時に風がやむ時間があります。これを「凪」といい、朝凪と夕凪があります。

定番問題

日本には四季があり、それぞれの季節に特徴的な天気があります。次の文中の（　）に適する言葉を入れなさい。

春は、日本上空につねに吹いている（　ア　）にのって、大陸から高気圧と「気圧の谷」と呼ばれる（　イ　）が交互にやってくるので、周期的に天気が変わります。

夏になると（　ウ　）の季節風が吹き、高温で湿度の高い日が続きます。

冬には逆に、（　エ　）の季節風が大陸から吹き付け、日本海で大量に（　オ　）を含んだ風が日本海側に大雪を降らせます。

解説 夏の南東の季節風は「海風」と、冬の北西の季節風は「陸風」と同じ原理でふきます。

答え　ア　偏西風
　　　イ　低気圧
　　　ウ　南東
　　　エ　北西
　　　オ　水蒸気

■梅雨の天気

夏が近づくと、暖かくて湿った 小笠原 気団が発達します。これがそれまで勢力を

保ってきた北の湿った オホーツク海 気団とぶつかり、その境目である 梅雨

前線付近に長い雨雲が長期間できて、長い雨の天気が続きます。この気候を 梅雨 と

呼んでいます。

■夏の天気

小笠原 気団がさらに発達して日本をおおうと、夏になります。蒸し暑い晴天が続

き、弱い 南東 の季節風が吹きます。

■台風

8月から9月にかけて、東南アジアの 太平洋 上で発達した熱帯低気圧が勢力を増

しながら日本に近づきます。中心付近の最大風速が 17.2m／秒 になると台風と呼ばれ、

大雨や暴風により日本に大きな被害を与えます。

■冬の天気

冬になると、北方で陸上にある シベリア 気団が勢力を増します。海よりも冷えやす

い大陸での下降気流から吹き出した 北西 の季節風が日本に吹き寄せ、日本海側では

ドカ雪 と呼ばれる大雪、太平洋側では 乾燥 した 晴天 が続きます。

気温と地温の変化

天気の良い日は、日中はぐんぐん気温が上がりますが、夜は雲がないために地表の熱がどん

どん宇宙に逃げてしまうため、気温が大きく下がり、日中と夜間の気温の差

が大きくなります。このような日中と夜間の気温差を気温の 日較差 といいます。

日較差 は晴れの日ほど大きく、くもりや雨の日は小さくなります。

また、太陽の熱によってまず 地面 が温まり、 地面 の熱によって

気温 が上がります。だから太陽の南中（正午ごろ）と地温が最高になる時刻（午後

1 時ごろ）、気温が最高になる時刻（午後 2 時ごろ）にずれが生じるのです。

「梅雨」のときは「つゆ」、「梅雨前線」のときは「ばいうぜんせん」と読みます。

台風が通過するとき、その東側のほうが風が強くなります。これは、台風に吹き込む風の向きと、台風の進行方向が同じになるためです。

右半円で強まる台風の風

太平洋側に吹き下ろす乾燥した風を「からっ風」といいます。

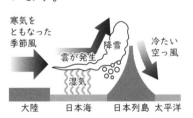

寒気をともなった季節風　雲が発生　湿気　降雪　冷たい空っ風

大陸　日本海　日本列島　太平洋

思考系問題

台風の進路

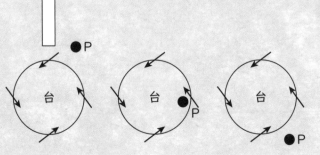

図のように台風が北上するとき、P点での風向きは（時計回り／反時計回り）に変化します。どちらかを選びなさい。

解説 P点が台風付近を南に移動したのと同じですね。風向きは

と時計回りに変化しています。

答え　時計回り

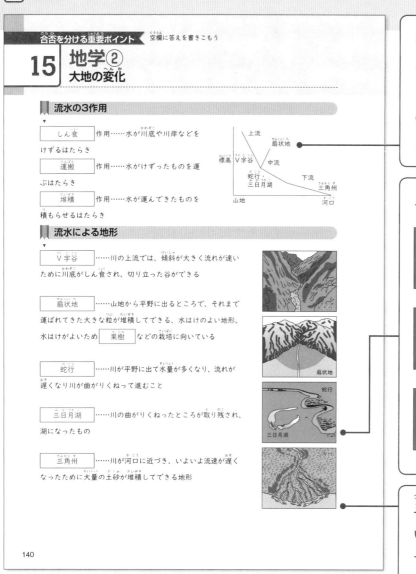

合否を分ける重要ポイント　空欄に答えを書きこもう

15 地学② 大地の変化

流水の3作用

| しん食 | 作用……水が川底や川岸などをけずるはたらき

| 運搬 | 作用……水がけずったものを運ぶはたらき

| 堆積 | 作用……水が運んできたものを積もらせるはたらき

流水による地形

| V字谷 | ……川の上流では、傾斜が大きく流れが速いために川底がしん食され、切り立った谷ができる

| 扇状地 | ……山地から平野に出るところで、それまで運ばれてきた大きな粒が堆積してできる、水はけのよい地形。水はけがよいため | 果樹 | などの栽培に向いている

| 蛇行 | ……川が平野に出て水量が多くなり、流れが遅くなり川が曲がりくねって進むこと

| 三日月湖 | ……川の曲がりくねったところが取り残され、湖になったもの

| 三角州 | ……川が河口に近づき、いよいよ流速が遅くなったために大量の土砂が堆積してできる地形

水はけのよい扇状地では、川がその下を流れて見えなくなることがあります。このような川を水無川と呼びます。

三日月湖のでき方

川の蛇行が大きくなると……

曲がった部分が取り残される

三角州は扇状地と形が似ていますが、三角州のほうが下流にできるため川幅も広く、規模が大きくなります。

新傾向問題

①のグラフは堆積したものが流され始めるときの流速と粒の大きさの関係を、②のグラフは流されていたものが堆積するときの流速と粒の大きさの関係を表しています。A～C は流水の3作用のうちのどれにあたりますか。

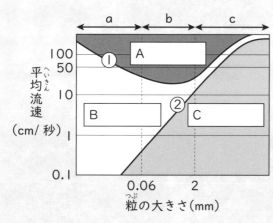

解説①のグラフは堆積したものが流され始めるときの流速を表していますから、①のグラフよりも流速が速ければ、川底がしん食されます。また②のグラフは流されていたものが堆積するときの流速を表していますから、②のグラフよりも流速が遅ければ、流されていたものが堆積することがわかります。

答え　A しん食　B 運搬　C 堆積

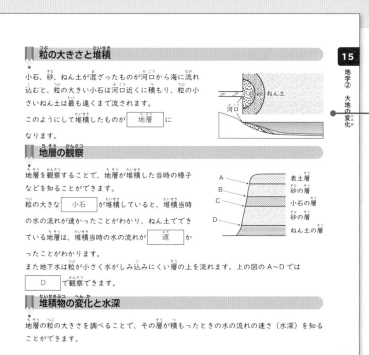

粒の大きさと堆積

小石、砂、ねん土が混ざったものが河口から海に流れ込むと、粒の大きい小石は河口近くに積もり、粒の小さいねん土は最も遠くまで流されます。
このようにして堆積したものが [地層] になります。

一般に、粒が大きい（重い）ものは河口近くに沈み、粒が小さい（軽い）ものほど遠くへ流されます。
地層の粒を観察したとき、粒の大きさによって海岸線からの距離（深さ）を推測できるのです。

地層の観察

地層を観察することで、地層が堆積した当時の様子などを知ることができます。
粒の大きな [小石] が堆積していると、堆積当時の水の流れが速かったことがわかり、ねん土でできている地層は、堆積当時の水の流れが [遅] かったことがわかります。
また地下水は粒が小さく水がしみ込みにくい層の上を流れます。上の図のA～Dでは [D] で観察できます。

堆積物の変化と水深

地層の粒の大きさを調べることで、その層が積もったときの水の流れの速さ（水深）を知ることができます。

地層は [下] から [上] へと積もるので、Aのように上ほど粒の大きさが大きい場合、その地層が積もった当時水深がだんだん [浅] くなったことがわかり、Bのように上ほど粒の大きさが小さい場合、その地層が積もった当時水深がだんだん [深] くなったことがわかります。

同じ場所で堆積している層の中身が変わるということは、それぞれの層が堆積したときの様子（水の流れの速さ）が違ったということです。堆積物の変化から、その土地の水深が浅くなったのか、深くなったのかがわかります。

思考系問題

あるがけで地層を観察すると、図のようになっていました。堆積したものの様子から、この地層が堆積したときのこの土地の変化として、適するものをすべて選びなさい。

ア　土地が隆起した後、沈降した。

イ　土地が沈降した後、隆起した。

ウ　海水面が上がった後、下がった。

エ　海水面が下がった後、上がった。

解説 下から順に、堆積物が

「大⇒中⇒小⇒中⇒大」と変化しています。つまり水の流れは「速い⇒ 遅い ⇒速い」と変化したことがわかります。つまり水深が

「浅い⇒ 深い ⇒浅い」と変化したんですね。

水深が深くなるのは、土地が沈降したか海水面が上がったかのどちらかです。

答え　イ・ウ

61

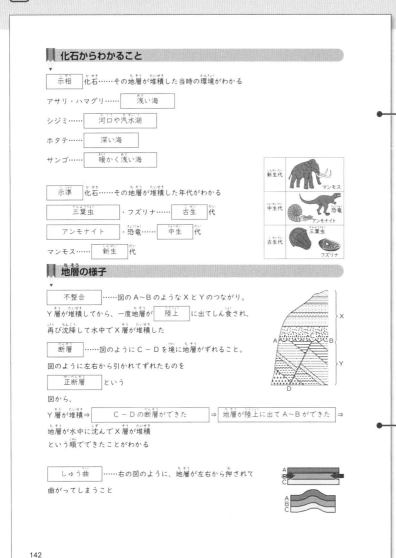

化石からわかること

示相 化石……その地層が堆積した当時の環境がわかる

アサリ・ハマグリ……　浅い海

シジミ……　河口や汽水湖

ホタテ……　深い海

サンゴ……　暖かく浅い海

示準 化石……その地層が堆積した年代がわかる

三葉虫 ・フズリナ……　古生 代

アンモナイト ・恐竜　中生 代

マンモス……　新生 代

地層の様子

不整合 ……図のA～BのようなXとYのつながり。
Y層が堆積してから、一度地層が 陸上 に出てしん食され、
再び沈降して水中でX層が堆積した

断層 ……図のようにC－Dを境に地層がずれること。
図のように左右から引かれてずれたものを
正断層 という

図から、
Y層が堆積⇒ C－Dの断層ができた ⇒ 地層が陸上に出てA～Bができた ⇒
地層が水中に沈んでX層が堆積
という順でできたことがわかる

しゅう曲 ……右の図のように、地層が左右から押されて
曲がってしまうこと

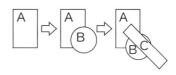

142

示相化石の「相」は「手相」「人相」などに使われる字ですね。「様子」という意味です。地層が堆積した当時の様子がわかる化石です。
一方示準化石の「準」は「基準」に使われる字です。「この化石が見つかれば年代は……」という「基準」となる化石ということです。

図ではひと目でAが一番古くてCが一番新しいとわかります。地層でも他のものに影響を受けていないものが新しいと考えられます。

新傾向問題

地層に含まれることがある化石には、示準化石と呼ばれるものがあります。たとえば地層からアンモナイトの化石が見つかったら、その層が堆積したのは中生代だと考えられます。このように判断の材料になる示準化石として活用できるための条件とは、どんなことでしょうか。2つ答えなさい。

解説 アンモナイトは、現在は絶滅しています。もしも現在も絶滅していなかったら、化石が発見できたとしてもいつのものなのかわかりませんね。
また、世界中の広い範囲で生息し、化石が見つかっているからこそ「たまたま」ではなくすべての調査の結果から判断できるのです。

答え

・その年代にだけ生息していた生物であること。

・世界の広い範囲で生息していた生物であること。

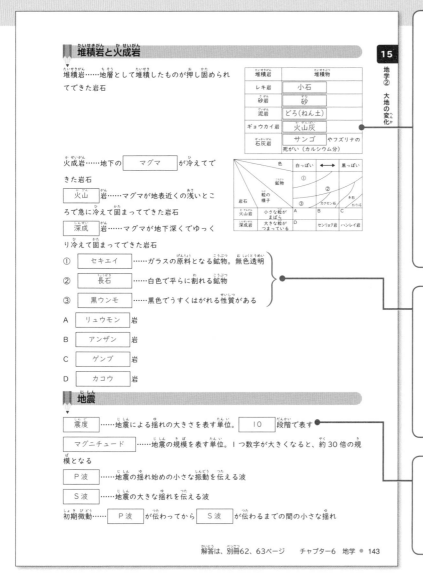

堆積岩と火成岩

堆積岩……地層として堆積したものが押し固められてきた岩石

堆積岩	堆積物
レキ岩	小石
砂岩	砂
泥岩	どろ(ねん土)
ギョウカイ岩	火山灰
石灰岩	サンゴ やフズリナの死がい(カルシウム分)

火成岩……地下の [マグマ] が冷えてできた岩石

[火山] 岩……マグマが地表近くの浅いところで急に冷えて固まってきた岩石

[深成] 岩……マグマが地下深くでゆっくり冷えて固まってきた岩石

① [セキエイ]……ガラスの原料となる鉱物。無色透明
② [長石]……白色で平らに割れる鉱物
③ [黒ウンモ]……黒色でうすくはがれる性質がある

A [リュウモン] 岩
B [アンザン] 岩
C [ゲンブ] 岩
D [カコウ] 岩

地震

[震度]……地震による揺れの大きさを表す単位。[10] 段階で表す

[マグニチュード]……地震の規模を表す単位。1つ数字が大きくなると、約30倍の規模となる

[P波]……地震の揺れ始めの小さな振動を伝える波

[S波]……地震の大きな揺れを伝える波

初期微動……[P波] が伝わってから [S波] が伝わるまでの間の小さな揺れ

解答は、別冊62、63ページ　チャプター6 地学 ● 143

ギョウカイ岩を漢字で書くと「凝灰岩」となります。「凝」は「凝る」とも読み、「凝り固まる」なんて言いますね。まさに「かたまる」という意味で、「灰が固まった岩石」、つまり火山灰からできていることを表しています。

この3つの鉱物は入試問題でも頻出！
「咳した 長さん 黒うん○」
セキエイ　長石　黒ウンモ
と覚えましょう。

震度「0・1・2・3・4・5(弱・強)・6(弱・強)・7」の10段階です。

計算問題

ある地震の揺れが始まった時刻を、A・Bの2地点で記録しました。
この地震のP波、S波の速さはそれぞれ毎秒何kmですか。

	初期微動開始	主要動開始
A (震源から40km)	10時31分24秒	10時31分29秒
B (震源から120km)	10時31分34秒	10時31分49秒

解説 AからBまでの距離は　120 − 40 = 80km　ですね。

P波はこの距離を　34 − 24 = 10秒　で進んでいます。

80 ÷ 10 = 8km／秒　です。

またS波は　49 − 29 = 20秒　かかっています。

80 ÷ 20 = 4km／秒　となります。

答え　P波　8km／秒
　　　S波　4km／秒

16 もの の 性質 と 熱

合否を分ける重要ポイント 空欄に答えを書きこもう

物質の状態変化

水をはじめ、物質は温度により気体・液体・固体と状態が変化します。

水の場合は気体のとき 水蒸気 ・固体のとき 氷 と呼ばれています。

氷を熱していくと、 0 ℃になるととけ始め、全体がとけて水になるまでは温度が変わりません。全体が水になるとまた温度は上がり始め、再び温度が上がらなくなるのは温度が 100 ℃になり 沸騰 し始めてからです。

温度(℃) 100 / 0

気体
気化 凝結 昇華
融解
液体 固体
凝固

氷がとけ始めてから、全体がとけて水になるまでは温度が変わらない理由

| 加えた熱が、氷をとかすのにすべて使われるため |

水が沸騰し始めたら温度が変わらない理由

| 加えた熱が、水を水蒸気に変えるのにすべて使われるため |

水が氷になると、体積はおよそ(小数第一位までの数値で) 1.1 倍に、水蒸気になるとおよそ(100の倍数の数値で) 1700 倍になります。

物質の密度

物質1cm³あたりの重さを 密度 といい、物質によって決まっています。

密度 の単位は g/cm³ で、$\frac{物質の重さ(g)}{物質の体積(cm^3)}$ で求められます。

水の密度は 1g/cm³ で、これを基準に重さの単位が決まっています。

水より密度が大きい物質は水に 沈み 、小さい物質は水に 浮きます 。

ドライアイスは二酸化炭素が固体になったものですが、とけて液体にならず気体となって空気中に出ていきます。このように固体から気体になることを昇華といいます。気体から固体に変化することも同じく昇華です。

典型的な記述問題で、入試にもよく出題されます。しっかり書けるようにしておきましょう。1gの氷をとかすのに必要な熱量(熱量は別冊67ページを参照)は80カロリーです。

150

定番問題

物質は、温度などの条件によって図のように気体・液体・固体に変化します。日常で経験する水に関する現象は、図の①〜⑥のどれにあたるでしょうか。

A. 朝、公園の木の葉に露が付いていた。

B. 夏の夕方、打ち水をすると涼しくなった。

C. 冬の寒い日、外から部屋に入るとメガネがくもった。

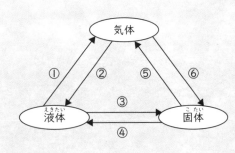

解説 A.露は温度が下がって空気中の水蒸気が水になったもの、C.でメガネがくもったのも同じく、部屋の空気中の水蒸気が冷たくなったメガネで冷やされたんですね。B.は水が蒸発して水蒸気になるときに奪う「気化熱」を利用しています。

答え A ② B ① C ②

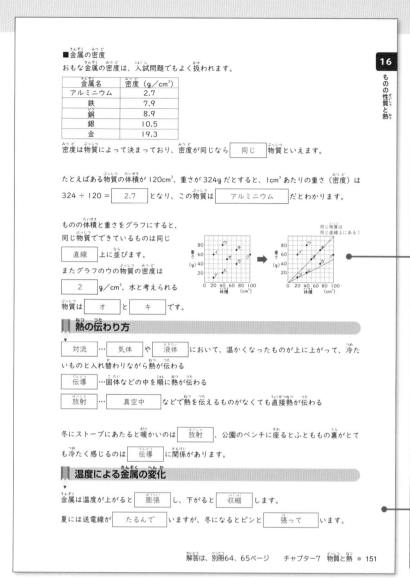

■金属の密度
おもな金属の密度は、入試問題でもよく扱われます。

金属名	密度（g／cm³）
アルミニウム	2.7
鉄	7.9
銅	8.9
銀	10.5
金	19.3

密度は物質によって決まっており、密度が同じなら　同じ　物質といえます。

たとえばある物質の体積が120cm³、重さが324gだとすると、1cm³あたりの重さ（密度）は
324÷120＝　2.7　となり、この物質は　アルミニウム　だとわかります。

ものの体積と重さをグラフにすると、
同じ物質でできているものは同じ
直線　上に並びます。
またグラフのウの物質の密度は
2　g／cm³、水と考えられる
物質は　オ　と　キ　です。

熱の伝わり方

対流　…　気体　や　液体　において、温かくなったものが上に上がって、冷た
いものと入れ替わりながら熱が伝わる
伝導　…固体などの中を順に熱が伝わる
放射　…　真空中　などで熱を伝えるものがなくても直接熱が伝わる

冬にストーブにあたると暖かいのは　放射　、公園のベンチに座るとふとももの裏がとて
も冷たく感じるのは　伝導　に関係があります。

温度による金属の変化

金属は温度が上がると　膨張　し、下がると　収縮　します。
夏には送電線が　たるんで　いますが、冬になるとピンと　張って　います。

解答は、別冊64、65ページ　　チャプター7　物質と熱　● 151

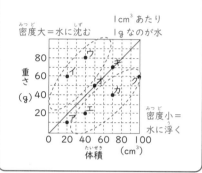

水（1cm³あたり1g）よりも密度が大きいものは水に沈み、小さいものは水に浮きます。グラフからは一目瞭然ですね。

同じ温度でも木より金属のほうがさわってひんやりします。これは、金属のほうが熱伝導率がよいため、手から急速に熱を奪い取っていくためです。

計算問題

密度2.7g／cm³のアルミニウムと7.9g／cm³の鉄で合金をつくると、密度が4.78g／cm³となりました。アルミニウムは体積で何％含まれているでしょうか。

解説 これも混ぜ合わせですから、食塩水同様「てんびん法」で考えられそうですね。
左右のおもりを体積、うでの長さを密度として図をかいてみましょう。

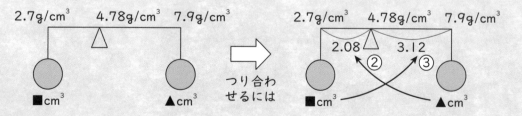

図から、■：▲＝3：2とわかります。アルミニウムは体積で全体の $\frac{3}{5}$ ですから、

3÷5＝0.6→60％

答え　60％

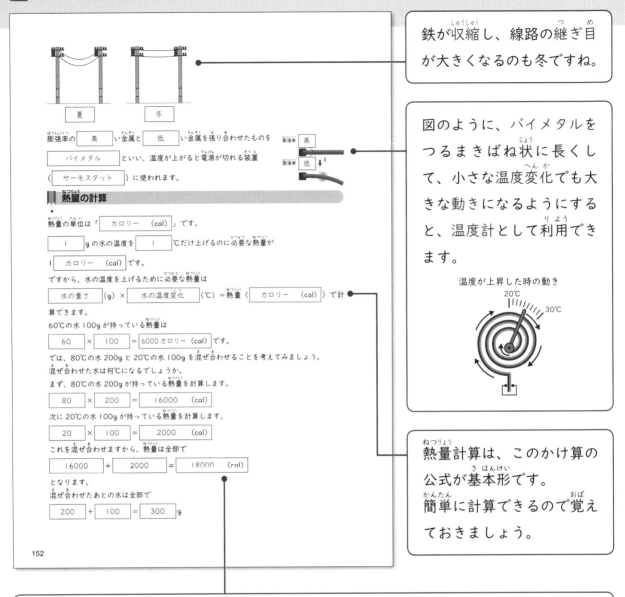

鉄が収縮し、線路の継ぎ目が大きくなるのも冬ですね。

図のように、バイメタルをつるまきばね状に長くして、小さな温度変化でも大きな動きになるようにすると、温度計として利用できます。

温度が上昇した時の動き

膨張率の　高　い金属と　低　い金属を張り合わせたものを

バイメタル　といい、温度が上がると電源が切れる装置

（　サーモスタット　）に使われます。

熱量の計算

熱量の単位は「　カロリー　（cal）」です。

　I　g の水の温度を　I　℃だけ上げるのに必要な熱量が　I　カロリー　（cal）です。

ですから、水の温度を上げるために必要な熱量は

　水の重さ　（g）×　水の温度変化　（℃）＝熱量（　カロリー　（cal））で計算できます。

60℃の水 100g が持っている熱量は

　60　×　100　＝　6000 カロリー（cal）です。

では、80℃の水 200g と 20℃の水 100g を混ぜ合わせることを考えてみましょう。

混ぜ合わせた水は何℃になるでしょうか。

まず、80℃の水 200g が持っている熱量を計算します。

　80　×　200　＝　16000　（cal）

次に 20℃の水 100g が持っている熱量を計算します。

　20　×　100　＝　2000　（cal）

これを混ぜ合わせますから、熱量は全部で

　16000　＋　2000　＝　18000　（cal）

となります。

混ぜ合わせたあとの水は全部で

　200　＋　100　＝　300　g

熱量計算は、このかけ算の公式が基本形です。
簡単に計算できるので覚えておきましょう。

温度の異なる水の混ぜ合わせは、食塩水の混ぜ合わせに似ていますね。
それぞれの水が持つ熱量を計算し、合計して考えます。

定番問題

40℃の水 20g と■℃の水 80g を混ぜ合わせると、温度が 52℃になりました。■に入る数値を求めなさい。

解説 混ぜ合わせたあとの水は重さ 100g、温度が 52℃ですから、熱量が計算できます。

52 × 100 ＝ 5200 カロリー　混ぜ合わせた 40℃の水の熱量が　40 × 20 ＝ 800 カロリー　ですから、5200－800 ＝ 4400 カロリーが混ぜ合わせた水が持っていた熱量。

4400 ÷ 80 ＝ 55

答え　55

ありますから、

300 g × [?] ℃ = 18000 (cal)

という計算式が成り立ちますね。

[?] ℃ = 18000 (cal) ÷ 300 g

= 60 ℃となります。

この水どうしの混ぜ合わせは、食塩水同様「てんびん法」でも解くことができます。

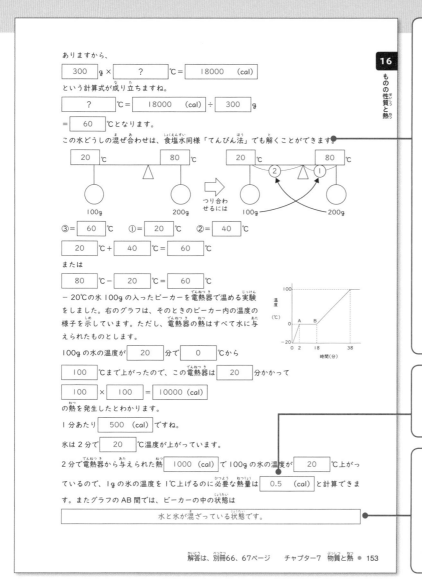

③ = 60 ℃ ① = 20 ℃ ② = 40 ℃

20 ℃ + 40 ℃ = 60 ℃

または

80 ℃ － 20 ℃ = 60 ℃

－ 20℃の氷 100g の入ったビーカーを電熱器で温める実験をしました。右のグラフは、そのときのビーカー内の温度の様子を示しています。ただし、電熱器の熱はすべて水に与えられたものとします。

100g の水の温度が 20 分で 0 ℃から

100 ℃まで上がったので、この電熱器は 20 分かかって

100 × 100 = 10000 (cal)

の熱を発生したとわかります。

1 分あたり 500 (cal) ですね。

氷は 2 分で 20 ℃温度が上がっています。

2 分で電熱器から与えられた熱 1000 (cal) で 100g の氷の温度が 20 ℃上がっているので、1g の氷の温度を 1℃上げるのに必要な熱量は 0.5 (cal) と計算できます。またグラフの AB 間では、ビーカーの中の状態は

水と氷が混ざっている状態です。

食塩水の混ぜ合わせと同様に「てんびん法」で解けるということは、面積図を使って解くこともできるということです。自分なりに使いやすい解法を身につけておくことも大切です。

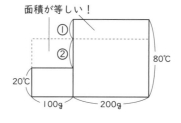

面積が等しい！

氷は水に比べて半分の熱量で温度が変化します。

氷がとけ始めてから、すべてがとけて水になってしまうまでは、温度が 0℃のまま変化しません。

計算問題

－ 20℃の氷 100g の入ったビーカーを電熱器で温める実験をしました。次のグラフは、そのときのビーカー内の温度の様子を示しています。氷 1g をとかすのに必要な熱量は何カロリーですか。ただし、電熱器の熱はすべて氷や水に与えられたものとします。

解説 100g の水の温度が 38－18 ＝ 20 分で 0℃から 100℃まで上がっています。電熱器から水に与えられた熱量は、100 × 100 ＝ 10000 カロリー。

電熱器が 1 分間に発生する熱量は、10000 ÷ 20 ＝ 500 カロリーです。

氷がとけるのにかかった時間は 18 － 2 ＝ 16 分ですから、電熱器が発生した熱量は 500 × 16 ＝ 8000 カロリー。これで 100g の氷がとけました。1g の氷をとかすのに必要な熱量は、8000 ÷ 100 ＝ 80 カロリーです。

答え　80 カロリー

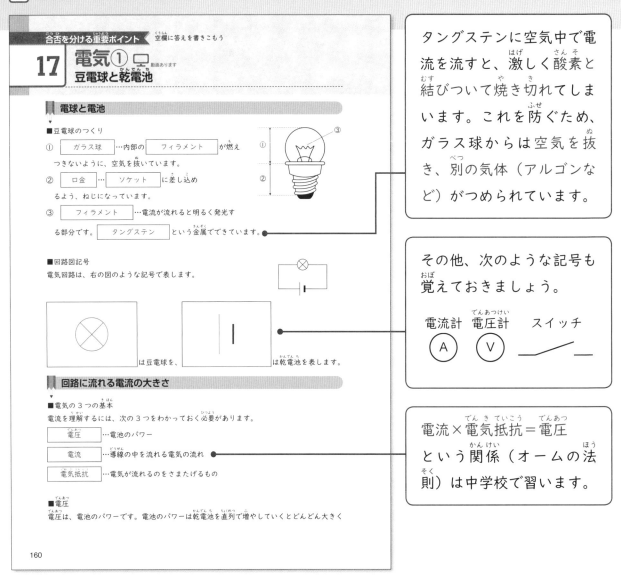

17 電気① 豆電球と乾電池

合否を分ける重要ポイント　空欄に答えを書きこもう
動画あります

電球と電池

■豆電球のつくり

① [ガラス球] …内部の [フィラメント] が燃え
つきないように、空気を抜いています。

② [口金] … [ソケット] に差し込め
るよう、ねじになっています。

③ [フィラメント] …電流が流れると明るく発光す
る部分です。[タングステン] という金属でできています。

■回路図記号
電気回路は、右の図のような記号で表します。

（⊗）は豆電球を、（ | ）は乾電池を表します。

回路に流れる電流の大きさ

■電気の3つの基本
電流を理解するには、次の3つをわかっておく必要があります。

[電圧] …池のパワー

[電流] …導線の中を流れる電気の流れ

[電気抵抗] …電気が流れるのをさまたげるもの

■電圧
電圧は、電池のパワーです。電池のパワーは乾電池を直列で増やしていくとどんどん大きく

160

タングステンに空気中で電流を流すと、激しく酸素と結びついて焼き切れてしまいます。これを防ぐため、ガラス球からは空気を抜き、別の気体（アルゴンなど）がつめられています。

その他、次のような記号も覚えておきましょう。

電流計　電圧計　スイッチ
（A）　（V）

電流×電気抵抗＝電圧という関係（オームの法則）は中学校で習います。

定番問題

ソケットに入れていない豆電球と乾電池で実験しました。豆電球が光るものを選びなさい。

ア　導線
イ
ウ

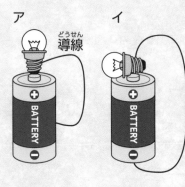

解説 豆電球のフィラメントにつながる2本の導入線の先は、内部でそれぞれ図のようにつながっています。

答え　ウ

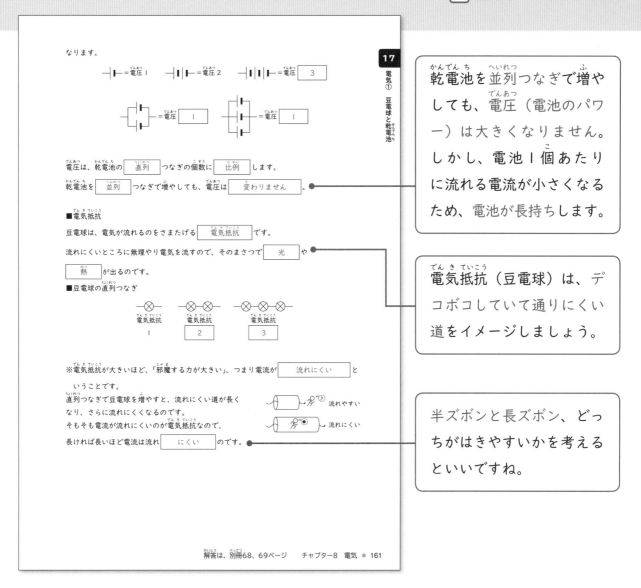

なります。

＝電圧1　＝電圧2　＝電圧 3

＝電圧 1　＝電圧 1

電圧は、乾電池の 直列 つなぎの個数に 比例 します。

乾電池を 並列 つなぎで増やしても、電圧は 変わりません 。●

■電気抵抗

豆電球は、電気が流れるのをさまたげる 電気抵抗 です。

流れにくいところに無理やり電気を流すので、そのまさつで 光 や

熱 が出るのです。

■豆電球の直列つなぎ

電気抵抗　電気抵抗　電気抵抗
1　　　　 2　　　　 3

※電気抵抗が大きいほど、「邪魔する力が大きい」、つまり電流が 流れにくい と
いうことです。

直列つなぎで豆電球を増やすと、流れにくい道が長く
なり、さらに流れにくくなるのです。　　　　　　　　　　 流れやすい
そもそも電流が流れにくいのが電気抵抗なので、　　　　　　 流れにくい
長ければ長いほど電流は流れ にくい のです。●

> 乾電池を並列つなぎで増やしても、電圧（電池のパワー）は大きくなりません。しかし、電池1個あたりに流れる電流が小さくなるため、電池が長持ちします。

> 電気抵抗（豆電球）は、デコボコしていて通りにくい道をイメージしましょう。

> 半ズボンと長ズボン、どっちがはきやすいかを考えるといいですね。

新傾向問題

あなたが日常生活の中で使うもので、電気抵抗を利用しているものを電球以外で1つ答えなさい。

解説 日常生活と理科の結びつきについて問う問題が増えています。
電気抵抗ですから、電気を流すと光ったり熱くなったりするものを思い浮かべるといいですね。

答え（例）
電気ストーブ、ホットプレート、
ドライヤー、電気毛布など

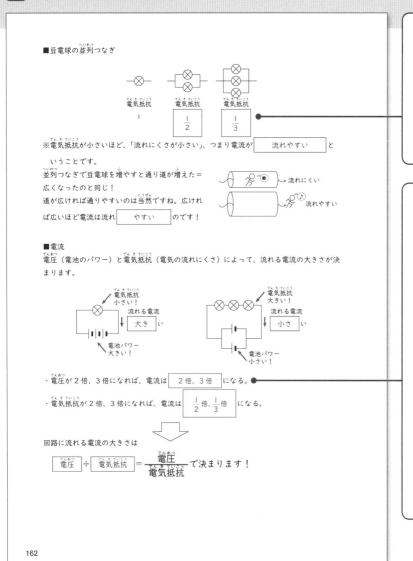

■豆電球の並列つなぎ

電気抵抗　電気抵抗　電気抵抗

$\dfrac{1}{2}$　$\dfrac{1}{3}$

※電気抵抗が小さいほど、「流れにくさが小さい」、つまり電流が　流れやすい　ということです。

並列つなぎで豆電球を増やすと通り道が増えた＝広くなったのと同じ！

道が広ければ通りやすいのは当然ですね。広ければ広いほど電流は流れ　やすい　のです！

■電流

電圧（電池のパワー）と電気抵抗（電気の流れにくさ）によって、流れる電流の大きさが決まります。

電気抵抗小さい！　流れる電流大き　い　電池パワー大きい！

電気抵抗大きい！　流れる電流小さ　い　電池パワー小さい！

・電圧が2倍、3倍になれば、電流は　2倍、3倍　になる。

・電気抵抗が2倍、3倍になれば、電流は　$\dfrac{1}{2}$倍、$\dfrac{1}{3}$倍　になる。

回路に流れる電流の大きさは

電圧 ÷ 電気抵抗 ＝ $\dfrac{電圧}{電気抵抗}$ で決まります！

豆電球の並列つなぎでは、豆電球を増やせば増やすほど電流が流れる道が広くなり、流れやすく（電気抵抗が小さく）なります。

電池のパワー（電圧）が一定なら、電気抵抗が大きいほど流れる電流は小さく、電気抵抗が小さいほど流れる電流は大きくなります。つまり電気抵抗と流れる電流の大きさは反比例するのです。

だから別冊68ページの「オームの法則」（電圧＝電気抵抗×電流）が成り立つのですね。

162

応用問題

図の回路で、スイッチを2つ入れて4つの豆電球をすべて同じ明るさで光らせるには、どの2つのスイッチを入れればいいですか。

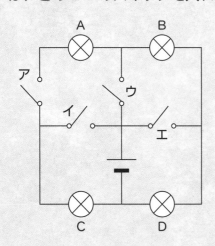

解説 ア・ウのスイッチを入れると図のように電流が流れます。

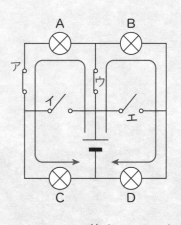

答え　ア・ウ

70

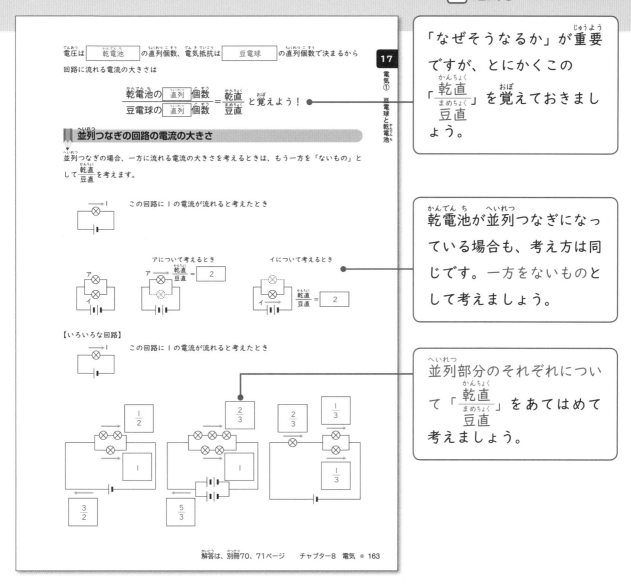

電圧は 乾電池 の直列個数、電気抵抗は 豆電球 の直列個数で決まるから
回路に流れる電流の大きさは

$$\frac{乾電池の \boxed{直列} 個数}{豆電球の \boxed{直列} 個数} = \frac{乾直}{豆直}$$ と覚えよう！

「なぜそうなるか」が重要ですが、とにかくこの「$\frac{乾直}{豆直}$」を覚えておきましょう。

並列つなぎの回路の電流の大きさ

並列つなぎの場合、一方に流れる電流の大きさを考えるときは、もう一方を「ないもの」として$\frac{乾直}{豆直}$を考えます。

乾電池が並列つなぎになっている場合も、考え方は同じです。一方をないものとして考えましょう。

並列部分のそれぞれについて「$\frac{乾直}{豆直}$」をあてはめて考えましょう。

【いろいろな回路】

応用問題

この回路に流れる電流の大きさについて、なぜそうなるか説明しなさい。

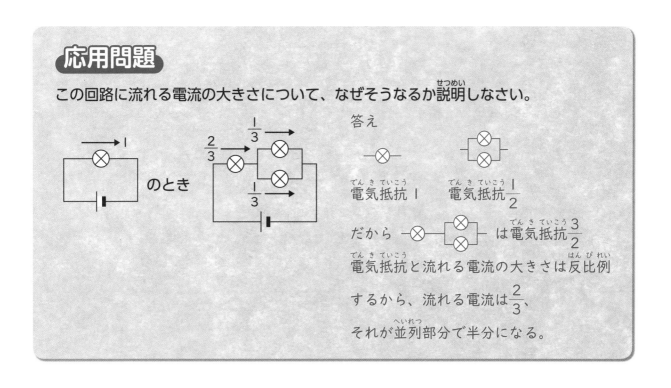

答え

電気抵抗1　電気抵抗$\frac{1}{2}$

だから ⊗─⊗─ は電気抵抗$\frac{3}{2}$

電気抵抗と流れる電流の大きさは反比例するから、流れる電流は$\frac{2}{3}$、

それが並列部分で半分になる。

合否を分ける重要ポイント 空欄に答えを書きこもう

18 電気②
電流と発熱 電流のはたらき

■電熱線

電熱線は 電気抵抗 が大きく、電流を流すと発熱します。ニッケル・クロムなどの金

属の合金でできているため ニクロム線 とも呼ばれます。

電熱線の電気抵抗は、電熱線の 長さ と 太さ によって決まります。●

■電熱線の電気抵抗

図のように、電熱線を電源装置につないで回路に流れる電流を計測しました。表は、電熱線
の長さや断面積をいろいろ変えた場合に、回路に流れる電流の大きさを示しています。

電源装置

電流計　電熱線

電熱線の断面積が 0.2mm² の場合

実験	①	②	③	④
電熱線の長さ (cm)	10	20	30	40
電流の大きさ (mA)	300	150	ア	75

電熱線の長さが 20cm の場合

実験	⑤	⑥	⑦	⑧
電熱線の断面積 (mm²)	0.1	0.2	0.3	0.4
電流の大きさ (mA)	75	150	225	イ

アに入る数値は 100 、イに入る数値は 300 です。●

それぞれの実験の電熱線の長さ、断面積を見ると実験 ② と実験 ⑥ は
同じ実験だとわかります。

実験①～④からは、電熱線の断面積が一定の場合、回路に流れる電流の大きさは電熱線の

長さ に反比例することがわかります。

実験⑤～⑧からは、電熱線の長さが一定の場合、回路に流れる電流の大きさは電熱線の

断面積 に比例することがわかります。

この結果から、電熱線の長さが 50cm、断面積が 0.5mm² で同様の実験を行った場合に、回●
路に流れる電流の大きさがどうなるかを考えてみましょう。

168

豆電球の直列つなぎ、並列
つなぎと同じで、電熱線の
長さが長いほど電気抵抗は
大きく、太さ（断面積）が
大きいほど電気抵抗は小さ
くなります。

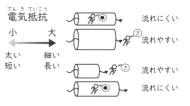

電気抵抗

小　　　　　　大

太い　　細い
短い　　長い

流れにくい
流れやすい
流れやすい
流れにくい

2パターンの表が出てくる問
題では、2つの表の実験の
中に全く同じものがある場
合があります。同じテーマ
の実験をしているんですね。

理科の実験問題の多くで
は、基準となる実験を選ん
でそれと比べて何倍になっ
ているかを計算します。

計算問題

次のような、同じ材質でできている 4 本の電熱線があります。この 4 本の電熱線の
電気抵抗の比を、最も簡単な整数比で表しなさい。

	A	B	C	D
長さ（cm）	10	10	20	20
断面積（mm²）	0.1	0.2	0.4	0.8

解説 電気抵抗の大きさは長さに比例（長いほど電流が流れにくい）し、断面積に反比

例（断面積が大きい＝太いほど電流が流れやすい）します。電気抵抗の比を出すには、

$\dfrac{長さ}{断面積}$ を計算します。

A 10 ÷ 0.1 = 100　　B 10 ÷ 0.2 = 50　　C 20 ÷ 0.4 = 50

D 20 ÷ 0.8 = 25　　　100 : 50 : 50 : 25 = 4 : 2 : 2 : 1　　答え 4 : 2 : 2 : 1

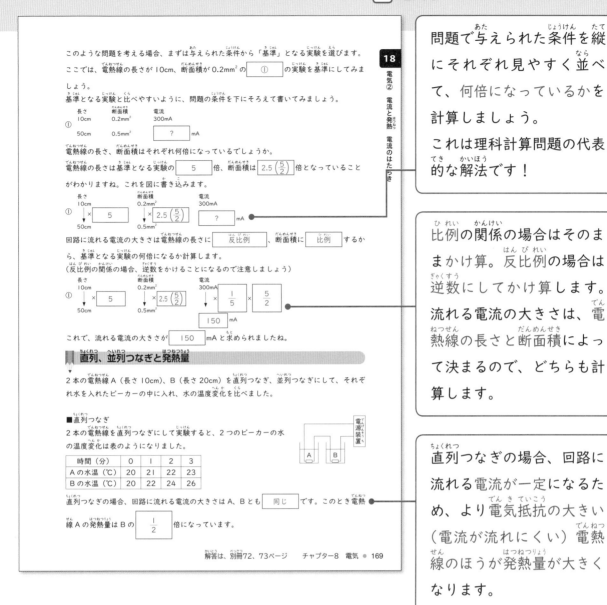

このような問題を考える場合、まずは与えられた条件から「基準」となる実験を選びます。

ここでは、電熱線の長さが10cm、断面積が0.2mm²の ① の実験を基準にしてみましょう。

基準となる実験と比べやすいように、問題の条件を下にそろえて書いてみましょう。

	長さ	断面積	電流
①	10cm	0.2mm²	300mA
	50cm	0.5mm²	? mA

電熱線の長さ、断面積はそれぞれ何倍になっているでしょうか。

電熱線の長さは基準となる実験の 5 倍、断面積は $2.5\left(\dfrac{5}{2}\right)$ 倍となっていることがわかりますね。これを図に書き込みます。

回路に流れる電流の大きさは電熱線の長さに 反比例 、断面積に 比例 するから、基準となる実験の何倍になるか計算します。
（反比例の関係の場合、逆数をかけることになるので注意しましょう）

これで、流れる電流の大きさが 150 mA と求められましたね。

直列、並列つなぎと発熱量

2本の電熱線A（長さ10cm）、B（長さ20cm）を直列つなぎ、並列つなぎにして、それぞれ水を入れたビーカーの中に入れ、水の温度変化を比べました。

■直列つなぎ

2本の電熱線を直列つなぎにして実験すると、2つのビーカーの水の温度変化は表のようになりました。

時間（分）	0	1	2	3
Aの水温（℃）	20	21	22	23
Bの水温（℃）	20	22	24	26

直列つなぎの場合、回路に流れる電流の大きさはA、Bとも 同じ です。このとき電熱線Aの発熱量はBの $\dfrac{1}{2}$ 倍になっています。

解答は、別冊72、73ページ　チャプター8 電気 ● 169

問題で与えられた条件を縦にそれぞれ見やすく並べて、何倍になっているかを計算しましょう。
これは理科計算問題の代表的な解法です！

比例の関係の場合はそのままかけ算。反比例の場合は逆数にしてかけ算します。
流れる電流の大きさは、電熱線の長さと断面積によって決まるので、どちらも計算します。

直列つなぎの場合、回路に流れる電流が一定になるため、より電気抵抗の大きい（電流が流れにくい）電熱線のほうが発熱量が大きくなります。

新傾向問題

電球などには「W（ワット）」の記号が記されています。家庭用電源の電圧は100V（ボルト）ですが、60Wの電球とは「100Vの電源につないだときに0.6A（アンペア）の電流が流れる」ことを表しています。

また40Wの電球は、「100Vの電源につないだときに0.4A（アンペア）の電流が流れる」という意味です。

60Wの電球と40Wの電球、フィラメントの電気抵抗が小さいのはどちらの電球ですか。

解説 同じ電圧の電源につないだときに、大きな電流が流れて明るくつく60Wの電球のフィラメントのほうが、電気抵抗は小さくなります。

答え　60W

つまり、電流の大きさが一定の場合、発熱量は電気抵抗の大きさに 比例 することがわかります。

■並列つなぎ
２本の電熱線を並列つなぎにして実験すると、２つのビーカーの水の温度変化は表のようになりました。

時間（分）	0	1	2	3
Aの水温（℃）	20	29	38	47
Bの水温（℃）	20	24.5	29	33.5

電源装置

A　B

並列つなぎの場合、電気抵抗の小さい A の電熱線のほうに大きな電流が流れます。
電熱線A、Bの長さの比が 1:2 ですから、それぞれの電熱線に流れる電流の大きさの比は 2:1 となります。このとき電熱線Aの発熱量はBの 2 倍になっています。

電流の大きさが一定の場合、電熱線Bの $\frac{1}{2}$ 倍の発熱量だったAは、流れる電流の大きさがBの２倍になると発熱量はBの 2 倍になっています。

つまり発熱量は、流れる電流の大きさが２倍になると 4 倍になるとわかります。

このことから、電熱線の発熱量は、「電流×電流×電気抵抗」に比例することがわかります。
（「りゅうりゅうてい」と覚えます）

磁石と磁力線

磁石が金属（ 鉄 、ニッケル、コバルトなど）を引きつける力を 磁力 といいます。磁石のまわりの磁力のおよぶ範囲を 磁界 といい、その向きは磁石のまわりに置いた方位磁針の N 極の指す向きと同じになります。
下の図の磁石のまわりの方位磁針に針の向きを書き込むと

となります。

170

並列つなぎの場合は直列つなぎの逆で、電気抵抗が小さい（電流が流れやすい）電熱線のほうに多くの電流が流れ、発熱量が大きくなります。つまり直列つなぎと並列つなぎとで「逆転」が起こるのです。

実際に、この公式の答えに時間をかけ算すると熱の量（単位カロリー）を計算することができますが、中学～高校範囲の勉強です。中学受験の勉強では、発熱量が「電流×電流×電気抵抗」（りゅうりゅうてい）に比例することを覚えておきましょう。

磁力線の向き（方位磁針のN極が指す向き）は次の図のようになっています。

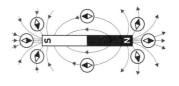

定番問題

地球は「地磁気」という磁力を帯びていて、１つの大きな磁石といえます。北極はS極、N極のどちらですか。

解説 「北」を表す英語はNorthで、北を指す「N極」はこの頭文字ですが、北極はN極ではなく「N極が引かれて指す方向」、つまりS極です。

答え　S極

電流による磁界

導線に電流を流すと、そのまわりにも 磁界 ができ、方位磁針の針がその影響をうけて動きます。導線のまわりの磁力線の向きは右図のようになり、右ねじが進んでいく方向が電流の向きだとすると、そのときねじをまわす方向が 磁界 の向きになります。

つまり右の図のA～Dの方位磁針の針はそれぞれ

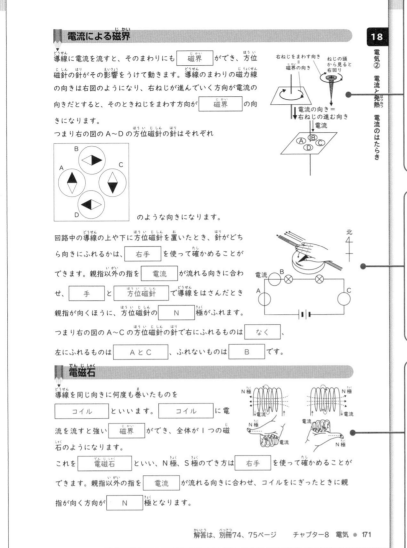

のような向きになります。

回路中の導線の上や下に方位磁針を置いたとき、針がどちら向きにふれるかは、 右手 を使って確かめることができます。親指以外の指を 電流 が流れる向きに合わせ、 手 と 方位磁針 で導線をはさんだとき親指が向くほうに、方位磁針の N 極がふれます。

つまり右の図のA～Cの方位磁針の針で右にふれるものは なく 、左にふれるものは AとC 、ふれないものは B です。

電磁石

導線を同じ向きに何度も巻いたものを コイル といいます。 コイル に電流を流すと強い 磁界 ができ、全体が1つの磁石のようになります。

これを 電磁石 といい、N極、S極のでき方は 右手 を使って確かめることができます。親指以外の指を 電流 が流れる向きに合わせ、コイルをにぎったときに親指が向く方向が N 極となります。

ねじを「しめる」ときのまわし方はペットボトルのふたや水道の蛇口など、いろいろなものと共通ですね。自分なりに「イメージ」しておきましょう。

方位磁針が導線の上にある場合は、手は導線の下にまわして、方位磁針と手で導線をはさみます。問題で練習しておきましょう。

導線の上下の方位磁針の針のふれ方、そして電磁石の極のでき方ともに、使うのは右手！
4本の指は電流が流れる向き、親指はN極の向きということも共通です！

定番問題

方位磁針のN極が東にふれるものをすべて選びましょう。

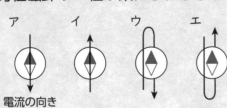

電流の向き

解説 導線を右手と方位磁針ではさんで調べましょう。親指以外の4本の指の向きは電流の向きに。

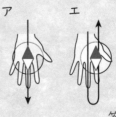

ア　エ

答え　ア・エ

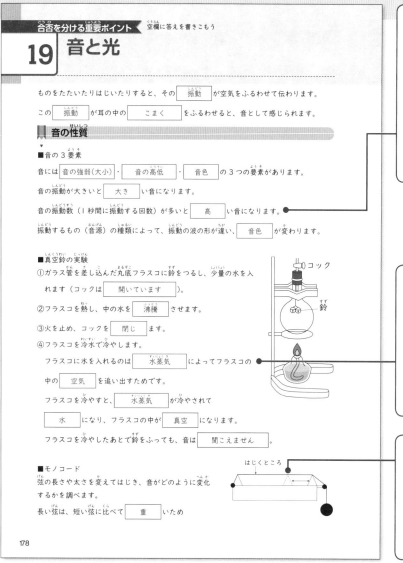

合否を分ける重要ポイント　空欄に答えを書きこもう

19 音と光

ものをたたいたりはじいたりすると、その　振動　が空気をふるわせて伝わります。

この　振動　が耳の中の　こまく　をふるわせると、音として感じられます。

音の性質

▼音の3要素

■音の3要素

音には　音の強弱（大小）・　音の高低　・　音色　の3つの要素があります。

音の振動が大きいと　大き　い音になります。

音の振動数（1秒間に振動する回数）が多いと　高　い音になります。

振動するもの（音源）の種類によって、振動の波の形が違い、　音色　が変わります。

■真空鈴の実験

①ガラス管を差し込んだ丸底フラスコに鈴をつるし、少量の水を入

れます（コックは　開いています　）。

②フラスコを熱し、中の水を　沸騰　させます。

③火を止め、コックを　閉じ　ます。

④フラスコを冷水で冷やします。

フラスコに水を入れるのは　水蒸気　によってフラスコの

中の　空気　を追い出すためです。

フラスコを冷やすと、　水蒸気　が冷やされて

　水　になり、フラスコの中が　真空　になります。

フラスコを冷やしたあとで鈴をふっても、音は　聞こえません　。

■モノコード

弦の長さや太さを変えてはじき、音がどのように変化

するかを調べます。

長い弦は、短い弦に比べて　重　いため

コック

鈴

はじくところ

振動数の単位を「ヘルツ」といい、ヒトに聞き取れる音の振動は、1秒間に20回 〜20000回（20〜20000ヘルツ）くらいの振動数の範囲です。

水は沸騰すると体積が約1650倍になるので、フラスコの中にあった空気を水蒸気によって追い出すことができるのです。

「ことじ」（図の△）という弦の支えになるものを動かすことで、振動する部分の長さを変えられます。

178

定番問題

図のようなモノコードを使って、弦の太さを一定にして、弦をはじくところの長さ、おもりの重さをいろいろ変えて、同じ高さの音が出るように調整しました。

表のAにあてはまる数値は何ですか。

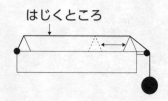

はじくところ

弦の長さ（cm）	おもりの重さ（g）
10	50
20	200
30	450
A	800

解説 大切なのは、2つの数値の変化にどのような関係があるかですね。

	弦の長さ（cm）	おもりの重さ（g）	
①	10	50	1
②	20	200	4 = 2×2
③	30	450	9 = 3×3
	A	800	16 = 4×4

答え　40

振動数が $\boxed{\text{少な}}$ く、$\boxed{\text{低}}$ い音になります。

また太い弦は、細い弦に比べて $\boxed{\text{重}}$ いため振動数が $\boxed{\text{少な}}$ く、

$\boxed{\text{低}}$ い音になります。

おもりの重さを重くすると、弦を引く力が強くなり、はじいた弦が戻ろうとする力が大きくなるので振動数が $\boxed{\text{多}}$ く、$\boxed{\text{高}}$ い音になります。

このことをまとめると次のようになります。

音の高さ	低い	←	→	高い
弦の長さ	長い	←	→	短い
弦の太さ	太い	←	→	細い
弦のはり方	弱い	←	→	強い
振動数	少ない	←	→	多い

19
音と光

> 「重いものは軽いものに比べて速く動けない」=「振動が遅い」=「振動数が少ない」だから低い音、と順に考えましょう。

音速

音が伝わる速さは、気温が0℃のとき

毎秒 $\boxed{331}$ mで、気温が1℃上がるごとに

$\boxed{0.6}$ m／秒ずつ速くなります。

気温15℃のときの音速は

$\boxed{331}$ ＋ $\boxed{0.6}$ ×15＝ $\boxed{340}$ m／秒

となります。

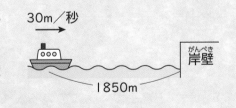

> 算数の問題では「音速は340m／秒」と決まっていることも多いですが、理科では気温1℃につき0.6m／秒ずつ速くなることを覚えておきましょう。

■音速の計算問題

稲妻が光ってから3.5秒後に「ゴロゴロ」と音が聞こえました。

観測地点から稲妻が光った地点までの距離は何mあるでしょうか。

ただし音速は340m／秒とし、稲妻が光ってから光が届くまでの時間は考えなくてよいものとします。

音速で3.5秒

という状況ですね。

音速の問題は、単なる速さの問題として計算しましょう。

340m／秒で3.5秒ですから、

$\boxed{340}$ × $\boxed{3.5}$ ＝ $\boxed{1190}$ m

と計算できますね。

> 音速は時速になおすと1000km／時を超え、とても速いですが、それでも光速（秒速30万km）と比べれば想像がつきやすいですね。
> スポーツ中継で音が遅れて聞こえるなど、身近な例を思い出しましょう。

解答は、別冊76、77ページ　チャプター9 音と光 ● 179

計算問題

30m／秒で岸壁に向かって進んでいる船が、岸壁から1850mのところで汽笛を短く1回鳴らしました。岸壁からの反射音が船の上にいる人に聞こえるのは何秒後ですか。ただし音速は340m／秒とします。

解説 岸壁に向かって進む船と、岸壁からはね返ってくる音が出会います。

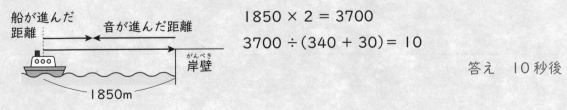

$1850 × 2 = 3700$

$3700 ÷ (340 + 30) = 10$

答え　10秒後

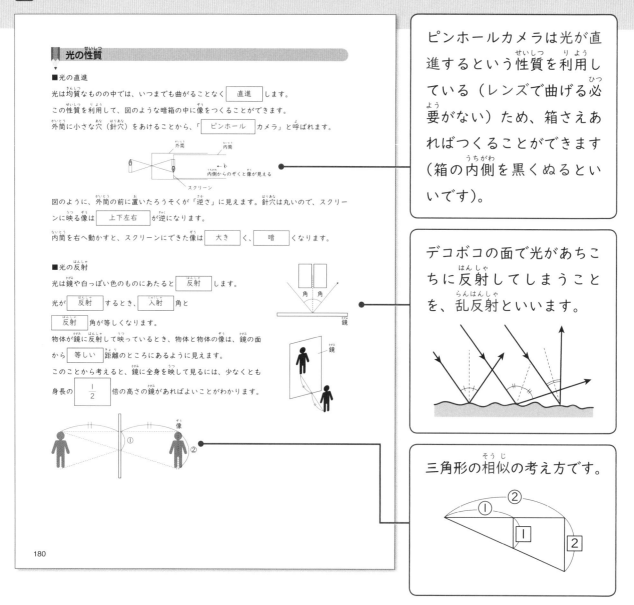

光の性質

■光の直進

光は均質なものの中では、いつまでも曲がることなく　直進　します。

この性質を利用して、図のような暗箱の中に像をつくることができます。

外筒に小さな穴（針穴）をあけることから、「ピンホール　カメラ」と呼ばれます。

図のように、外筒の前に置いたろうそくが「逆さ」に見えます。針穴は丸いので、スクリーンに映る像は　上下左右　が逆になります。

内筒を右へ動かすと、スクリーンにできた像は　大き　く、　暗　くなります。

■光の反射

光は鏡や白っぽい色のものにあたると　反射　します。

光が　反射　するとき、　入射　角と　反射　角が等しくなります。

物体が鏡に反射して映っているとき、物体と物体の像は、鏡の面から　等しい　距離のところにあるように見えます。

このことから考えると、鏡に全身を映して見るには、少なくとも身長の　$\frac{1}{2}$　倍の高さの鏡があればよいことがわかります。

ピンホールカメラは光が直進するという性質を利用している（レンズで曲げる必要がない）ため、箱さえあればつくることができます（箱の内側を黒くぬるといいです）。

デコボコの面で光があちこちに反射してしまうことを、乱反射といいます。

三角形の相似の考え方です。

180

作図問題

鏡の前にAくん、Bくんが立っています。

鏡に映ったBくんがAくんに見えるときの光の進み方を作図しましょう。

解説鏡の作図は「映っているものを鏡の中に入れる」ことからですね。その「鏡の中のBくん」をAくんから見ましょう。

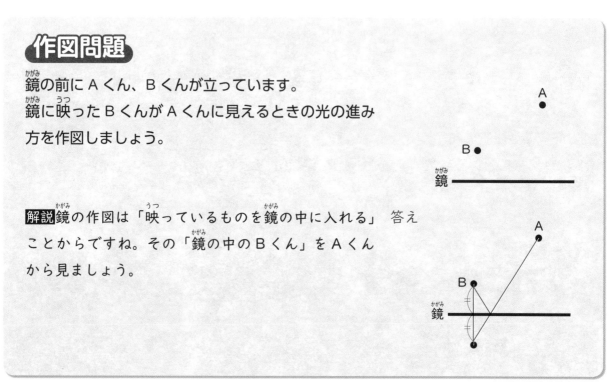

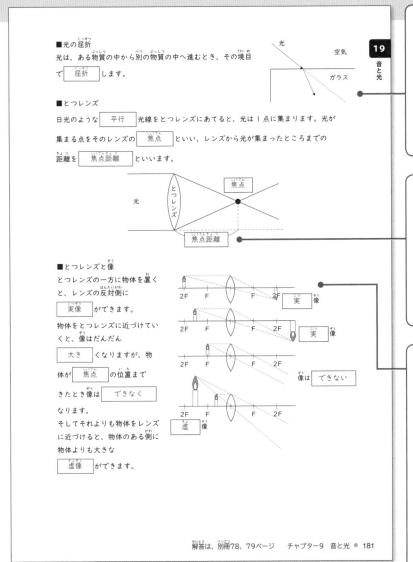

■光の屈折
光は、ある物質の中から別の物質の中へ進むとき、その境目
で 屈折 します。

■とつレンズ
日光のような 平行 光線をとつレンズにあてると、光は1点に集まります。光が
集まる点をそのレンズの 焦点 といい、レンズから光が集まったところまでの
距離を 焦点距離 といいます。

■とつレンズと像
とつレンズの一方に物体を置く
と、レンズの反対側に
 実像 ができます。
物体をとつレンズに近づけてい
くと、像はだんだん
 大き くなりますが、物
体が 焦点 の位置まで
きたとき像は できなく
なります。
そしてそれよりも物体をレンズ
に近づけると、物体のある側に
物体よりも大きな
 虚像 ができます。

（右欄1）
光が空気中から水やガラス
の中に入って進む場合、入
るときは境界面から離れる
ように、出るときは境界面
に近づくように曲がります。

（右欄2）
光はレンズの表面で屈折に
よって曲がります。膨らみ
の大きいレンズのほうが光
が大きく曲がるため、焦点
距離は短くなります。

（右欄3）
作図のポイントは、
①レンズまで平行光線、そ
の後曲がって焦点を通る直
線
②レンズの中心を通って直
進する直線
この2本が交わる点をか
くことです。

定番問題

図のように、ろうそくととつレンズを使って像をつくって観察しています。
このとき、レンズのスクリーン側から見て右側に、黒い紙をはりました。像はどのよ
うに変化しますか。

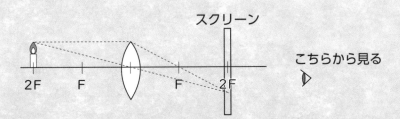

解説 ろうそくから出た光はレンズのあらゆる部分を通って、右側に像をつくります。
レンズの半分をふさいでも像は半分にはならず、光の量が半分になるため暗くなりま
す。
答え　暗くなる。

合否を分ける重要ポイント　空欄に答えを書きこもう

20 実験器具・その他

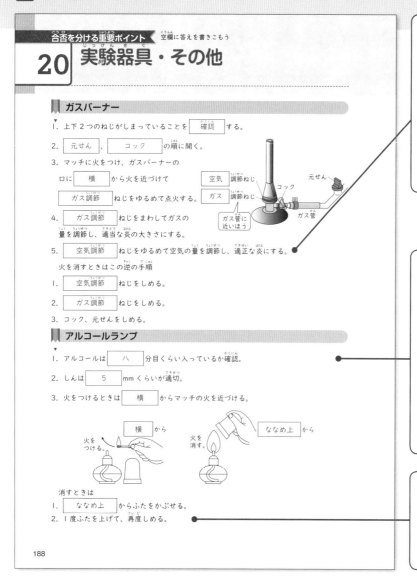

■ ガスバーナー

1. 上下２つのねじがしまっていることを 確認 する。

2. 元せん 、 コック の順に開く。

3. マッチに火をつけ、ガスバーナーの
口に 横 から火を近づけて
ガス調節 ねじをゆるめて点火する。

4. ガス調節 ねじをまわしてガスの
量を調節し、適当な炎の大きさにする。

5. 空気調節 ねじをゆるめて空気の量を調節し、適正な炎にする。

火を消すときはこの逆の手順

1. 空気調節 ねじをしめる。

2. ガス調節 ねじをしめる。

3. コック、元せんをしめる。

図中ラベル: 空気調節ねじ　コック　元せん　ガス調節ねじ　ガス　ガス管に近いほう　ガス管

■ アルコールランプ

1. アルコールは 八 分目くらい入っているか確認。

2. しんは 5 mmくらいが適切。

3. 火をつけるときは 横 からマッチの火を近づける。

図中ラベル: 横 から　火をつける　ななめ上 から　火を消す

消すときは

1. ななめ上 からふたをかぶせる。

2. １度ふたを上げて、再度しめる。

188

右上吹き出し：
適切な量の空気に調節すると、炎は青色になります。空気が少ないとオレンジ色の炎になり、多すぎると火が消えてしまう場合もあります。

中央吹き出し：
アルコールランプは、アルコールが気体となって燃えています。アルコールが少ないと、容器の内部にアルコールの気体が充満し、空気と混じって引火すると爆発の可能性があるのです。

下吹き出し：
ふたをして火を消したあと、一度持ち上げて中の水分をとばします。

記述問題

アルコールを熱するとき、直火にかけずに湯せんにする理由を答えなさい。

解説 光合成の実験で、葉の葉緑素をとかし出すときなどに、熱したアルコールを使用します（アルコールには脱色作用があります）。このとき直火にかけずに湯せん（アルコールを入れた容器を湯につけて温める方法）にするのですが、それはアルコールが約78℃で沸騰すること、そして気体になると燃える性質があることが関係しています。直火にかけて沸騰し、引火すると危険だからです。

　　　　　　　　答え　アルコールが沸騰して引火すると危険だから。

上皿てんびん

■準備

1. <u>水平</u> な場所に上皿てんびんが置いてあるか確かめる。

2. 左右のうでに <u>番号</u> を合わせて皿を置く。

3. 正面から見て、針が左右に同じはばでふれ、<u>つり合っている</u> ことを確かめる。

   つり合っていない場合は <u>調節ねじ</u> を回して調節する。

4. <u>薬包紙</u> を両方の皿にのせておく。

■ものの重さをはかるとき（右利きの場合）

1. <u>左</u> の皿に重さをはかりたいものをのせる。

2. <u>右</u> の皿に <u>重い</u> 分銅からのせる。（ <u>ピンセット</u> を使って静かにのせる）

3. 分銅が重すぎたら、その次に軽い分銅ととりかえる。

4. のせた分銅が軽い場合は、次に重い分銅を加える。

   これをくり返して、つり合ったときの分銅の重さを合計する。

■決まった重さの薬品などをはかりとるとき（右利きの場合）

1. <u>左</u> の皿に決まった重さの分銅を置く。

2. <u>右</u> の皿に薬品を少しずつ置いていき、つり合わせる。

ろ過

<u>ガラス棒</u> を使って静かに注ぐ。

ろ紙は <u>4</u> つ折りにして使う。

（ろうとより少し小さめのサイズ）

ろうとのとがったほうを <u>ビーカーのかべ</u> につける。

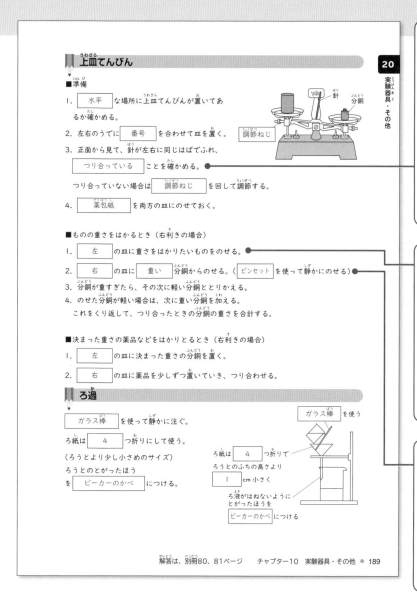

<u>ガラス棒</u> を使う

ろ紙 <u>4</u> つ折りで

ろうとのふちの高さより <u>1</u> cm小さく

ろ液がはねないようにとがったほうを <u>ビーカーのかべ</u> につける

ふれている針が止まるまで待たなくても、中心から左右に等しくふれていればOKです。

重さをはかるとき、はかりたいものは皿にのせたままになり、分銅をのせたり下ろしたりします。このように頻繁に操作するのを利き手側の皿で行うのです。

ピンセットを使わず手で直接分銅をつまむと、手あかや汗などによって重さが変わってしまうことがあります。

定番問題

ろ紙を使ったとき、こしとった薬品が付く可能性があるのはどの部分ですか。

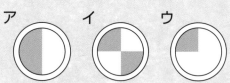

ア　イ　ウ

解説 ろ紙は図のように4つ折りにして使います。自分でも紙などを切って確認してみましょう。

答え　ア

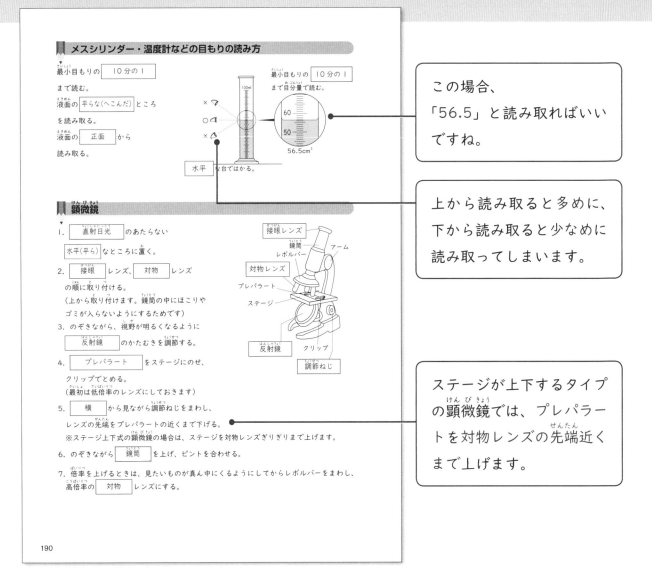

メスシリンダー・温度計などの目もりの読み方

最小目もりの 10分の1 まで読む。

液面の 平らな(へこんだ) ところ を読み取る。

液面の 正面 から 読み取る。

最小目もりの 10分の1 まで目分量で読む。

56.5cm³

水平 な台ではかる。

この場合、「56.5」と読み取ればいいですね。

上から読み取ると多めに、下から読み取ると少なめに読み取ってしまいます。

顕微鏡

1. 直射日光 のあたらない 水平(平ら)なところに置く。

2. 接眼 レンズ、 対物 レンズの順に取り付ける。
（上から取り付けます。鏡筒の中にほこりやゴミが入らないようにするためです）

3. のぞきながら、視野が明るくなるように 反射鏡 のかたむきを調節する。

4. プレパラート をステージにのせ、クリップでとめる。
（最初は低倍率のレンズにしておきます）

5. 横 から見ながら調節ねじをまわし、レンズの先端をプレパラートの近くまで下げる。
※ステージ上下式の顕微鏡の場合は、ステージを対物レンズぎりぎりまで上げます。

6. のぞきながら 鏡筒 を上げ、ピントを合わせる。

7. 倍率を上げるときは、見たいものが真ん中にくるようにしてからレボルバーをまわし、高倍率の 対物 レンズにする。

接眼レンズ
鏡筒
アーム
レボルバー
対物レンズ
プレパラート
ステージ
反射鏡
クリップ
調節ねじ

ステージが上下するタイプの顕微鏡では、プレパラートを対物レンズの先端近くまで上げます。

190

定番問題

顕微鏡である生物を観察すると、図のような位置に見えました。この生物を視野の中央に持ってきたい場合、プレパラートをどの方向に動かせばよいですか。

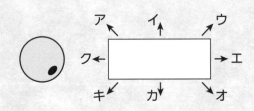

解説 顕微鏡は上下左右が逆に見えています。見る限り左上に動かしたいところですが、上下左右が逆ですから、真逆の右下です。

答え　オ

気体の発生

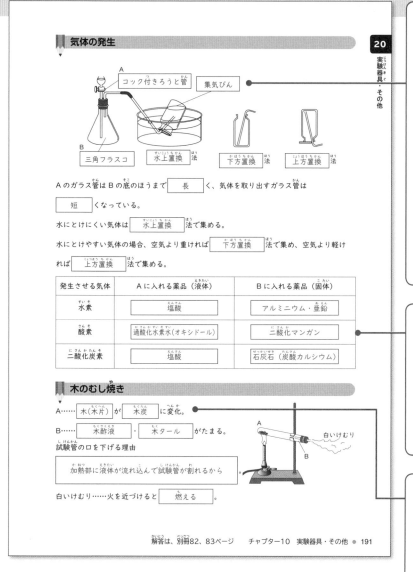

コック付きろうと管　　集気びん

A

B

三角フラスコ　　水上置換法　　下方置換法　　上方置換法

Aのガラス管はBの底のほうまで 長 く、気体を取り出すガラス管は

短 くなっている。

水にとけにくい気体は 水上置換 法で集める。

水にとけやすい気体の場合、空気より重ければ 下方置換 法で集め、空気より軽ければ 上方置換 法で集める。

発生させる気体	Aに入れる薬品（液体）	Bに入れる薬品（固体）
水素	塩酸	アルミニウム・亜鉛
酸素	過酸化水素水(オキシドール)	二酸化マンガン
二酸化炭素	塩酸	石灰石（炭酸カルシウム）

木のむし焼き

A……木(木片) が 木炭 に変化。
B……木酢液 ・ 木タール がたまる。
試験管の口を下げる理由

加熱部に液体が流れ込んで試験管が割れるから

A

B

白いけむり

白いけむり……火を近づけると 燃える 。

解答は、別冊82、83ページ　チャプター10　実験器具・その他 ● 191

水にとけにくい気体は、とにかく水上置換法で集めます。二酸化炭素は水にとけますが、アンモニアのように大部分がとけてしまうわけではないので、集めるだけなら水上置換法でOKです（正確に体積をはかりたい場合は、下記「定番問題」を参照）。

二酸化マンガンの代用としてレバー肉、石灰石の代用として卵のからや貝がらを使っても気体を発生させることができます。

残った木炭は、木片から炎が出る成分が抜けて残った炭素で、火をつけると炎を出さずに燃えます。

定番問題

二酸化炭素を発生させて、その体積を計測するため、下の図のような装置で実験しました。メスシリンダーにたまった気体は何ですか。

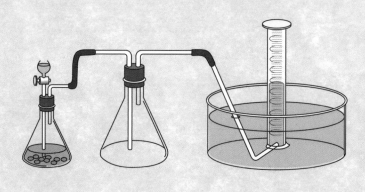

解説 二酸化炭素は水にとけるので、正確な体積をはかりたいときには空気と置き換えて集め、集まった空気の体積をはかります。

答え　空気

MEMO

MEMO

MEMO

MEMO

MEMO